# 数据产品经理宝典

## 大数据时代如何创造卓越产品

李阳 著

電子工業出版社
Publishing House of Electronics Industry
北京•BEIJING

## 内 容 简 介

“数据”两个字越来越频繁地出现在大家的工作中。一方面，“用数据说话”成为每个互联网从业者必备的“生存技能”；另一方面，一个名为“数据产品经理”的职位成为各大互联网企业的“热招职位”。那么，作为数据产品经理，有了数据应该怎样“用数据说话”？又应该如何让自己具备独特的竞争优势呢？

本书内容涵盖了数据产品经理应该知道和掌握的基础知识——从每个优秀的数据产品经理都应当关注的“效率”问题出发，分别从商业知识和技术知识两个角度，针对什么是数据产品、数据产品诉求的产生和类型、数据产品的实现思路与常见技术方案等关键问题进行讲解。

本书既是学习指南，又是速查手册，适合具备不同工作背景并正在从事数据产品经理工作的人士阅读，也适合对这一领域感兴趣并希望从事数据产品经理工作的人士阅读。只要你具备求知的热情，本书将为你提供解决问题的思路、方法和工具。



**图书在版编目（CIP）数据**

数据产品经理宝典：大数据时代如何创造卓越产品 / 李阳著. —北京：电子工业出版社，2020.4
ISBN 978-7-121-38627-5

Ⅰ. ①数… Ⅱ. ①李… Ⅲ. ①数据处理－产品设计 Ⅳ. ①TP274

中国版本图书馆 CIP 数据核字(2020)第 034592 号

责任编辑：林瑞和　　　　特约编辑：田学清
印　　刷：三河市鑫金马印装有限公司
装　　订：三河市鑫金马印装有限公司
出版发行：电子工业出版社
　　　　　北京市海淀区万寿路 173 信箱　　　　邮编：100036
开　　本：720×1000　1/16　　印张：20.5　　字数：378 千字
版　　次：2020 年 4 月第 1 版
印　　次：2020 年 4 月第 1 次印刷
定　　价：69.00 元

凡所购买电子工业出版社图书有缺损问题，请向购买书店调换。若书店售缺，请与本社发行部联系，联系及邮购电话：（010）88254888，88258888。

质量投诉请发邮件至 zlts@phei.com.cn，盗版侵权举报请发邮件至 dbqq@phei.com.cn。

本书咨询联系方式：010-51260888-819，faq@phei.com.cn。

# 前 言

数据产品的发展已经变得不容忽视。从简单的报表，到各种可视化工具，再到人们通过各种模型来实现针对每一位用户的个性化服务，这些领域都有数据产品的影子。

数据产品的关注点是什么呢？或者说，当面临多种方案的时候，什么才能指导我们做出最终的选择呢？如果要找出本书“一以贯之”的核心词，那就是“效率”。这几乎是商业领域做数据产品的全部关注点，甚至是商业的全部关注点。产品运营关注运营的效率，业务发展关注发展的效率。此外，推广有推广的效率，投资有投资的效率，盈利有盈利的效率……

而数据产品关注的是数据应用的效率，也就是各种使用数据的场景是否足够高效、是否存在不必要的浪费、是否存在不合理的设计、是否还有提升空间等。可以说，在业务越来越依赖于数据的今天，数据应用的效率已经成为业务发展效率的重要组成部分。因此，数据产品不是“冷漠”的辅助性技术工具，不是业务“心脏里的支架”，它应当是业务的“心脏”。

肩负这样的“重任”，作为数据产品经理，除了发挥想象力，在实现效率提升的过程中也有一些具体的方向需要思考。有“科学管理之父”之称的弗雷德里克·泰勒（Frederick Taylor）就提出了“精细化、数量化、标准化”的理论来提升效率。

首先，将所有要做的事情拆分开，拆分到每一个步骤、每一个处理过程。然后，对每个步骤的执行过程进行数量化。衡量每个过程的不同实现方式的效率，衡量投入的时间、可能存在的失误等风险，最终选出每个过程最高效的完成方式。最后，将每个过程的“最佳实践”推广成为标准，让大家都来参照执行。

在本书的正文部分，笔者提供了大量的“分而治之”的、精细化的思路，既包括对业务目标的拆解、对业务发展诉求的拆解，又包括对用户、市场和需求的拆解。这其中涉及大家经常提到的“指标拆解”“用户分群”“系统模块化”等。

针对拆解后的各个方面，笔者将统一给出衡量投入和产出的思考方式。其中，包括针对不同的产品生命周期、不同的用户生命周期、不同的产品类型和行业等因素，找到不同场景下的关注点和衡量标准，并据此制定不同的应对策略。

除了这些比较“零散”的具体分析，笔者介绍了许多经过很长时间仍然为人们所津津乐道的模型。其中既包括管理学领域的，又包括营销学领域的，当然也少不了来自互联网领域的各种分析模型。这些模型提供了标准化的分析问题的方法，并且针对各自适用的问题给出了标准化的解决方案。

大家在这一系列思维方式和模型的指导下，能够快速发现现有数据应用过程中的效率问题，并不断突破这些效率瓶颈，实现整体提升数据应用效率的目的。比如，通过整合数据存储和加工的流程，来减少重复建设和浪费。大家或许经常听到“整合”这个词，分析能力在整合、数据在整合、技术基础设施在整合，乃至整个企业或团队都在整合。

当然，大家也不能机械地套用理论，还需要结合实际情况做出权衡和匹配。比如，数据平台的长期发展与短期诉求的权衡，通用内容与定制内容的权衡；数据应用与基础数据的匹配，业务诉求与技术能力的匹配等。在本书中，笔者也会提及做出这些权衡和匹配的依据，包括成本投入、价值产出和其他影响效率的因素。

“数据产品经理”这个职位在不同的企业或团队中也有不同的定位，有的偏向数据分析，有的偏向工具平台搭建。本书尽量覆盖这两种类型的不同要求，为想要成为数据产品经理的朋友呈现一个“以数据产品驱动业务”的全景。另外也借此提醒希望成为数据产品经理的朋友，应优先了解该职位的定位及方向，再结合自己的兴趣，判断是否接受这个职位。

## 目标读者

本书的目标读者可以分为四类。

### 一、目前已经成为数据产品经理，并已经具备一些经验的人群

首先，祝贺你已经成为数据产品经理中的一员！

本书内容对于已经成为数据产品经理的人群来说，是他们熟悉的内容。作为数据产品经理，能够直接在日常工作中感受到本书中提到的各种问题和解决方案在实际中的应用。衷心希望笔者对解决方案的思考能够帮助大家在工作中取得新的突破。

## 二、对业务层面较为熟悉、希望成为数据产品经理的人群

那些具备分析师、运营及商科背景的人群，自身对业务层面发生的事情已经非常了解。但这几类角色对技术层面的了解又是不同的。在他们当中，最有可能接近技术层面的角色，应当是分析师。分析师更有可能接触到偏底层的数据表，以及 SQL 和数据加工过程等内容。当然，这与不同企业内的分工方式有关。有些企业也确实存在更偏向分析思路和弱化分析工具的“分析师”岗位。

相比之下，具备运营背景的人对用户和市场的感知更偏向感性和人性的层面，更了解用户的思维方式和核心诉求，而具备商科背景的人则对业务本身更了解，对业务的运作方式、未来发展方向和商业目标的达成等方面会有更充分的知识储备和掌控能力。

以上三种角色的突出优势，在数据产品的设计和搭建过程中会发挥各自不同的作用。这三种角色，对本书中的业务和分析相关内容已经非常熟悉了，因此可以重点阅读第一篇的两章内容，以及从第 5 章开始的偏向技术方向的内容。这些可能是大家在搭建数据产品的过程中遇到的主要瓶颈。

## 三、对技术层面较为熟悉、希望成为数据产品经理的人群

对于工程师及具备理工科背景的人群来说，那些逻辑性较强的内容已经不在话下。特别是对于一些有实战经验的工程师来说，系统中各类功能的具体实现方式已经烂熟于心。即使是专门面向数据的数据产品，除了一些数据处理中的“新情况”，其他部分已经不需要过多讨论了。

不过，由于数据产品不仅是一个“纯技术”型的产品，还是一种支撑业务、赋能业务、实现“Guide Business”的智能系统，因此对于具备理工科背景的人群来说，其中的业务分析思路和商业逻辑部分可能是相对欠缺的，大家可以重点阅读第一篇的两章内容，并重点了解第二篇中各章节的内容。

## 四、其他对数据感兴趣、希望成为数据产品经理的人群

如果大家对数据产品感兴趣，那么不管擅长什么，都欢迎大家更多地了解数据产品及其背后的商业和技术部分。相信这会为大家施展自己的才华提供足够的空间。

## 目录结构

本书共分为三篇。

第一篇，主要讲解数据产品自身的建设目的和可能遇到的问题。

- 第 1 章，主要介绍数据产品重点关注的效率问题，以及效率问题是如何产生的。
- 第 2 章，主要介绍搭建数据产品的核心目标，并通过理解业务和理解技术两个方面来辅助搭建出优秀的数据产品。

第二篇，主要讲解业务层面的问题，从业务自身的逻辑到业务与技术系统之间的关系。

- 第 3 章，借助“投资”思维中的投入和产出概念，分别分析了几种常见的业务的商业模式，并介绍了几种常用的分析业务的管理模型和营销组合。
- 第 4 章，主要讲解业务的维系与发展等方面对数据的诉求，包括用户市场方面的研究、业务及产品自身形态的研究，以及通过与数据产品深度结合实现业务综合能力升级的过程。
- 第 5 章，主要讲解从数据角度看到的“业务”，包括用数据抽象来自用户市场的需求，用数据抽象业务自身的逻辑，以及业务的“数据世界观”和几种针对行业的通用数据仓库模型。

第三篇，主要讲解技术层面的问题，针对技术系统对业务的支撑，介绍了几种经典的大数据技术框架。

- 第 6 章，主要讲解技术系统对业务的支撑方式，以及业务中的数据形态和业务运转中可能遇到的数据问题。
- 第 7 章，主要讲解在架构层面两种经典的产品技术架构，并讲解程序代码

层面的“做事思路”，以及从技术层面进行产品模块化的方法。

- 第 8 章，主要讲解大数据技术框架在设计时常见的关注点，这些关注点也是大数据领域常见的核心问题，同时还介绍了几种常见的大数据技术框架及其处理数据的基本逻辑。

# 目录

## 第一篇　理解数据产品：确实有些不一样

# 第一篇

## 理解数据产品：确实有些不一样

# 第 1 章

# 什么是数据产品

同学习其他细分领域的产品经理的工作一样，要深入地学习与数据产品经理这个职位相关的内容，首先应从了解数据产品开始。

在本章中，笔者通过讲解数据产品的定义，使大家明白数据产品同其他“与数据相关的产品”之间的根本差别。并从数据产品的定义中，剖析数据产品的关注点，以及后续的产品工作的重点和方向，以此来指导数据产品经理的相关工作。

首先，笔者从数据产品的关注点入手。关注点的不同决定了将“数据产品”这样一种产品独立出来，并将其作为一种特殊的产品类型配备专业的产品经理、分析师、研发团队等资源的原因。

之后，笔者将从两个方面帮助大家更深入地理解什么是数据产品。第一个方面是数据应用，这个方面的讨论将帮助大家对数据产品形成直观、具体的理解；第二个方面是数据应用中的效率问题，这个方面相对抽象一些，但因为舍弃了具体的形态，大家可以从更抽象、更宏观的视角来看待数据应用中存在的问题，迎接数据产品自身的挑战并抓住机遇。

## 1.1 数据产品的关注点

截至本书编写时，提到数据产品，大家最直观的认知是与数据相关的产品就可以叫“数据产品”了。但在互联网的世界中，各种产品都或多或少同数据有关，特别是那些偏向中台和后台的、不直接面向终端用户的产品。比如，运营平台、营销平台，以及更加通用化的配置平台、管理平台等。

其中一部分平台产品，甚至已经涵盖了一些基本的数据分析功能。比如，在运营平台中，可以看到新增用户数和活跃用户数。同时随着业务规模的扩大，这些平台也逐步加入了“大数据平台”的行列——需要应对海量数据，需要考虑数据存储和计算性能之类的问题。

难道这些平台就是“数据产品”了吗？大家心目中典型的“数据产品”应当具备以下功能：支持对各种数据的自由处理，最终做成各种美观的图表或数据报告，还可以在业务出现问题的时候及时提醒相关方采取措施等。与这种概念相比，上文中提到的平台似乎还差了一点儿。

因此，这种理解只能算作对数据产品的大致认知，至少还没有偏离“数据”这个核心。但这个定义并不确切，因为这个定义完全不能告诉我们数据产品要做什么、为什么要做和会有什么困难等关键信息，同时还可能给那些刚刚开始接触数据产品的朋友造成误解。

对于数据产品，笔者给出了一个相对合适的定义：**数据产品，是为了提高数据应用效率而产生的产品，包括平台型产品、系统功能模块、移动端 App 等多种具体形态。**

这个定义中有两个词需要解释：“数据应用”和“效率”。

先说“效率”，因为这可能是“数据产品”和“与数据相关的产品”之间的最大差别。效率等同于数据应用过程中的 ROI（Return on Investment，投资回报率）。常见的数据应用效率问题，包括如何减少人力投入、如何缩短数据处理的时间周期、如何降低出错概率、如何确保准确性、如何提高及时性、如何提高数据的精细度等。这部分内容很重要，笔者在后续章节中还会对其进行展开和细化。

其次是“数据应用”，这个概念相对容易理解。简单来说，数据应用就是使用数据的过程。从数据处理的角度来讲，其内容包括数据的采集、存储、计算、可视化、消息触达等；从数据治理的角度来讲，其内容包括集成、治理、质量保证等；从应用目的的角度来讲，其内容包括统计、监控、分析、洞察，以及基于数据的决策等。这些都属于数据应用的具体场景。

那么这两个词拼起来，为何就能定义“数据产品”了呢？

举个简单的例子，在没有数据产品之前，做一份数据分析报告，需要一位分析师手工完成从数据提取、计算、可视化，到分析、总结、报告撰写的整个流程，耗时 3 个工作日。而有了数据产品之后，提取、计算和可视化的过程，可以依据事先配置的任务自动完成，甚至还可以标注出需要特别关注的关键信息点，整个流程不超过 10 分钟。因此，在数据产品的帮助下，一位分析师做一份数据分析报告的时间周期，从 3 个工作日缩短为 0.5 个工作日。这个过程就被称为数据应用效率的提升，是数据产品存在的意义和价值。

上文中提到的那些产品，虽然也会考虑到效率问题，但并不会将数据应用的效率作为最核心的考虑因素。它们关注的核心点，可能是执行运营策略的便利性（效率）、改变活动策略的便利性（效率）、改变系统配置的便利性（效率）等。

当然，在数据产品搭建的初期，“有数可用”确实是首要的目标。比如，采用在运营平台中植入一部分数据分析的功能模块的实现方案。但当数据产品作为相对独立的产品形态出现时，就不能仅限于此了，需要时刻关注在数据应用的全链路中哪个环节是效率的“重灾区”，并针对这个环节进行重点优化，提升数据应用的整体效率。

## 1.2 什么是数据应用

在上文中，笔者提到了数据产品与数据应用。在本节中，笔者继续深入探讨各种数据应用的形式与其自身的特点。

笔者将从三个不同的角度分析数据应用，三个角度分别为数据处理的角度、数据展现形式的角度和应用目的的角度。

### 1.2.1 数据处理的角度

数据处理的过程，指的是数据从原始状态，经过各种数据加工和计算过程，最终成为有意义的、便于获得和理解的结果数据的过程。在这个过程中，有几个关键的环节，如下所示。

- 采集。
- 存储。
- 计算。
- 可视化。
- 消息触达。

#### 1. 数据采集

数据采集是数据处理过程的第一步，它的关键性在于，为后续的所有流程提供“原材料”。而这一环节的困难在于，只有通过充分地了解业务和分析逻辑，才能保证为后续的流程准备充分的“原材料”。

随着对用户和业务本身的研究逐渐深入，我们对“原材料”的要求也在逐步提高。我们不仅要了解新增用户的数量，还要将其拆解到不同的渠道。我们不仅要了解用户的交易额是多少，还要了解用户在真正下单之前的整个选品过程的行为特征等。

与此同时，我们也能够发现，在业务形态相似的前提下，实际需要采集的数据内容也是类似的。这就使那些专门从事数据采集工作的团队和企业可以针对现有的各种业务形态，逐渐抽象出相对通用的数据采集方法，从而形成通用的方法论和平台化的采集产品。同时进一步提升自动化程度，减少人力参与，甚至直接做到“无埋点”。比如，GrowingIO、友盟、百度统计，以及 Google 公司提供的系列分析产品等。

### 2. 数据存储与计算

存储与计算通常是密不可分的，在计算的过程中也经常会用到存储。存储与计算是数据处理过程中的第二个关键环节，它决定了我们是否能够得到想要的数据处理结果。从事技术研发的朋友可能会更加关注这个环节，其次就是需要同数据查询打交道的数据分析师，而做交互式 OLAP（On-Line Analytic Processing，联机分析处理）的朋友则几乎感知不到这部分的存在，其最明显的感受大概就是“今天的查询速度变慢了”。

在目前的大数据技术框架中，The Apache Software Foundation（Apache 软件基金会）提供的一系列技术框架最为常见，比如 Apache Hadoop、Apache HBase、Apache Hive、Apache Flink、Apache Storm、Apache Spark、Apache Kafka 等。而其他知名的互联网公司和软件公司也在提供着自己的技术框架，比如来自 Facebook 公司的 Presto。

以上是技术研发人员的关注点，而分析师对存储与计算框架的关注点，通常是不同框架的性能特点，以及在执行数据查询和计算之前，能否提前进行相应的优化工作。比如，依据数据集的特性，针对 Hive 或 Presto 引擎，进行 Hive SQL 或 Presto SQL 的数据查询逻辑优化。

### 3. 可视化

可视化环节是贴近“非专业型”用户的过程之一，它呈现出来的就是美观的统计图表或其他更加复杂的信息图。在一个页面中将多个相互关联的图表有机地组织起来，再搭配一些可以对数据进行简单筛选、切换、钻取、聚合等操作的功能面板，这就是普通的数据产品的样子。

这个环节的输入内容，主要是在存储与计算过程中得到的计算结果。而可视化的方式，又与实际的业务分析需要紧密关联——需要根据分析的目标和得到的计算结果，选择可高效传达分析结论的图表类型。如果解释一个分析结论需要结合多个图表，就需要考虑这些图表在页面上的排布方式，同时应适当添加必要的说明文字，帮助查看页面的人能够更快速地接收图表要传达的信息。

由此可见，在可视化环节，应重点考虑三个方面的问题。首先，是图表类型的丰富；其次，是与数据分析方法论的深度结合；最后，是用户直接接触的交互部分需要进行良好的设计。

#### 4．消息触达

消息触达是一种“主动沟通”的方式。上文提到的数据查询和数据可视化过程，都是那些实际需要获得数据支持的人主动来索取数据。而消息触达，则是根据事先约定的应用场景、触发规则和内容格式，在恰当的时候将关键信息主动发送给“订阅”过的用户。

这个发送的过程，可以通过企业内的邮件服务向指定用户发送邮件，或者通过企业内的即时通信工具发送即时消息，也可以采用企业外部第三方的服务，如短信、语音电话、企业微信、企业 QQ 等方式。当然，要实现这个过程，还需要前面几个环节的支撑，特别是可能会频繁地用到存储与计算。

与相对“被动”的可视化环节相比，这种“主动”将数据和信息触达个人的方式，为用户提供了更好的体验，同时也能满足一些特殊场景的需要。比如，当业务出现严重问题，或者遇到紧急情况时，通过短信直接通知相关的负责人并在第一时间采取行动，比通过邮件这种相对“低效”的方式更适合。而邮件这种形式，则更适合需要传递包含图片、富文本、文件附件等多样内容的场景。

### 1.2.2 数据展现形式的角度

良好的展现形式，能帮助阅读数据的人高效地获取数据中隐含的信息。在上文数据处理的内容中，笔者提到了两种数据的展现形式，分别是可视化的统计图表或其他信息图，以及分析报告。这也是大多数用户经常接触到的两种数据的展现形式。

除此之外，还有两种比较常见的数据展现形式。

### 1．数据文件

数据文件是数据内容实际存储在计算机中的形式，我们可以使用一些工具软件编辑这些数据文件，从而调整数据内容。比如，Microsoft 公司的 Excel 就是这样一款软件，其生成的扩展名为“.xlsx”的文件就可以算作一种数据文件（2007 版本之前的 Excel 生成的文件扩展名为“.xls”）。当然，这些 Excel 文件中还可能包含统计图等可视化的信息。

另一类比较常见的数据文件就是通过公开的数据网站下载的数据文件，通常是扩展名为“.CSV”的文件。扩展名为“.CSV”的文件存储的仍是普通的文本数据，其每行代表一条记录，记录中各个字段的值通常使用“,”（英文逗号）分割。上文中提到的 Excel 软件也可以用来创建和编辑扩展名为“.CSV”的文件。

与上文中提到的可视化平台相比，这种数据文件的形式更适合在个体用户之间传递，同时借助计算机的文件系统，也更方便进行归档、备份等操作。当然，如果要进行多个用户之间的共享，或者需要多个用户协作进行数据修改，那么在线平台的形式无疑就是更好的选择。

### 2．API

API（Application Programming Interface，应用程序编程接口）一般被简称为“接口”，在通过程序语言获取数据时经常被用到。在系统划分模块之后，设计良好的 API 保证了模块之间交换数据过程的简捷、安全、高效。

在需要将数据进行输出时，特别是在需要自动化接收数据的场景中，基于 API 的方案是一个不错的选择。在通过 API 对外提供数据的场景中，通过 API 读取的数据也是一种数据的展现形式，并且数据的格式也是预先约定好的。在获取数据之后，通常还要继续通过计算机程序的其他模块对数据进行进一步的处理。

笔者在上文中提到一个词——“设计良好”，API 是要经过设计的，需要根据具体应用场景的需要，在通用性与性能之间寻找平衡。设计 API，不仅要考虑其自身的性能问题，还要考虑对方得到数据之后的易用性问题。同时，出于对安全性和稳定性的考虑，通常对获取数据的频率、数量等都应有相关的限制，通常将其简称为“频控”和“量控”。比如，设定查询次数（调用量）上限为 1000 次/小时。

### 1.2.3 应用目的的角度

应用目的是数据应用的初衷和结果，也是投入时间、人力和物力的最终意义。我们可以将应用目的笼统定义为“业务分析”或“辅助业务发展”。但在细分之后，笔者发现存在以下几种常见的数据应用目的。

- 统计。
- 监控。
- 分析。
- 洞察。
- 决策。

#### 1. 统计

这种简单的数据应用目的，是对某个指标进行加和、计数、去重计数等计算，并直接提供结果。在业务层面，通常根据这些指标的计算结果，对当前的业务情况进行初步的评估，决定业务是否存在严重问题，以及是否需要继续进行更深入的数据分析。

除了对特定指标的计算，还有一类是对数据集本身的特性进行描述的统计，被称作“描述性统计”。比如，每天新增用户数的平均数、中位数、众数、集中趋势、离散程度、极值等。进行这些计算的目的主要是了解数据集本身的特征，同时为具体情况的评估提供一个初步的评价标准。比如，通过每天新增用户数的平均数，找到低于平均数的日期并进行重点分析。

进行数据统计，关键在于数据计算的“口径”问题，也就是对指标的定义。在这方面，既有行业通用的定义，又有根据具体业务形态、发展阶段、企业背景等因素的不同，而专门总结的定义。

笔者仍用上文中的“新增用户”来举例。对初创团队来讲，通常的做法是在初期阶段将“积累用户”定义为重点工作，关于“提高单个用户的贡献度”的问题则暂时会被放到低优先级。依据这样的思维方式，新增用户的定义就会变成“完成了基本注册流程的用户”。而当团队将“单个用户的贡献度”问题提上日程的时候，新增用户的概念就会变成“完成了首次转化的用户”。当然，其中还隐含着一个“转化用户”的定义，也会遇到与“新增用户”类似的情况。可见，对指标定义的总体方向是，随着团队和产品的发展，这个定义会变得越来越适合团队和产品，但在具体条件上也会变得越来越严苛。

#### 2．监控

监控是在统计的基础之上发展而来的。通过初步的数据统计已经得到了数据集自身的一些特性（如上文中提到的平均值），或者经过以往的深入分析得到了关于指标阈值的分析结论。此时，可以通过对特定指标的变化情况设置监控，使其在出现异常情况时主动通知相关人员进行处理。

相对于“被动”进行的数据统计，监控是根据事先约定的判定逻辑，由系统“主动”向相关人员通知异常情况的场景。因此，监控中的难点，一方面在于如何设置合适的触发条件。上文中提到了两种比较常见的设置思路：第一种是基于数据集自身的特性（如平均值）来设置的；第二种是根据以往的数据分析提供的具体阈值来设置的。当然，如果类似这种简单的模式不能满足业务的需要，我们还可以设计针对特定场景的模型，以提供更动态、更精准、更智能的触发条件。比如，风险控制的场景。

另一方面，从业务实际需要的角度出发，不同的具体情况也需要不同的提醒方式。以“简单粗暴”的方式反复提醒，也会对相关人员造成不必要的打扰。为了避免这种打扰，可以对可能产生的异常情况进行分级，使不同级别的异常情况通知不同的相关人员。

#### 3．分析

这是提到数据应用目的时最容易想到的场景。这里的分析过程，主要指的是从现有的数据中发现业务规律的过程。在实际工作中，分析过程主要包括上文中提到的数据处理过程，如存储、计算和可视化。在这些具体的“硬性工作”之外，则是对计算结果和可视化内容的思考过程，这就涉及分析思路的“软实力”问题了。

选择合适的分析思路，应从分析的目的出发开始寻找线索，而分析目标又是由研究业务的视角决定的。常见的分析视角包括利润视角、时机选择视角、行业和市场研究视角等。在这些视角下，我们可能会以利润最大化为目标，开始研究投入和产出的结构；以风险最小为目标，开始研究业务随时间变化的规律；以占领新兴市场为目标，开始研究现有市场的结构和进入途径等。

因此，分析的第一个关键点在于分析目标，其决定了后续分析工作的方向；分析的第二个关键点在于分析方法，我们需要时刻考虑分析方法是否严谨、是否在业务意义上具有说服力。

#### 4．洞察

在日常用语中，“数据分析”的范畴非常宽泛，覆盖一部分“数据洞察”的工作。只有将分析和洞察放到一起时，才更容易将二者区分开：分析过程更专注于从数据中寻找规律，如集中的趋势、随时间变化的波动规律等；而洞察过程则是将这些规律“反哺”到业务当中，如支持对未来业务发展方向的预测、支撑关键决策的制定等。

如果将洞察过程作为一项相对独立而完整的工作看待，其输入的内容是在数据分析阶段发现的规律，而输出的内容则是更贴近业务的决策、计划、方案等。同时，洞察要求提出的方案应符合业务的需要，并且能实际落地。对洞察效果的评价，也应以实际业务发展的情况为依据。

因此，数据洞察过程的第一个关键点是制定可执行、可落地的业务方案；第二个关键点是收集在方案实施之后的业务层面的反馈数据，使方案接受实践的检验。

#### 5．决策

决策也是一个比较概念化的过程，通常意味着在几种备选方案中进行取舍，这需要平衡多方的利益、需要考虑眼前和未来的多种影响因素，从而最终做出综合评价。同时，为了决策足够客观，还需要尽量避免决策者的主观好恶对决策结果的影响。

为了满足上文中提到的各项要求，需要在实际决策之前，先对决策问题建立衡量和评价的体系。建立衡量和评价的体系，可能要通过几个客观数据指标的组合，可能要通过建立专门的委员会，也可能要通过更具开放性的投票方式。在确定了衡量和评价的方式之后，只要依据衡量评价体系完成计算和评价的过程，就可以得到适合的决策结果。只有经过这一步的设计，才能使数据在决策中真正发挥作用。

# 1.3 什么是效率问题

在上文中笔者探讨了什么是数据应用，并且从不同的视角对其进行了介绍，列举了关于数据应用的具体案例。根据本书对数据产品的定义，接下来大家需要明确“效率”这个概念。

“效率”的字面意思不难理解，但大家需要进一步明确在数据应用过程中的狭义的“效率”的内涵。只有将效率与上文中提到的数据应用相结合，才能准确理解做数据产品的初衷，并且在设计数据产品的时候找到思考的“落脚点”。

## 1.3.1 成本投入项

在企业经营过程中，常见的投入项包括人力、物力、财力。在设计数据产品的过程中也同样应从这三个方面来考量具体的投入。

### 1. 人力投入

人力投入是投入项中最直观的部分。每当有人在微信朋友圈中发表图片并感叹那些灯火通明的办公楼时，大家就能直观地感受到人力投入。

人力是一种资源，而且像其他资源一样，也是极其有限的。我们每个人每天只有 24 个小时，人人平等；团队的规模也是有限的，不可能无限制地进行招聘；还有一部分“生产力”损失在参差不齐的能力水平方面。

围绕着数据产品，我们可以划分出以下常见的几个方面的人力投入。

- 设计和规划数据产品的产品经理角色。
- 设计和优化交互体验的交互设计师角色。
- 设计和优化产品视觉效果的视觉设计师角色。
- 设计和优化系统架构的架构师。
- 设计和落地实施技术系统的研发工程师角色。
- 加工和准备数据的数据工程师。
- 训练和优化算法模型的算法工程师角色。

- 计算和分析数据的数据分析师角色。
- 负责带领和管理团队的管理者角色。

当然，根据不同企业的具体情况，出于节省人力、提高团队配合效率等方面的考虑，这些角色之间也会相互重叠。若要从根本上解决人力调配的问题，就需要实施合理的项目管理。

项目管理的成果之一，就是面向项目目标能够充分地利用有限的资源，杜绝资源浪费。在这一方面，大家可以根据自己的团队规模、产品和项目规模，以及需求和环境的变化情况，参考 PMP（Project Management Professional，美国项目管理协会开发并推广的项目管理资格认证）、ACP（Agile Certified Practitioner，美国项目管理协会开发并推广的项目管理资格认证）等成体系的项目管理思想和实践方案。

### 2. 物力投入

物力投入也比较容易感知，如每个人工作时使用的计算机等电子设备，以及帮助大家完成海量数据计算的集群（关于“集群”的概念，接触过大数据的朋友一定不陌生）。但毕竟这些物品是“死”的，不会有情绪、偏好、学习能力等影响发挥水平的问题，与人力相比更容易管理。

关于物力投入的问题，可以用良好的设计来解决。比如，首先在架构设计方面能够“扬长避短”，针对不同的应用场景和技术框架的特点优化架构设计，以便能够充分利用有限的资源；同时，在设计和编码系统功能时，也需要充分考虑不同存储与计算架构自身的特点。当然，如果确实面临无法通过优化解决的复杂问题，也只能进一步追加资源了。

更重要的是，就因为这些物品是“死”的，随着业务和技术的发展，那些花费大价钱购置的软硬件在短时间内可能就会面临更新换代的问题。在财务方面，IT 设备的折旧周期一般为 3~5 年。因此，物力方面的投入，在短期内是如何充分利用的问题，而从长远来看则是如何“与时间赛跑”的问题。

### 3. 财力投入

在人力投入和物力投入的背后，基本都是财力的投入。不管是招聘高水平的人才，还是采购高性能的设备，都会伴随着财力投入。人力方面的财力投入，大家领薪水的时候自然能有所体会，当然这个方面的财力投入不止薪水一项。但对物力方面的财力投入，此前如果没有接触过设备采购相关的领域，大家可能不会有太多感触。

财力投入的问题，通过对人力和物力的把控可以解决一部分，剩余的部分不在本书的讨论范围之内，有兴趣的朋友可以关注更多财务方面的书籍和文章。值得注意的是，大家在考虑成本投入的时候，应将所有成本计算在内。

### 1.3.2 价值产出项

价值产出是搭建数据产品的直接目的，也是“提高效率”这个终极目标的必要条件。同时，产出的多少在一定程度上也反向决定了应该给予多少投入。

在企业内部，通过应用数据产品，能够创造的产出主要包括以下几项内容。

#### 1. 创造收入

“赚钱”当然是最容易想到的产出类型，而产生收入的商业模式，通常包括直接出售产品副本、以功能订阅的形式提供产品服务、基于数据产品提供更深入的咨询服务等。同时，创造收入也是最容易衡量的产出，直接统计金额即可。

#### 2. 节省时间

时间上的节省也是比较容易感知的。比如，上文提到过的案例，通过搭建数据产品平台，制作同样一份数据分析报告的时间周期，从 3 个工作日缩短至 0.5 个工作日，这绝对是一份令人满意的成绩单。同时也可以看出，时间也是一个容易衡量的产出项。但在需求极不稳定、经常需要改变工作内容的情况下，这种直接的时间比较也会丧失一些说服力。

#### 3. 节省人力

笔者在上文中提到了人力投入，在这里又将节省人力提出来，其实节省人力就是用工作高效的人逐渐替代那些工作低效的人。

#### 4．降低风险

这是更为隐蔽的一种产出。在实际工作中，最终的严重失误和损失，总是由点滴的小事积少成多而造成的。能够在事情不可挽回之前采取措施、逐步修正、降低风险，就能避免严重的后果，风险的降低就是这样一类产出项。数据层面的失误一般包括基础指标的定义和口径不一致、数据缺失、对同一指标数值的理解偏差、由于计算错误导致错误决策，以及由于数据支持不及时而造成错失市场良机等。

上述这些问题，通过设计和优化数据产品，通常可以得到有效的解决。这也是数据产品有价值的产出项之一。风险方面的产出比较容易理解，但若对其进行准确的衡量，则需要建立成体系的评估方法。

#### 5．沉淀资产

这一项同前面几项相比，就更宏观、更长远了。在数据被高度关注的时代背景下，数据因其价值而成为企业的一笔宝贵的财富。数据产品在使用数据的同时，一般也都会参与到数据治理的工作当中，它是数据治理的获益者，同时也是贡献者，能够补充很多经过加工后才产生的有价值的数据。但这方面的价值更加难以进行量化，至少很难在具体工作层面进行精确的量化。

### 1.3.3 效率的问题

笔者在上文中已经对数据产品的投入项和产出项进行了详细的介绍。相信大家已经能够理解，在设计数据产品的时候，应该如何在总体上评估和规划一款数据产品，以及如何解决其中的效率问题了。

提到具体实施，就是依照上文中已经列举的各项，根据自己企业或团队的具体情况，为“效率”寻找适合的衡量指标，并为数据产品的搭建过程编制目标、列出约束条件。针对常见的情况，笔者主要探讨三种典型的企业或团队环境，以及关注的效率指标。

#### 1．数据应用“冷启动”

这是在走上“数据化”道路之前的状态。比如，业务产品刚刚成型，还没深入考虑过如何利用数据促进业务的发展，或者此前将更多的精力花费在开发和巩固业务上，数据方面的建设才刚刚起步。

在这种情况下，一种方案是直接采购成熟的第三方数据产品或服务。这些第三方的产品或服务通常都会针对不同的行业和领域，推出有针对性的完整解决方案。对于在这方面缺少积累和预算的企业或团队来讲，这是一个不错的选择。如果选择这个方面，那么主要投入将会是财力的投入，同时也会在对接方面耗费一部分人力投入。而产出方面，除业务的实际发展以外，节省时间和降低风险可能会变成主要的产出。

另一种方案便是选择自行搭建的数据产品。这个方案的投入必然比前一种方案的投入大得多，人力、物力、财力三个方面都会产生大量的投入。而产出方面，由于是自己内部的平台，理应更能匹配团队的工作方式和业务特点。因此，产品完成之后的人力节省、时间节省等方面是重要的考量指标，同时也应衡量辅助业务发展方面的价值。

#### 2. 数据应用自身的优化

这种情况主要针对在数据方面已经有一定积累的企业或团队。随着业务和团队的发展变化，当初搭建的数据产品可能已经不能满足使用要求了，需要对它进行迭代。在这种情况下，上述的两种方案仍可以使用，但大多数团队仍然会选择在现有产品的基础上进行完善，以便应对业务和团队的变化。

在迭代的过程中，体现出的投入主要是人力的投入。如果对数据产品的核心功能和性能的要求没有发生明显变化，那么其主要的衡量指标就应是产品在完成迭代之后对新工作内容的支撑情况，以及是否在原有工作方面更节省人力投入。

#### 3. 数据应用的革新

这种情况主要针对那些在数据应用方面有深厚积累的企业或团队。这些企业或团队希望在相对独立的数据产品领域中形成自己的独特竞争优势，并且希望在数据应用方面对周边的企业或团队形成一定的影响力。

这种场景下的投入主要是人力的投入，而为了适应新型的数据产品，在物力和财力方面也需要相应的支持，如可能需要采购成熟的软硬件。在产出方面，就不仅仅是上文中提到的那些常见的产出项了，还应包括影响力的提升、品牌价值的提升、形成竞争壁垒、获得权威性和话语权等。

## 1.4 本章小结

本章的内容，希望能为关注数据产品领域或刚刚进入这个领域的朋友，勾勒出一款数据产品的全貌。同时，也希望帮助具备数据产品领域相关经验的朋友，能快速厘清本书的关注点和思考方式。

对于数据产品，本章的重点在于数据应用和效率问题。笔者从“降本增效”的视角切入，逐渐拆分和细化了围绕数据产品而产生的效率问题，以及构成效率问题的投入项和产出项。随后，针对不同的企业或团队的情况，选择了几个典型的发展阶段，并给出了需要关注的投入项和产出项，以供大家参考。

# 第 2 章

# 数据产品面临的挑战

在第 1 章中，笔者提出了数据产品的定义，并从数据应用和效率问题两个基本方面，详细分析了数据产品存在的意义，帮助大家将“数据产品”和“与数据相关的产品”区分开。同时，笔者也分别对数据应用和效率问题两个方面进行了详细的讲解，具体指明常见的数据应用有哪些，并阐明了围绕数据产品而产生的成本投入与价值产出，最后针对投入和产出这两个方面，分析了在不同的数据应用阶段可能面临的“效率”问题。

在本章中，笔者专注于数据产品的一些更具体的挑战，即在搭建数据产品的过程中可能遇到的一些具体问题。经过对本章的讲解，笔者希望能够帮助大家正确认识实际工作中可能遇到的问题。因此，学习本章的内容更像是一个理解所面临的挑战的环节，同时本章后两节的内容，也为全书的后续章节做了铺垫。

在本章中，笔者首先承接第 1 章中关于数据产品定义的内容，为大家做数据产品找到定位、目标和发展途径，做到“师出有名”。

之后，笔者讲解搭建数据产品应关注的两个关键方面——理解业务和理解技术，并以此引领本书的后续两篇内容。在理解业务方面，笔者关注的是业务在做什么、为什么做、会遇到怎样的挑战，以及如何通过数据产品来应对挑战。在理解技术方面，笔者拨开数据分析过程和数据可视化的“华丽外衣”，在更基础的技术层面，讲解技术系统是如何支撑上层的各种应用的。

在搭建数据产品的过程中，理解业务和理解技术这两个方面缺一不可。只有对这两个方面同时进行深入研究，才能搭建出一款优秀的数据产品。

## 2.1 为什么要做——师出有名

做事需要“师出有名”，“名正”才能“言顺”。这样既方便大家找到自己的工作方向，又方便大家在占用资源的时候找到适合的论证依据。企业内部的资源是有限的，而数据产品的出现，就是为了在资源有限的前提下，提高数据应用的效率，从而通过数据支撑产品管理、产品运营及其他方面的工作。

在搭建数据产品的过程中，在业务内部或者产品线内部存在这样一种情况：数据产品因为缺少必要的数据支撑而根本无法运转起来，或者它虽然在运转中，但是效率低下，投入了过多的人力、物力、财力，产出却极少，需要进行优化。

面对这样的情况，我们通常的思路是具体定位到业务运转对数据的诉求，或者业务运转对人力、物力、财力的使用情况，确定搭建数据产品或者优化低效环节的目标，之后再根据目标与现实情况的差距，规划具体的实现路径、识别工作难点。

本节将介绍两个方面的内容。首先，笔者将会详细梳理那些依赖数据应用的环节，通过设计数据产品，让这些环节顺利地运转起来；其次，笔者将会关注现有数据应用和业务自身的效率问题，通过价值评估，找到其中低效的环节，并找出问题的根源。

### 2.1.1 支撑数据应用

首先，我们要了解业务层面缺少数据支撑的情况。我们可以概念化地把这样的情况理解为数据产品的“从 0 到 1”。

从第 1 章的内容中我们了解到，可以从数据应用的三大视角中找到 11 个常见的细分方向。在三大视角中，应用目的的视角是最贴近业务的；其次是数据处理的视角，可能会对业务和产品形态产生一定的影响；而数据呈现形式的视角则更偏向技术层面，对业务的影响是三大视角中最小的。

因此，下面笔者就从数据应用目的和数据处理的角度，找到数据产品需要解决的问题。

#### 1. 统计中的数据支持

人类的记忆力和计算能力本来就是十分有限的，在如今的大数据面前，更是“自愧不如”。因此，各种统计工作自然需要数据来支持，特别需要数据产品来支持，不可能由人类自己来完成。

当然，笔者在这里想要得出的也不是“计算机能够帮助人类完成前所未有的大规模计算，从而得到一些新的洞察”这样的结论。笔者想要表达的是在这个过程中究竟出了什么问题或者可能出现什么问题。

在日常工作中，类似的场景并不少见。大家可能经常会产生这样的想法：“如果能够看一下……这个数据，我就知道该怎么办了”，或者“基于现有的信息还无法得到一个有意义的结论，是不是应该再看一下……这个数据”，这就是笔者所说的统计的场景。

在这个过程中，常见的两个问题就是数据采集与统计口径的问题。在不同的团队中，这两个问题都有可能成为关键的问题，需要尽快解决。比较常见的情况是统计口径想清晰了，却发现需要的数据没有准备好，也就是问题出在了数据采集上。

1）数据采集的问题

采集是数据应用“逻辑”上的起点。那些常见的业务数据通常是没有问题的，因为这样的数据通常不需要额外设计专门的采集机制。比如，用户发布的 UGC（User Generated Content，用户原创内容），或者用户交易时的订单金额等，在数据库中必然有相应的内容存储下来，否则业务无法正常运转。

因此如果说数据采集出现问题，更多指的是那些不会影响业务正常运转、却会影响数据应用过程的数据。比如，用户的各种浏览和点击行为。这些数据如果不在产生的时候就及时、完整地记录下来，就再也找不回来了。类似这种数据，就是数据采集中的一些“死角”，很可能等到真正要用的时候，才发现其中存在问题。这是数据采集容易出现问题的第一个原因。

另一个数据采集容易出现问题的原因，是数据采集是比较偏底层、偏技术的工作。很多技术手段的有限性决定了一些数据确实无法采集到，或者准确度无法达到理想的程度。

最后一个原因就是我们不够重视。数据采集本身就是一项烦琐的工作，既看上去没有上层的数据分析过程那么有趣，又无法像数据分析那样直接、明显地对业务产生影响，很容易被忽视。

对大多数做产品和运营的朋友来讲，从头开始搭建一款新产品的机会并不多见。如果大家刚好遇到了一个这样的机会，一定要抓住它，利用它锻炼自己设计产品的数据体系的能力。

在数据采集这件事上，面对一款新产品与面对一款从别人手里“交接”来的产品，需要解决的问题也是不同的。

如果大家有幸能从头开始设计一款产品，那么需要考虑“究竟需要采集什么数据”。因为在这个时候面对的是数据上的“一片空白”，大家需要从业务自身逻辑的角度，考虑需要采集哪些数据才能完成后续的数据分析工作。因此，这个问题回答得好不好，取决于大家对业务的理解有多深入、对运营过程的理解有多深入，甚至还包括对整个企业或团队的运作方式的理解有多深入。

如果大家接手的产品已经上线运转一段时间了，在企业中对这款产品已经建立了一些初步的数据收集机制，并且已经有一定的数据沉淀了。那么，这个时候需要尽快解决的问题就是“采集到的数据究竟是什么”。对这方面的理解，还会延续到考虑统计口径的阶段。

要解决好这些数据采集中的问题，就需要结合下文关于“理解业务”的内容——从业务的诉求出发，设计出符合业务分析和发展需要的数据采集方案；或者依据业务自身的逻辑和发展脉络，逐渐了解现有的采集方案能够支撑什么样的数据分析。

最后，只了解了还不够，这个过程的“实际产出”应当是一些对业务逻辑的抽象和设计，比如描绘干系人之间关系的 E-R 图、描述业务流程的流程图等常见的设计文档，或者更偏技术层面的数据埋点设计和数据结构设计等。关于这些文档和设计，笔者在后面的章节中还会详细介绍。

好消息是，一些第三方的数据服务平台已经为大家设计了自动化的数据采集方案。结合这些方案，对那些常见的基础数据，大家就不需要再费心采集了，因为这些方案会直接将常见的基础数据准备好。不过，这只能解决简单数据的采集问题，那些与业务自身特点高度相关的信息，或者那些因为比较敏感而不能交由第三方处理的数据，仍然有待大家去挖掘。

2）统计口径的问题

在将数据采集的问题处理妥当之后，按照“逻辑”，我们就应该开始考虑统计口径的问题了，这是进行深入分析的起点。

提到口径，大家最容易想到的就是各种常见统计指标，比如，DAU（Daily Active Users，每日活跃用户）代表每天活跃的用户数量，DNU（Daily New Users，每日新增用户）代表每天新增的用户数量。

在这些指标的背后，还有更具体的问题。比如，什么是“活跃”？什么是“新增”？用户下载了 App，算不算“新增”？注册了账号，算不算“新增”？还有发布了第一个“状态”、添加了第一位好友、完成了第一笔交易……究竟什么才是“新增”？“活跃”也存在同样的问题，用户每天只打开了 App 算不算“活跃”？甚至用户都没有主动地打开 App，只通过 H5 页面借助 Deep Link（深度链接）“无意间”打开了 App；再或者通过应用市场打开 App，这些又怎样定义呢？

这些具体的定义并没有想象中那么简单，既与业务逻辑和产品形态有关，也与业务和产品的发展阶段有关，还可能是通过一些统计或者算法模型得出的结论。

比如，在某个 UGC 平台的发展初期，用户只要完成基本的注册流程，就被计入 DNU 了。但是到了用户原始积累阶段结束的时候，只有那些至少发布过一次 UGC 内容的用户，才能被计入 DNU。（实际情况是，很多业务和产品从一开始就没有把注册流程“放在眼里”，直接定义“完成一次实际转化行为”的用户才是“新增用户”。当然，这样又引出了一个“转化”的概念需要定义。）

这些具体概念和指标的定义，在理解业务的过程中只是一个计算公式或一张流程图中的某个箭头。但是到了理解技术的层面，它们会变成针对业务的数据集市建模、可执行的数据查询语句等。在这个过程中有更加细节的问题需要处理，因此大家还需要对定义进一步细化。

比如，在有些计算引擎中，平均值函数 AVERAGE 的计算结果，并不等于求和函数 SUM 计算结果和计数函数 COUNT 计算结果的比值，通常的原因是没有明确处理所需字段取值为“NULL”（空值，即“没有数据”，属于缺失值的一种）的情况。

同时，统计口径的问题还与下文要讲解的关于“理解技术”的内容高度相关。因为在得到了统计口径的清晰定义后，就要进行“算数”了。这样大家就要开始考虑计算引擎的选择，并对计算过程进行优化（查询语句优化或者算法优化），以解决数据量、计算效率等与计算相关的问题。

### 2．监控与分析

通过数据采集和计算，大家得到了需要的数据，并且计算好了那些“轻而易举”就能想到的数据指标。接下来就会产生两类不同方向的数据使用的诉求，即数据监控与数据分析。

数据监控的根本目的很简单，就是保证业务或者产品不出问题。但是这又是一个很难的问题，因为想要定义什么是“正常”并不容易。

常见的监控场景比较容易想到。上文中提到的那些基本的统计指标，虽然有的每天才更新一次，但是都可以划分到数据监控的范畴。当然，这些指标也可以按照更短的时间周期更新，如过去一个小时内产生的交易、过去一个小时内活跃的用户等，甚至过去一分钟内的情况。

前面这些都是偏向业务层面的监控诉求，还有一部分是偏向技术层面的监控诉求，如监控系统的吞吐量、服务器的负载等。这些同样是支撑着互联网产品和业务"瞬息万变"的关键监控诉求。而且在技术层面，监控的时间周期会更短。

比如，对于各种网络请求会有一组指标来衡量响应的性能，包括 TP50、TP90、TP99、TP999 等。它们的含义也很容易理解，如 TP99，就是处理 99%的请求而产生的最小延迟。不过，这个 99%代表的可不是概率，而是分位数。也就是把一段时间内所有请求延迟的数据按升序排列，其中在 99%位置的那个延迟数据就是 TP99 的值了。

如果说数据监控是在"已知"的前提下来做保证，那么另一类诉求——数据分析就是在不断地探索认知的边界了。我们总是希望通过数据分析，获得一些我们此前不知道的、隐含在海量数据中的规律。数据分析应该是大家在日常工作中比较关注和熟悉的一项工作了，笔者在第 1 章中已做大体介绍，这里就不再赘述。

1）数据监控中的问题

在监控类的诉求中，比较难解决的问题当属阈值的设定，也就是上文中提到的如何定义"正常"的问题。不管是业务层面的 DAU、DNU，还是技术层面的 TP99 和 TP999，都涉及这个问题。

针对这个问题，我们可以采用的方法仍旧是加深对业务、行业和产品的理解。比如，DAU 并不是一个孤立的指标，它的变化会受到许多其他指标的影响，如 DNU 就会影响到 DAU 的变化，用户的留存率也会影响到 DAU。

在分析的过程中，我们可以在这些相关联的指标之间进行相互校验，这样就能确保一个指标的提升是在我们的可控范围内的，而不是一些"偶发因素"造成的。比如，当 DAU 突然增加的时候，我们就需要寻找原因。是 DNU 增加了？是用户的留存率提高了？是我们做了一些旨在拉高 DAU 的运营活动？或者是其他什么因素的变化导致的。这是正向分析的思路。

反向分析的思路则是，如果我们想知道 DAU 这个指标应当达到多少，可以通过一些相关指标的取值计算出来。方法是类似的，只是原来的自变量变成了因变量。除了这种基于指标之间的逻辑的计算方法，我们还可以在指标自身的基础上定义这个“正常”的阈值应当是多少，如采用均值、环比值等。

在阈值的问题解决之后，另一个问题就变得简单了，那就是一旦发现问题之后的通知方式，这也是数据范畴要解决的问题之一。如果阈值定义得不好，那么越高效的通知方式越有可能成为打扰用户的“罪魁祸首”。

常见的通知方式包括 App 内的 PUSH 消息，基于电信网络的短信和语音电话，结合第三方的微信公众号消息，以及能够承载更多信息量的电子邮件。

2）数据分析中的问题

数据分析中同样隐含着问题，不过数据分析工作本来就是一项饱含不确定性的工作，存在一些问题也是能够接受的。更何况，不断出现的问题将一次次的数据分析工作串联起来，帮助数据分析工作形成闭环。

因此，数据分析的起点，可以说是出现了问题而又无法简单地解决。要解决的这个问题，以及希望得到的答案，就变成了分析的目标。因此，分析目标的确定，就成为数据分析过程中可能出问题的第一个环节。

在关于数据分析的文章或者书籍当中，作者会反复强调分析目标的重要性。不过在实际工作中，有些问题确实无法在最开始就 100%地明确下来，而是随着分析的不断推进而逐步明确的。针对这种情况，一项完整的数据分析任务可能被拆分成几个更小的阶段。其中一些阶段就在验证问题是否确实存在，或者在帮助大家逐渐明确所面临的、要解决的问题究竟是怎样的。这些阶段也可以称为数据分析过程中的“调研”阶段。

特别是当要分析的问题本身就比较复杂的时候，这些调研阶段是非常有必要的。什么样的问题是比较复杂的呢？在实际的运营过程中，我们经常会想要找到一些现象的原因。比如，用户为什么会产生奇怪的行为路径？为什么运营活动无法刺激用户产生更多的转化？对于这样的问题，我们通常会产生很多猜测，而且这些猜测之间是相互关联的——“如果……并且……那么是……导致的”。

面对这种问题，在实际落地的过程中，笔者会使用 A/B Test 的方式，先收集所有需要的数据，然后再使用这些数据逐个验证这些相互关联的猜测，最终得到关于这个问题的完整答案。（关于如何做 A/B Test 的问题，笔者会在第 4 章中进行更详细的介绍。）在这个过程中，前面的阶段都只能保证阶段性的目标是明确的，直到最后一个阶段的验证完成，整个分析工作要做的事情才明确下来。

可见，强调分析目标的重要性，只是要我们时刻关注它，特别是关注它的变化，关注它是否合理，以及是否真的有意义，而并非在最开始的时候就要把全部的信息确定下来。有时候，在最开始的时候根本不可能知道所有信息。

讲完了分析目标，就要讲分析方法论了。在写这段内容之前，笔者也认真地搜集过相关的资料，不过以讲解模型和框架的零散内容居多，并没有找到能够完整梳理下来的内容。于是，笔者根据自己在日常工作中使用的思路和方法，将数据分析常用的分析过程整理为五个基本步骤。同时，一些经典的模型和框架也确有其“历久弥新”的道理，所以对一些常用的管理和营销框架也进行了整理。关于这两部分内容笔者都会在第 4 章中进行详细介绍。

至此，关于在数据监控和数据分析的过程中可能遇到的、并且需要数据产品来支撑的问题，笔者整理出了一个概况。如果大家感兴趣，可以做深入的探讨。

### 3．洞察与决策

在数据越来越受到重视之后，我们能够很明显地感觉到，人们希望将更多的决策交由数据和计算机系统来完成。比如，“哪条广告带来的转化更高”“页面上的特定位置应当展示什么样的元素（广告）”这样的基本判断，以及“什么样的用户对我们的价值更大”“我们的市场费用应该如何分配”这种洞察。听上去，这些问题应该在监控和分析环节中就“完美地”解决了。但是，笔者在这里依然要把洞察与决策这两个重要环节单独拿出来进行讨论。

之所以在“完美地”完成了数据分析工作之后，笔者还需要单独把洞察和决策环节拿出来讲，是因为无论我们怎么努力，总还有一部分信息是无法通过数字化变成数据的。这也就意味着，我们通过数据对业务、产品和用户进行分析而得出的结论只是现实世界的一个很小的“子集”。（关于用户行为和业务抽象的问题，笔者放在第 5 章进行详细讨论。）如果我们只依赖于数据分析得到的结论来做决策，会忽略很多宝贵的经验和其他有价值的东西。这样，数据对我们的作用，就不再是“如虎添翼”，而是“一叶障目”。

1）数据洞察中的问题

笔者先从数据洞察讲起。在各种试图展示“数据对决策的辅助作用”的内容中，与洞察相关的案例都是很受欢迎的。洞察通常意味着，我们知道了一些“原来不知道”的东西，并且将它们应用到了业务和产品当中，从而可以更准确高效地对业务和产品进行优化。在这个过程中，与数据分析的不同点在于，我们要将数据分析的结果放到实际的业务场景中。

当我们把结果放到实际的业务场景当中时，很可能会发现一些有趣的现象。比如，我们的分析结论可能是一些早已知道的事情，甚至是不需要经过数据分析、直觉就已经告诉我们的事情，只不过我们通过数据分析把它们量化出来了，但这种量化的过程并不能改变事情原本的性质。

比如，对于自己手中的几款产品，或者在负责的几个渠道，我们心中明确地知道哪个好、哪个不好。即使通过数据分析把好的产品有多好、不好的产品有多不好量化出来了，依然改变不了这一事实。这就意味着，我们在这方面得不到任何数据分析的支撑，因为数据分析的结论并不能告诉我们应当如何改善现实的状况。因此，通过洞察我们需要在数据分析结论的基础上，发现更多具备可操作性的关键点，对这些关键点的调整将给业务和产品带来实际的改变。

可见，洞察不能是纯理论的，需要对业务和产品的迭代提供指导，并且是那些可以落地和确实有效的指导。当然，这其中的“可操作性”，有一部分是可以结合到数据分析当中的，也就是在数据分析的阶段就尽量保证结果具有“可操作性”。因此，在第 4 章介绍的通用的五步数据分析法中，笔者会特别强调“可操作性”。如果分析结论不具有可操作性，那就可以说一个单纯的兴趣驱使了数据加工过程，不会产生任何洞察，不会对业务和产品的优化提供有力的支撑。

同时，对于任何得到的洞察，我们在实际应用的同时，也要以相应的验证来保证这种洞察的持续有效性。在实际工作中，这会转变成一些自动化的、持续的数据分析和数据监控。当我们发现一些结论不再成立的时候，所谓的洞察也就失去了作用。

2）数据决策中的问题

在我们确信发现了一些此前不知道的优化点，并且这些优化点确实可以通过一些操作而达到之后，接下来就是选择的过程了。为什么还要选择？原因很简单，因为资源是有限的。虽然像金钱这种资源我们可以轻松地将其变为数字，加入数据分析的过程中，但是仍然有很多资源是我们无法用数据分析的过程来平衡的。比如，员工的注意力、兴趣、情绪，市场上的竞争对手和合作伙伴的态度，行业整体的发展态势和未来的发展方向等，这些都会对决策的执行效果产生很大影响，却没有太多直接有效的办法来对其进行精准的分析。

因此，“决策”这个真正影响到业务和产品发展的环节，与业务贴得更紧密，并且除了数据分析结论的支持，在数据无法支持的方面还要结合企业或团队的经营理念，以及个人在领域内的从业经验等。

在决策这个环节中，数据能够提供支持的就是解决“决策效率”的问题。虽然整个数据产品都旨在解决效率的问题，但是决策效率需要格外关心，它确实会直接地影响到业务和产品。

关于决策效率，可以分为两个方面。

一方面是在决策之前，需要获得数据的支持，也就是笔者在上文中反复讨论过的采集、统计、监控、分析的过程。决策者需要将这些结果数据作为决策的部分依据，再结合其他一些信息，最终做出决策。另一方面，决策之后还要对决策的结果进行持续的跟踪——持续跟踪决策产生的影响，及时反馈决策是否带来了预想的结果。

讲到这里，可能不少朋友会想到一个方法论——“快速试错”。没错！这就是一个快速试错的过程，能尽快让决策的结果反馈到决策者面前，为失败决策留出最宽裕的挽回空间，这几乎比任何事前的保证都能给决策者带来更大的勇气。特别是当决策的内容是创新的尝试时，我们根本无法提前给决策的结果做太多的保证，这时能及时看到结果就是最重要的。

至此，笔者与大家探讨了业务和产品层面亟待解决的数据应用问题，以及如何通过数据产品的支撑解决这些问题。不过，以上提到的这些数据应用问题，都属于“功能”问题，也就是应当通过数据产品提供怎样的产品功能，才能将业务和产品的工作流程补充完整。

如果各种工作流程在数据产品的帮助下，已经逐渐实现了闭环，那么接下来我们就需要对业务和产品进行进一步优化了。这时，我们就会脱离“功能”的层面，在各种已经搭建起来的“功能”之上，开始考虑“价值”的问题了。

### 2.1.2 “量入为出”的价值管理

在“功能整合”之上，“价值管理”是数据产品的另一个层次——我们不仅要让功能和流程更高效，还要让价值的创造更高效。

因此，接下来笔者要探讨的就是要利用数据产品来优化数据应用的效率。相对于数据的支撑应用，这就是数据产品的“从 1 到 N”。

在现有的方案中，成本究竟花费在哪些方面？这里就用到了笔者在上文中提到的数据应用的三种常见投入和五种常见产出。在互联网行业中，由于互联网产品与数据的结合相当紧密，这些数据层面的投入和产出，也可以近似地等同于在搭建和运营互联网产品的过程中，需要考虑的投入和产出。

笔者在第 1 章中已经详细介绍过这方面的内容，因此在这里就不再赘述。需要强调的是，提高价值创造的效率，同样是搭建数据产品的重要目标之一。

## 2.2 做的是什么——理解业务

在 2.1 节中，笔者分析了如何通过业务的诉求，找到数据产品存在的意义，也就是所谓的“师出有名”。这种目标的背后，反映的是业务层面遇到的困难和问题，而解决方案就是搭建适当的数据产品。因此在本节中，我们就要开始关注实际的数据产品搭建过程了。这部分大体可分为两个关注点，即业务与技术。本节先从业务的层面讲起。

虽然在上文中针对数据产品的搭建，笔者给出了一些很“宏大的目标”和“美好的愿景”，但是仅有这些还不够，我们依然不知道应该怎么做才能够实现那样的目标。因此，在搭建数据产品的过程中，要解决的第一个关键问题恐怕就是“要处理哪些数据，并且这些数据有什么用”。

这个问题显然需要我们将数据与业务联系起来考虑。为了回答这个问题，我们首先需要对业务的运转及其逻辑有所了解。同时，通过这种了解，我们还能从业务价值的角度出发，找到衡量数据价值的办法。

因此在本节中，笔者首先从数据意义的角度出发，探寻这些数据究竟代表着什么、什么又能决定这些数据的意义。对这些问题的关注，将会帮助大家在意识中逐渐将数据与业务建立起联系。

之后，笔者再从价值的角度出发，考虑业务追求的“价值”是什么、用哪些数据能够进行衡量。对这些问题的关注，将会帮助大家找到衡量数据和数据产品价值的方法，并能够选出更好、更合适的数据处理方式和数据触达方式。与此同时，通过了解大家能看到的“价值评价体系”中的问题，还可以设计成数据产品的组件，来验证这种价值评价体系中的基本假设或因果关系是否成立。

本节是全书第二篇的内容提要。关于理解业务的更具体的内容，笔者将通过第二篇的三个章节进行具体介绍。

### 2.2.1 数据的意义

脱离了业务，数据几乎毫无意义。随着数据分析的深入，特别是在结合了统计分析和算法模型之后，大家很容易在一些时刻忘记了关注各种指标和数值的业务含义，而一味地为了计算而计算，导致分析的结果在业务层面很难得到解释和支持。这是我们不希望看到的情况。

以上情况笔者在本章第 1 节中已经讨论过了，但是当时给出的解决办法也仅仅是“更加深入地了解业务”。而此时大家已经“真正”地深入业务当中，那么我们就来探讨探讨在业务层面具体有哪些方面需要特别关注。

#### 1. 业务的模式

关于互联网领域的业务和产品，讨论更多的是围绕其商业模式展开的。更准确地讲，许多文章和数据讨论的是如何通过互联网业务和产品，来实现“赚钱”的目的。而笔者在这里讨论的不仅仅是获得金钱上的回报，因为许多业务模块本身并不直接与金钱相关。而且在互联网业务的发展初期，也只有比较少的业务形态能够真正实现盈利。那么除了金钱，业务模式还包括什么呢?

笔者在第 3 章中将会详细探讨以下四个方面的业务模式。

- 能力视角。
- 利润视角。

- 效能视角。
- 影响力视角。

能力视角是基础，也就是从“不可能”变为“可能”，这种业务模式比较常见于技术创新。在互联网行业，技术创新与业务创新是相辅相成的，并且技术创新具有决定性作用。如果技术上停滞不前，业务创新的空间就很有限——几种玩法试过之后，也就无能为力了。

比如，曾经红极一时的 O2O（Online To Offline，线上到线下电子商务），就借助了技术的革新，包括 App、二维码、线上支付等。而提到金融业务的基础是什么，一定有很多人会本能地想到“风险控制”。那么在技术上有能力通过大数据进行风险控制，才是互联网金融开始高速发展的基础条件。这些案例笔者在后续的章节中还会提到。这就是将“不可能”变为“可能”的能力视角，这也是一种业务模式，只不过比较简单而容易被人们忽略。

下一类业务模式，便是大家熟悉的盈利的业务模式，即利润视角。在利润的视角下，大家就要关心利润究竟是如何产生的。在这里，大家可以按照类似财务分析的思路，将利润看作收入与成本的差值，并进一步将收入和成本细分下去。最终，大家就能知道业务究竟通过降低了哪种成本、提高了哪种收入，最终创造了利润。

第三类业务模式是效能视角的业务模式。这种业务模式比较常见于一个行业的发展已经进入成长期的末期，或者已经进入成熟期的时候。因为在这些阶段里，行业中的人们才会开始放弃“野蛮生长”的模式，开始逐渐关注做事的效率、增长的效率等。因此，一些业务或者产品就是为了提高某个行业或者某个工作流程的效率而出现的。比如，本书的“主角”——数据产品，就是为了提高企业内部的数据应用效率而出现的。那些第三方的数据平台，就旨在帮助自己的用户实现数据利用上的高效。

类似地，还有其他一些平台类的产品，如管理客户关系的 CRM 平台，管理人力资源的 OA 或者 HR 平台，管理库存和生产的平台，管理项目实施进度的项目管理平台等。这些平台之所以出现，是因为越来越多的企业或团队需要针对业务经营中的某些环节提高自身效率，来维持自身的持续发展。

最后一类业务模式是影响力视角。这种业务模式比较常见于一些超前的、实验性的项目，或者一些试点项目。这些项目并非要实现什么，或者在短期内根本就不可能服务到普通的社会大众，也不可能很快实现规模发展，但是企业或团队仍然在持续投入各种资源。这类项目的目的就在于展示企业或团队的核心能力，为其发展创造更强的影响力；或者是探索某些方向上的边界，为未来 10 年甚至 20 年的发展做好准备。

至此，笔者将四种常见的业务模式介绍完毕。不同的业务模式，将会决定我们关注的数据指标也不同。比较简单明了的就是利润指标，包括投入和产出两大类指标体系；其次是能力指标和影响力指标，这两种指标要体现的就是“别人做不到而我们能做到”的地方；最复杂的一类指标就是效能指标，我们需要费脑筋地想出能够表现出“我们更高效”的指标，同时这些指标还要能跟竞争对手做对比。

### 2. 用户的需求

在了解了业务模式之后，大家还需要了解用户的需求。毕竟，用户的需求是业务成立的另一个根本条件，与技术创新有着同等重要的地位。

尽管在一些场景中，互联网行业已经具备一些基本的方法和能力能够针对每位用户提供不同的内容（也就是所谓的“千人千面”），如内容推荐。但是，在数据分析的场景中，大家依旧需要将多个具体的用户划分成群体，然后研究群体内用户的共性特征，而不是研究每一位用户的特征。这就涉及用户的细分，或者叫作“用户分群”“用户分层”等。比较常见的细分方法就是利用用户标签或者用户画像，将那些具有类似特征的用户划分为一类。

同样，在研究用户需求的时候，大家也需要将用户群进行细分，毕竟大多数用户的需求是类似的。比如，经典的“马斯洛需求层次理论”告诉我们，用户的需求都可以放到五种基本类型当中。同时，经过多年发展的营销学领域也对用户“需要”的拆分有自己的一套理论体系。我们可以借鉴这些模型和理论，更清晰地理解用户对业务和产品的需求是什么。

在将用户拆分成群体之后，就要开始选择了，这应当属于洞察和决策的内容。如果你想要通过数据产品的辅助，来设计一款新产品，就要从众多的用户群体中，选择一个我们有能力服务、并且有能力服务好的用户群体，然后再从这个用户群体向其他用户群体逐渐扩张。如果你设计数据产品的目的是要协助业务维护现有的产品，那么我们就要从已经成为我们用户的群体当中，找到不同群体之间的差异性。这种差异性表现在忠诚度、价值创造等很多方面。

关于这部分内容，笔者将在第 3 章和第 4 章中进行详细介绍。

## 2.2.2 架起“量化运营”的桥梁

在 2.2.1 节中，笔者介绍了需要大家特别关注的业务模式和用户需求。对业务模式和用户需求的理解，将帮助大家更好地设计和搭建数据产品。如今的互联网业务和产品已经变得越来越复杂，大家需要费一些脑筋才能真正理解业务。因此，笔者接下来将会介绍一些能够帮助大家理解业务的工具。

### 1．了解业务现状的工具

笔者在上文中列举了不少业务层面的内容，但是如何才能系统而完整地了解业务的现状呢？

首先要登场的就是在上文中已经提到的“马斯洛需求层次理论”，以及市场营销中的需求分层和定位理论等理论框架。除此以外，大家在了解自己的企业或团队，以及业务和产品的时候，还会用到一些更加常用的管理模型和工具，如比较常见的 BCG 矩阵、PEST 模型、SWOT 模型等。

当然，也有一些比较重要的模型，并不常被人提及。但是由于这些模型是上文中提到的模型的基础，因此笔者也将在后续章节中花费一些篇幅来介绍，如产品生命周期模型、经验曲线模型等。

通过这些工具的帮助，大家才能真正地实现上文中提到的“理解业务”“理解产品”“理解团队”的目标，而不仅是说说而已。

### 2．进行有效数据分析的工具

如何进行有效的数据分析？很多人都想得到这个问题的答案。笔者在第 4 章中将介绍一种基本的数据分析方法论，由五个基本步骤组成。本章前面的内容已经提及这种方法论。

在这个方法论中，“有效”这个要求通过两个方面来保证。一方面，用来分析的数据指标，是我们真正能够影响的、具有“可操作性”的指标；另一方面，用来细分指标的维度，同样是具有“可操作性”的维度。有这两个方面的保证，我们得到的数据分析结论才是一个“基本可行”的结论。当然，除此以外，还要通过一些手段来解决细节问题，如归因问题。

如果你刚刚开始数据分析相关工作，或者想要从日常的数据分析工作中，逐渐提炼出一些可以重复使用的方法论，那么这个方法论可以供你参考。

### 3. 用数据描绘业务的工具

经过了解业务和数据分析两个阶段，我们就要开始让得到的结论被更多的人接受，或者说需要让更多人能够通过数据在更多问题上与我们达成共识。有些时候，这个过程也被一些人描述成“讲故事”。

这就是用数据描绘业务的过程。所以第一个问题，也是最重要的问题，就是我们究竟有哪些数据可用。这个问题，笔者称之为“数据世界观”。笔者在前文中曾经提到，并不是所有的东西，我们都可以使之数据化，并通过计算机来处理的。那些能被数据化、能使用计算机处理的数据，其实就代表了数据（或者计算机）能够“知道”的全部内容了。

因此，笔者有必要从这个角度做一些扩展。笔者将会在第 5 章中针对“数据世界观”这个问题进行一些深入的讨论。至于如何将计算得到的数据变成故事来向其他人讲述，这并不是本书的重点。如果有兴趣，大家可以去学习一些关于演讲的内容。

### 4. 帮助计算机抽象业务的工具

毋庸置疑，在当前，想要实现业务效率的提升，必须要借助计算机实现自动化。但是，计算机系统是如何“理解”业务的呢？

上文中已经提到，计算机只能认识客观世界的一部分，而且这部分是相当小的一部分。想要使计算机对客观世界的认识更全面，还有赖于人类与计算机“合作”。但是，即使是客观世界中能够数据化、能够被计算机理解的部分，我们也需要对它们进行一些加工。计算机的“理解能力”其实非常有限，除了那些具备超级计算能力的超级计算机，通常我们所说的计算机，只能够处理那些预先定义好的东西。

因此，这就需要我们将那些想让计算机处理的信息，提前加工成计算机可以“理解”的样子。这个过程会涉及一些工具。比如，笔者将会在本书中详细讨论通过使用 E-R 图、流程图等工具来了解抽象业务的方法，以及通过时序图来设计系统各个模块之间通力配合完成一个完整的业务流程的过程。

通过这些工具，再加上团队中技术研发人员的努力，我们才能让计算机真正“听懂”业务逻辑。

至此，笔者已经将本书中要介绍的连接业务和技术的工具列举完毕。通过这些工具，我们才能真正将业务层面的意图传达给技术系统，架起“量化运营”的桥梁，通过计算机的自动化，实现运营效率的全面提升。

## 2.3 怎样做到的——理解技术

在前两节中，我们了解了如何找到数据产品要解决的业务问题，以及如何通过理解业务更好地理解数据产品究竟在“做什么”。

在本节中，笔者开始关注数据产品搭建的另一个重要关注点——这也是数据产品经理的另一个能力板块——技术系统。之所以要特别地关注这个部分，是因为数据产品相对于业务产品，是一个“技术密集型”的细分领域——很多应用和产品形态上的挑战，最终会转化为技术上的挑战，而不像业务系统那样，更多地转化为对设计者的行业经验和想象力的挑战。

因此，我们首先要理解的是技术系统“究竟能做些什么”。在这部分中，笔者探索的是技术系统的“能力边界”，并会提出一些常见的挑战。针对这些挑战，笔者会在后续的章节中给出目前已经成型的解决方案。对这方面的了解，将会帮助我们在搭建数据产品的过程中，不会逾越这条“能力底线”，以至于设计出一些“根本不可能实现的方案”。

其次，在基本能力之上，笔者开始关注效率提升的问题。也就是做同样的事，如何使耗费更小；或者在同样耗费的情况下，如何做更多的事情。这种效率提升将来源于三个方面：绝对资源的补充、技术能力的提升和对业务的深入理解。其中技术能力的提升和对业务的深入理解是笔者主要探讨的内容，第一方面对大多数情况来说，在客观上做不到。

### 2.3.1 理解“究竟能做些什么”

技术系统究竟能做什么？这是一个很有趣的问题。在各种关于产品经理的社区和问答平台上，最常见的问题就是“数据产品经理是否需要懂技术”。相信这样的问题能够受到广泛关注，是有现实基础的。

笔者在讲解与业务相关的内容时提到，技术创新是业务创新的基础。业务上的突飞猛进，常常伴随着技术上的重大革新；技术上的停滞不前，必定限制了业务的想象空间。我们在追求业务拓展的同时，很容易就触及了技术系统的能力边界。

因此，产品经理是否一定要懂技术，这个没有绝对的答案，但是懂一些技术上的基本逻辑，一定对大家理解技术系统的能力边界很有帮助。笔者接下来就来探讨一些关于理解技术系统能做什么的问题。

#### 1．从严谨的逻辑开始

“严谨的逻辑”是技术世界的敲门砖。任何含糊、无法清晰而准确地描述的内容，都无法直接让技术系统来实现。大家在实际的工作中就会对这个问题有比较深刻的理解，只不过身边的案例都是一些个别的案例，不太容易举出一些普遍适用的案例。关于这一点，各位产品和运营人员，在与研发人员进行沟通的过程中，能够比较明显地体会到。

在具备了基本的逻辑思维之后，我们要开始攻克第一道难题。许多想要学习技术的产品和运营人员，经常会面临这样的状况：拿起一本与技术相关的书准备好好研读一下，结果从第一页开始就看不懂——不是似懂非懂，而是根本就不知道在讲些什么，又没有人能够提供帮助，最后只好放弃了。

为了避免这样的状况发生，我们先将目光放在业务与技术的“交点”上。一方面，我们要研究的是业务需要从技术系统中得到怎样的信息反馈，以及以什么形式反馈才能最大限度地支撑业务的正常运转，这是从业务到技术的视角。另一方面，我们也需要关注技术系统为了提供这些反馈，需要从业务系统那里获得怎样的信息支持，这就是从技术到业务的视角了。

关于如何从业务领域的内容和思维过渡到技术领域，笔者在第 6 章中会特别介绍。

### 2．数据量问题

通过视角的转变，我们大概了解了技术系统“在做什么”。现在回到本书的主题，我们要关注的是使用数据产品来提高公司和团队的数据应用效率。如今应用效率低下的一个主要原因就是数据量越来越大。更麻烦的是，不仅数据量大，而且数据的表现形式越来越多，从简单的数字，到稍微复杂一点儿的文字，再到更加复杂的图片、声音、视频，乃至 VR 和 AR 等。

正因为要处理的内容变得越来越多、越来越复杂了，我们就需要将它们分类。从数据分析的角度，可以将数据分为定性数据和定量数据两种。这两种数据分别有自己的处理逻辑和应用方法。

随着数据的表现形式越来越多，关于数据处理的需求也变得丰富多样。为了高效地满足这些层出不穷的新需求，我们同样需要对这些需求进行分类。对于不同类型的需求，我们需要权衡应当通过怎样的方案来实现需求。简单来说，常见的方案只有两种，即通用方案和定制方案。

通用方案是那些实现一次之后，几乎不用再投入成本就能够满足所有相关需求的方案，这是我们希望看到的情况。如果真有这样一款产品，在几乎不改变什么的情况下，就能满足大多数需求，那么这也标志着产品本身的成熟，乃至整个行业逐渐走向了成熟的阶段。

但总有一些需求是使用通用方案满足不了的。因此，还会有一些情况需要一些临时性的、针对性很强的方案来解决，这就是所谓的定制方案。从业务角度来说，定制方案能达到最理想的“PMF”（Product-Market Fit，产品-市场匹配）。这是一个最近被频繁提及的概念，并且具有预见性。但是，从业务角度思考的需求在实现这种理想状态的同时，却忽略了定制方案本身隐含的高成本。

针对这样的问题，如果将思考的时间拉长，我们不仅仅希望眼前的、现阶段的产品能够实现 PMF 的理想状态，还希望今后任何阶段的产品都能高效地达到 PMF 的理想状态。在这种长周期的思考方式下，我们就会发现，通过定制方案来实现 PMF 需要投入相当高的成本，包括人力资源、技术资源、时间和资金成本等。因此，如果希望在更长的时间周期上实现 PMF 的理想状态，我们依然要通过不断优化通用方案的途径来实现。

### 3. 计算效率问题

随着数据量和数据表现形式的增加，一个直接产生的问题就是计算效率问题——我们很快就会发现，用原来的办法，不能在规定的时间内得到想要的结果。当然，这种压力不仅来源于技术实现的层面，也来源于需求的层面——人们想要了解的东西越来越多，会不断有新的、更复杂也更具挑战性的数据计算需求产生。

从最开始的统计数据，到复杂一点儿的统计模型，再到规模更大但对延迟的容忍度反而下降的推荐场景，这些新出现的场景都给技术实现上的计算效率提出了挑战。不过，人们总是凭借自己的聪明才智，一次又一次地发现了既能够完成任务、又能够尽快得到计算结果的方法。

当然，从企业资源的分配角度看，随着数据越来越受重视，企业管理方面也愿意在与数据相关的软硬件资源方面投入更多的成本，这为我们搭建数据产品提供了良好的支持，让我们能够不断应对各种复杂的挑战。

当然，只说这些“空话”没有任何意义。在本书的第 6 章和第 8 章中，笔者就来详细地讨论关于实现和提高计算效率的问题。这其中包括业务上的数据如何更高效地存储到计算机系统里、通过怎样的处理逻辑能让海量数据的计算更加高效、现有的技术方案和技术框架又如何对海量数据进行处理等。通过这些探讨，希望各位“非技术背景”的读者，能够对技术方案的基本逻辑有一个比较清晰的了解。

### 4. 元数据管理问题

在本章第 2 节中笔者讨论了数据的意义，接下来笔者就要讲解如何通过技术系统将这些“意义”管理起来。这部分工作可以归入“元数据管理”。

首先笔者来介绍“元数据”（Metadata）。通常大家看到的关于“元数据”的解释是“元数据是关于数据的数据”。这个定义总结得太简练而无法让人理解。

如果要深入理解“元数据”的定义，我们需要结合业务数据库与数据仓库之间的设计差异，以及纵表与宽表在理念和特性上的区别，来考虑查询效率的问题。这是比较偏向技术的理解，其实我们可以通过一些简单的具体场景来理解“元数据”。

比如，在通常的产品设计中，我们都会给用户设定编号，并且要求每位用户在一款产品当中拥有唯一的编号，甚至在同一家企业的多款产品中都拥有唯一的编号。这样做的理由很充分，我们希望以最简单的方式能够在任何时候唯一地找到一位用户。不管是在更新或查询用户信息的时候，还是在后续分析用户相关数据的时候，这种“唯一性”都至关重要。

应该怎样做到这种“唯一性”呢？用户的姓名可能重复，其他信息就更容易重复了，再加上我们在初始阶段不可能直接获得像用户的身份证号这种比较私密的信息。因此，就只好人为地给用户赋予一个编号。但是问题又出现了，这个唯一的编号是如何生成的呢？

在技术实现上，这样的编号通常是系统自动给用户生成的。它可以是一串数字，也可以是一个包括数字、字母与特殊符号的组合。如果我们从交互上考虑，以前的 PC 平台和现在的部分 H5 页面，当用户注册的时候，需要用户自己输入“用户名”，并以此作为用户的唯一标识。

不过，随着更多的功能从 PC 的场景转向移动的场景，手机号的作用变得越来越大。因此，目前更常见的一种方式是让新用户通过填写手机号注册。随着社交平台的兴起，这些社交平台成为更多新产品的“新用户来源”，如“使用微信登录”“使用微博登录”等。在这种场景下，社交平台用户的唯一编号就“变相”地被新产品采用了。同时为了自身发展，新产品通常也会单独再给用户做一个编号，并且基于自己的这个编号来构建数据体系。

既然一个简单的编号可以唯一地代表一位用户，那么我们就不需要在产品的任何地方都“带着”用户的各种信息了，如姓名、手机号、地理位置等。这些信息只有在需要的时候才可以通过用户的编号查询得到，在其他时候，我们只需要使用用户的唯一编号来代表用户就可以。

但是在分析场景中，我们处处希望通过用户的各种信息来找规律。比如，来自某个地区的用户的消费水平特别高，或者处在某个年龄段的用户经常使用某种产品。因此，在数据分析的过程中，我们希望处处能得到与用户相关的各种信息。对这些用户信息的维护，就可以归入用户的“元数据管理”的范畴。

在归类上，这些用户信息的维护可以归类为业务上的元数据管理。类似的管理，还有与渠道相关的说明和备忘、与运营活动相关的目的和计划等。虽然，从感性上理解，这些信息对业务的正常运转的影响通常都不太大，但是如果缺失了这些数据，我们一定没办法做好数据分析。

除了业务上的元数据管理，另一类就是技术上的元数据管理了。比如，一些数据的业务含义、字段含义、数据表之间的“血缘关系”、技术文档和操作指南等。与业务层面的元数据不同，技术层面的一些元数据如果缺失了，整个系统可能直接瘫痪。一旦我们发现技术系统出现问题，想要去追查原因的时候，就需要这些元数据的帮助，否则排查工作根本无法开展，这就类似于我们做业务层面的数据分析工作。

### 5. 数据安全问题

最后，笔者来讲数据安全。随着数据的价值越来越广泛地获得认可，人们也开始越来越重视与数据安全相关的问题。

数据安全是一个很有趣的话题。当大家逐渐深入理解了与数据安全相关的思考方式和现有的技术实现时，就会发现其中的魅力。其实，同“数据产品是为了提高数据应用的效率”一样，数据安全也跟“效率”相关。

本书毕竟不是一本专门讲解数据安全的书，所以笔者只是介绍一些数据安全方面的常见做法。至于像“数据备份”这种偏向底层的维护数据安全的手段，在实际工作中主要由研发人员完成。因此在这里，笔者要介绍三种关于数据安全控制的手段，其目的是为了防止数据泄露。

1）别人看不到最安全

这种方法是容易想到的一种保证数据安全的思路，就是“只给对的人看对的东西”。比如，大家要给用户设立账户和访问口令（Password），在数据内容上增加权限控制机制并授权给特定的用户，甚至采用更偏向技术层面的做法——用逻辑或物理上的“隔离”来实现数据安全。

这些做法的共同特点是，只让一部分人看到数据，并且只能看到那些他们“应该”看到的数据，并不能看到其他更多的数据。通过这种方式，就实现了“数据安全控制”。

2）别人看不懂也安全

这种方法就增加了一些复杂度。第一种方法只对数据的访问设计了控制机制。但是如果有人通过“种种手段”绕过了控制机制并获得了数据，那么依然能够轻松地了解数据的内容。

因此，我们要对数据本身做一些操作，让那些受保护的数据，即使被人恶意获取了，也无法被理解，这些操作就是我们经常听到的“数据加密”。在数据加密的情况下，数据平时都以“被加密”的状态存在，只有主动执行解密过程，数据才会被解密，变回原来的样子。

相对于第一种方法，加密的方法是施加给数据本身的一种安全措施，能够跟随数据“移动”。因此，在安全性上比第一种方法更强。只不过，加密和解密都需要额外的计算量，也需要考虑加密算法和解密算法的计算效率问题。

3）在有限时间内无法破译也安全

加密的做法听上去已经很安全了，但是加密也做不到 100%安全。

首先，如果在加密和解密的过程中有人的参与，那么至少人要记住那些用于加密和解密的信息，或者将其妥善地记录在某个地方，才能顺利完成加密和解密的操作，否则整个机制就瘫痪了。其次，用于加密的信息有的简单，有的复杂。如果信息过于简单，那么只要提供足够的时间和其他资源，总能够“猜”出用于解密的信息。这就是所谓的“暴力破解”。

不仅加密，上文中通过设立账户和访问口令的方式来控制访问的方法，也会出现类似的情况。平时我们都是靠自己的大脑来记忆账户和访问口令的，因此它们决不能特别复杂，并且一定存在着某种规律性。比如，与我们的个人信息有关，与我们使用的键盘键位或者其他身边的东西有关。

如果别人坚持要“暴力破解”，我们没有办法避免，能采取的措施也就是限制尝试的次数，但这本身也很容易被突破。因此，人们想到了另一种方法，这种方法与“效率”有关。这种方法的核心思想是尽管通过多次尝试，访问口令和加密密钥之类的东西确实会被其他人“猜”到，但是我们可以增加访问口令或加密密钥的复杂度，这样能够有效地延长“猜”这个过程所需要的时间和资源。只要让需要的时间和资源的量达到一个“不可能实现”的量级，那么数据就是安全的。

比如，如果访问口令可以设置为一串异常复杂的字符组合，其中包括了数字字符、英语字母和常用的标点符号等。同时，这个字符组合的长度也足够长，可以长达十几位甚至几十位。如果用最“简单粗暴”的办法——“穷举法”来猜测这一串字符，可能需要几十年甚至上百年的时间。这样，虽然不能保证这一串字符 100%安全，但是至少这个“猜”需要的时间已经能让我们安心了。

其实我们并不需要让这个时间或者资源的量无限地增加下去，这样有时候也会给自己造成麻烦。

之所以关注数据安全，是因为数据蕴含了某种可利用的价值。但是，随着时间的推移，大多数的数据都会逐渐失去其价值，这就是“数据的时效性”。一旦失去了时效性，数据也就变得没有利用价值了。因此，我们需要做的其实不是让这个“猜”的时间周期无限延长，而是只要让它比数据的时效性周期要长就可以了。

在本书第 6 章中，笔者会详细介绍关于数据安全的定义，以及控制数据安全的常见思路和几种可落地的控制方法。

### 2.3.2 思考“怎样做得更高效”

笔者从“效率”的角度出发，给出了数据产品的定义。因此，关于“效率”的观念，会贯穿全书。在上文中笔者跨越了从业务层面到技术层面的边界，开始考虑为了支撑业务层面的数据应用诉求，大家在技术层面能够做些什么。

接下来，我们在确定了要做的事情之后，就又需要考虑效率的问题了。当我们想要通过系统的方式来实现业务的某种诉求时，都会产生一定的成本。这些成本可能是抽象的计算资源、存储资源等，也可能是比较具体的电力、资金，还包括一些风险和未来潜在的维护成本等。同时，我们也通过技术系统的支撑，帮助业务创造了价值，包括金钱收入、品牌认知、社会影响力等。

可见，我们在考虑技术方案的时候，依旧从投入和产出两个方面来考虑。这意味着当我们接到了许多诉求需要满足，或者有许多备选技术方案时，因为团队的资源有限，我们要做出明智的取舍。

因此，2.3.2 节的内容与之前的内容稍有不同，区别主要在于思考的角度改变了。笔者在之前讨论的内容大多从满足需求的角度出发，讨论如何对需求进行评价和衡量，以及如何对现实中的问题进行思考。而在 2.3.2 节中，笔者站在系统搭建和数据生产的角度，来考虑为了产品和团队的发展，我们应当思考哪些内容，以及如何思考。

#### 1. 技术投入与业务产出的关系

我们首先要考虑的就是业务价值的最大化。数据产品以“提高数据应用的效率”来定义。而在实际工作中，效率中的产出部分大多来自业务层面。这其中包括业务实际赚取的收入，以及业务实现的市场规模扩大、用户规模扩大等。业务自身的发展，几乎是一家企业或者一个团队从外部获得价值的唯一途径。

因此，在分配团队中有限的资源时，我们经常要考虑，一项工作究竟会给业务带来哪些价值。通过这种价值来“反推”，确定不同的技术研发和数据生产工作的优先级，以及其他需要取舍的问题。

这些价值主要包括五个方面，即创造收入、节省时间、节省人力、降低风险和沉淀资产。我们在对技术方案和数据需求进行取舍的过程中，同样通过以上这五个方面来衡量技术方案与数据需求背后的业务价值究竟有多大，并以此来评估其优先级和团队内部的资源分配。

### 2．寻找业务价值突破口

同时，我们在搭建数据产品的过程中，不能总是“被动地”对业务的价值进行评估再做出选择，也可以“主动出击”——在设计和搭建产品的过程中主动把控产出的价值。

要达到这个目的，我们可以从以下两方面考虑，分别对应了投入和产出两部分。

1）更高效的技术支持

为了让搭建出来的数据产品能够创造出更多业务价值，我们首先应当考虑的还是自己要“练好内功”。假设业务诉求已经比较稳定，也比较清晰了，我们就需要不断迭代满足需求的方式。

要“练好内功”，我们可以考虑在覆盖范围、支撑时效、内容丰富性等方面做突破。

在覆盖范围方面，我们需要考虑的是，现有的技术方案是否可以“横向拓展”到其他领域，让其他业务也获得数据方面的便利，提高数据应用的效率。

有些业务看上去很好，但数据应用方案无法落地，我们自己也可以梳理一下，找出无法落地的原因。常见的原因主要是数据准备不齐，或者仍然存在某些问题导致达不到可以直接实现数据支撑的程度。之后，即使现阶段我们无法直接利用现有方案支撑业务，但如果一项业务的确有价值，我们也可以针对现有的问题进行时间和资源的安排。

在支撑时效方面，主要表现为性能的优化。比如，原来由于能够处理的数据量有限，相同的时间段内只能处理很少的数据量。这种状态反映到产品的用户体验当中，很可能就是“稍微操作一下，就要开始等待加载，并且需要等很长时间”。同时，服务器资源也极其有限。我们需要选择那些能够给用户带来更好体验的资源分配方案。

最后，在内容丰富性方面，我们需要对现有的技术方案不断迭代，以便能够支持更丰富的内容。比如，原来我们在做内容推荐的时候，可能只考虑了对文字性内容的推荐，但是现在增加了图片推荐、视频推荐、直播推荐等。这些新形态要在更多方面考虑特征维护和用户匹配的问题，并且这已经成为未来的发展大趋势，我们需要在数据支撑方面做到“未雨绸缪”，提前做好数据分析的相关准备。

这两年，更多新的线上社交方式层出不穷。而我们要做的，就是针对这些发展趋势，加强自身的分析和技术能力，实现以更低廉的成本支撑业务运转与实现发展的目标。

2）寻求更高的业务价值

除了对已经“塞到手里”的需求进行业务价值的评估，我们还可以主动寻找那些高价值的业务，并不断与它们保持信息同步，在必要时帮助那些高价值的业务或部门做数据应用方面的支撑。

根据数据产品自身的特点，要寻求价值更高的业务或者数据需求，通常要注意以下两个方面。

首先，要注意的是“一次性”的数据需求。这种需求在数据分析工作中并不少见。需求方可能对一个研究方向拿不准，或者其他什么原因，总之想通过数据分析的方式来验证，甚至连验证的方法都准备好了，只需要人力来“做一下”。这样的需求并不能说它没有价值，至少通过验证我们能规避一些资源浪费的风险。不过，这样的需求对数据产品迭代和工作流程优化的价值就比较小了，每次需求之间的相关性也很小。

因此，为了打磨数据、优化数据分析工作流程和数据模型，我们应当更多关注那些不断有后续工作要做的所谓“长期持续型项目”。这种项目的价值就在于，它给了我们不断提高自己的机会。

其次，要适当“瞄准”那些更容易创造业务价值的部门。在通常情况下，除非直接将数据产品出售，或者绑定其他服务一起出售，否则数据产品这种偏向企业或团队内部的产品，比较缺乏机会来创造出“显而易见”的价值。而通过与那些更容易创造价值的部门合作，也更容易通过对方的指标对我们自己的工作价值进行量化评价。

比如，搭建一个数据平台，大家就可以直接以需求方创造的价值来评估自己的工作，也可以将需求方创造的价值作为搭建这个数据平台的重要产出。因此，在其他一切条件都不分高下的情况下，或者在最开始思考产品发展路线的时候，应当优先选择“更接近价值”的部门。

## 2.4 本章小结

在本章中，笔者详细列举了在数据应用过程中可能遇到的问题，涉及统计、监控、分析、洞察、决策等多个过程。这些问题的存在，才是数据产品存在的意义和目标。我们需要通过某种数据产品来解决这些具体的问题，同时兼顾数据产品自身的发展。

为了让这些问题得到妥当的解决，我们要专注于以下两个方面。

第一方面是业务。了解业务是为了真正了解手中数据的含义，当我们发现没有现成的数据可用时，了解业务的基本情况能帮助我们清晰地知道应当补充什么样的数据，甚至包括这些数据应当去哪里找等。同时，业务层面的基本情况，也从根本上定义了我们搭建的数据产品和计算出来的数据，其价值究竟有多大。

因此，了解业务对于搭建数据产品来说是十分重要的一环。因为数据是十分抽象的，只有在现实中获得足够多的信息，我们才能真正发现数据中的问题，并得出解决方案。

另一方面是技术。当我们决定了要投身到搭建数据产品这项工作当中时，再纠结“数据产品经理是否需要懂技术”这类问题已经没有多大的意义了。如果了解技术确实能让我们的数据应用效率有所提升，或者目前数据应用效率低下的问题主要来源于缺少产品思维与技术思维的结合，那么数据产品经理去了解一些与技术相关的知识，就是义不容辞的使命。

在技术方面，我们遇到的首先是一些基础性的问题，比如会面临大量关于“做事思路”的问题，之后便是数据量与计算效率的问题，再之后是一些对中长期发展有影响的问题，基本内容包括元数据管理和数据安全的问题。这些从小到大的各种问题，是我们要帮助数据产品扫清的技术方面的障碍。

同时，对于搭建和运营数据产品，技术方面的投入也在成本中占有相当高的比例。因此，技术方案本身是否高效，对一款数据产品的 ROI 起着决定性的作用。此外，我们除了要将那些已经提给自己的、与数据产品相关的需求处理好，还需要更多地关注实际的业务产品、业务场景等方面的信息，我们需要从这些信息当中找到数据产品可以抓住的发力点。而这些了解到的信息，也能够帮助我们评估业务层面的诉求价值有多大，以及帮助我们对现有的技术方案进行优化，让技术上的“成本”减少。

# 第二篇

## 理解业务："奇怪"的数据需求从哪来

# 第 3 章

## 业务是什么

从本章开始，进入了“理解业务”的环节。对于数据产品，一定不能脱离实际业务。即使是一些专门提供数据产品解决方案的公司，也会在发展到一定阶段之后，开始针对不同的行业提供更具针对性的解决方案。

比如，大家熟悉的 GrowingIO，不仅为在线旅游、互联网金融、企业服务等行业专门定制了行业解决方案，还为互联网公司中的产品经理、产品运营和管理者等主要角色定制了职业解决方案。再比如，神策数据为互联网金融、电子商务、证券和零售等行业定制了专门的行业解决方案。还有那些更“老牌”的提供数据解决方案的公司，如 IBM、Oracle、Microsoft 等，这些公司提供的针对细分市场的解决方案，更贴近具体的业务场景，避免了通用方案缺乏针对性的问题，能真正帮助相关行业的业务实现增长和发展。

但是，真正做到“有针对性”需要具备一些前提条件，除必要的技术积累外，对业务的深入理解也必不可少。这就是为什么做数据产品的人要去深入理解自己所服务的实际业务。本章内容将帮助大家理解究竟要用数据产品服务什么样的业务，以及从业务自身的特性出发，为数据产品找到合适的切入点。

本章主要从以下几点切入。

首先，要提炼并理解业务目标。这个目标将帮助大家理解后续的一系列业务层面的现象，以及针对具体问题的处理办法。在真正理解了业务目标的本质之后，能够更轻松地应对未来可能出现的新问题和新挑战。

其次，在明确了目标之后，开始讨论实现路径的问题。这里的“路径”并非指具体的实现步骤——第一步做什么、第二步做什么等——而是实现目标的整体思路。这里，笔者以兼顾投入和产出的“投资”思维来解释在业务搭建的过程中对落地方法的考量和设计。

最后，针对业务目标和实现目标的路径，介绍一些常用的管理模型和营销组合。它们能指导大家更快、更好地实现预期目标，大家要做的就是“站在巨人的肩膀上”，在实践中充分利用这些管理模型和营销组合。

## 3.1 业务的目标是什么

在上文中笔者提到了“师出有名，名正才能言顺”的理念，而所谓的“名”，就是实际的业务目标。做事要有目标，不管是对自己的引导还是对其他人的指引，目标都起着很重要的作用。关于目标的重要性不需要赘述，这方面的案例已经很多了。而本章的主题是理解业务，那么我们就从理解业务的目标开始。

虽然大家都强调在搭建数据产品的过程中需要了解业务，但是需要了解到什么程度呢？我们需要知道业务的目标，以及现实中遇到的问题，同时还要认识到问题的根源和表现，借助数据产品是否能够改善或者解决问题，能改善多少或者能解决到什么程度等。

关于理解业务的目标，本节从四个常见的视角出发，分别是能力视角、利润视角、效能视角和影响力视角。需要注意的是，这几种视角并不是完全并列的。随着业务和产品的发展，这几种视角会逐渐显现出来。它们之间的关系如图 3.1 所示。图中呈现的是在互联网行业中比较常见的形式。随着行业自身的变革，这种对应关系可能也会随之发生变化。

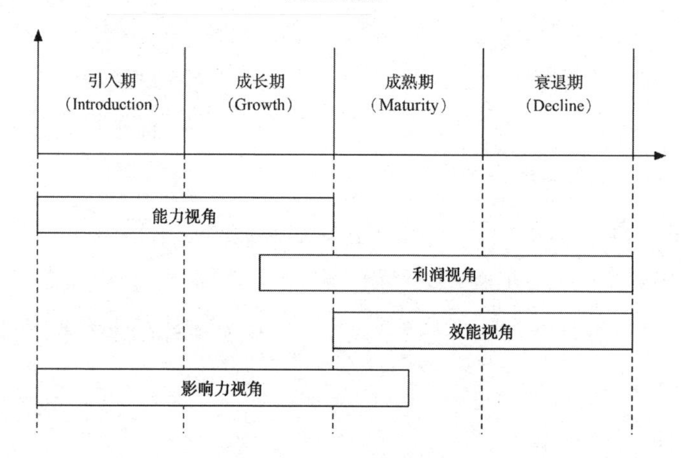


图 3.1 在产品生命周期中理解业务目标的视角

### 3.1.1 能力视角

“能力视角”关注的是“从无到有”，也就是常讲的“从 0 到 1”的过程，笔者在第 2 章中做总结的时候已经提过。这种视角特别适合那些创新性的业务或者产品——在市场的确有诉求但又无人能满足的阶段，通过改良或者完全原创的方式，提供新颖的产品或服务，来满足这种诉求。而这种改良和原创的过程，需要一定的能力基础，包括深厚的技术沉淀、雄厚的资金支持、高质量的团队协作、可信赖的合作伙伴等。

比如，从 2013 年起，O2O 行业开始高速发展，随后的“百团大战”阶段更是将 O2O 行业推向了一个“高潮”，在这个过程中遇到的问题主要有两个：一个是如何实现线上和线下的系统打通，这个难度不大；另一个是如何通过线上业务精准地调动线下的资源，实现线上和线下的业务打通，这个难度就大了，毕竟相比线上的各种“虚拟资源”，线下的那些资源稍微动一动都会产生很高的成本。

关于线上和线下系统打通的事情，更偏向功能研发层面，数据产品基本帮不上忙，但是数据产品擅长调动资源。即使时至今日，对于外卖这种业务场景，如何有效地规划有限的外卖骑手资源，仍然是值得研究的课题。从 2015 年开始大量出现的共享单车业务，同样面临着这类问题。

再比如，在互联网金融和金融科技的行业中，通过大数据风险控制来帮助业务降低风险，或者作为一种能力提供给第三方合作伙伴，这就是一项能力了，这项能力是进入这个领域必须具备的基本能力。

总之，能力视角考虑的是首先需要具备某种能力，然后才能开展一项依赖于它的业务。这就是为什么在图 3.1 所示的产品生命周期中，能力视角主要覆盖的是产品的引入期和成长期。因此，在能力视角下，业务对数据产品的核心诉求就是要通过数据应用来具备某种能力——更准确地讲，通常指的是一种“数据能力”。

对于这样的“数据能力”，从业务层面一般都能给出一个相对准确的定义。这个定义可以是从用户体验的角度给出的，也可以是从业务自身的硬性要求的角度给出来的。

比如，上文提到的互联网金融和金融科技行业中的风险控制能力，就属于业务硬性要求的典型案例。“风险敞口”（Risk Exposure，未被有效控制的风险）必须被有效地控制在可接受的范围内，而这个范围是可以计算出来的。同时，除了这些金融业务中的“传统风险”，由于通过互联网实现传播和获取新用户，因此用户身份识别方面的风险控制就成为互联网金融和金融科技行业的“新课题”。

### 3.1.2 利润视角

互联网行业发展到当下这个阶段，已经有越来越多的细分行业和其中的企业开始关注利润和变现的问题。在这个时间点提“利润视角”，相信大家一定不会陌生。

但是在互联网行业，能够从开始就实现盈利的业务和产品并不多。更常见的方式是借助投资带来的现金流快速积累自身实力、发展业务，在产品成长期的中后期才逐渐开始具备收支平衡的能力，或者才能够腾出精力来考虑变现等相关的问题。

一项业务或者一款产品，通常一旦进入了靠自己的实力来创造利润的阶段，就会一直延续下去。进入这个阶段，可能由于外部压力，也可能由于业务和产品的自身发展确实到了应当这样做的阶段。

因此，在图 3.1 所示的产品生命周期中，利润视角从成长期的中后期开始，一直延续到产品逐渐走向衰退的阶段。其中的成熟期，应当是一款产品能够为企业或团队带来大量正向现金流的阶段。到了衰退期，虽然同样要考虑利润，但是关注点已经变成如何减少过多的成本投入，而不是在现有的业务模式不变的情况下创造更多利润。

关于利润视角在不同产品生命周期中的关注点，笔者在下文讲解常见管理模型和营销组合的内容中会再次提到。针对处在不同生命周期、具备不同盈利能力的业务和产品，在管理模型中会有相应的考量和处理办法。

### 3.1.3 效能视角

对于“效能”这个词，大家可以简单地把它理解为“效率和赋能”。笔者在上文中提到“效能”的时候，一直在强调其中的“效率”部分，关注那些由于效率低下而出现问题或存在隐患的环节，这与数据产品自身的关注点比较契合。在效能视角下，笔者还会关注业务中那些因为得到了有效支撑而实现快速发展的环节。这就是“赋能”的部分了。

一个针对细分行业的案例就是金融市场中的“程序化交易”（Program Trading）。金融市场可谓“瞬息万变”，整个市场的变化周期早已不是“秒”这个时间单位能够衡量的了，而是已经细分到了毫秒，甚至是每一笔交易单所需的时间。于是，参与到这个“竞赛”中的人们，必须追求更高效的交易方式，将各个方面考虑周全，同时还需要极力克服各种“人性的弱点”，严守各种交易纪律。只有这样才能更快地响应市场的变化，从中获得收益。

但是，人们的精力和注意力是很有限的，尤其在注意力高度集中、精神高度紧张的状态下，精力会被快速地消耗完。相信大家还记得在校园时代，标准的上课时间一般是 45 分钟。这样的场景简直就是数据产品的“天堂”。只要大家能够通过各种手段将交易中的信息数字化，并把这些信息全部纳入数据模型的计算当中，就能轻松地达到以上这些要求。

在互联网产品中也有这样的场景。随着业务边界的不断拓宽，服务的用户群体不断变大，产品的功能也变得越来越复杂，原有的“人力运营”的方式已经很难应对各种复杂的情况了。因此，从运营效率的角度考虑，需要将更多“人力运营”的过程数据化，并最终通过模型或算法来完成。这样，人们就可以把精力更多地放在设计模型，以及模型无法解决的“非常规”的问题的处理上。

这就是近些年经常听到的“量化运营”“精细化运营”等理念。在人才储备方面，越来越多的企业或团队开始招揽具备相关经验的人才。重视这些理念，其中一部分原因是环境压力；另一部分原因是越来越多的行业和产品已经发展了足够长的时间（互联网语境中的“足够长的时间”），已经步入成长期的中后期，甚至已经步入成熟期。这个阶段对业务和产品的要求便是如此，同时行业中的竞争环境也在推动着企业转向精细化运营。

### 3.1.4 影响力视角

相对于上文中的几个视角，影响力视角给人一种“很虚”的感觉，不着边际，不明所以。影响力是一个比较笼统的概念，我们通常会加上一些定语来表示特定范围的影响力，如品牌影响力、产品影响力等。

接下来笔者以品牌方面的影响力及其价值为例展开讨论，其他方面的影响力可以与品牌影响力做类比。

品牌影响力有价值吗？这个问题放在当今，它的答案会很明确。品牌影响力不但有价值，而且价值非常大。常用来举例的品牌包括一众手机厂商中的 Apple 公司、一众咖啡馆中的星巴克等。

不过，本书从头到尾都在讨论关于数据分析和数据产品的内容，那么品牌的价值如何分析和衡量呢？这个问题好像就没有前面那个问题那么好回答了。可是这个问题的答案，比前面那个更具有“可操作性”。前面那个问题的答案只能告诉大家，到底要不要投入精力做品牌来扩大影响力。现在这个问题的答案才能解决究竟应当怎么做，才能够享受到品牌带来的价值。换句话说，评价品牌价值的方法，决定了大家执行落地的思路。

关于这个问题，品牌咨询公司 Interbrand 给出了自己的答案。Interbrand 作为全球知名的品牌咨询公司，在品牌的价值评估上有自己的一套方法论。Interbrand 提出的品牌价值评估体系通过了 ISO10668 国际认证，并成为业界公认的具有特殊战略评估价值的工具。

Interbrand 认为，品牌之所以有价值，不全在于创造品牌所付出的成本，也不全在于有品牌产品较无品牌产品可以获得更高的溢价，而主要在于品牌可以使其所有者在未来获得较稳定的收益。

那么如何衡量这种“较稳定的收益”呢？Interbrand 主要通过以下三个方面来进行评估。

- 品牌化产品和服务的财务业绩。
- 购买决策过程中的品牌作用力。
- 品牌所拥有的、贡献于未来收益的品牌强度。

财务业绩是基础的部分，分析的内容是现有品牌下的产品和服务的财务状况。品牌作用力指的是左右消费者购买决策的能力。这部分有很多精彩的案例，笔者不再过多引用那些广为人知的案例了。不过在互联网行业，尤其在做市场调研和竞品分析的时候，这部分也是十分有价值的内容，可以作为竞品分析的核心分析目标和结论之一。最后，品牌强度指的是“创造忠诚度的能力”。这部分在互联网行业比较容易理解，可以简单地通过用户的留存率等指标来衡量。

将三个方面放到一起，就形成了很好的“互动”。财务业绩决定了品牌的历史情况，品牌作用力决定了当用户再次看到品牌的时候会怎样思考、会做出怎样的选择，而有这种思考和选择就决定了在未来用户会不会逐渐忠诚于一个品牌。

不过，将这三个方面放到一起，只是对品牌价值的评价方法，或者说是对现象的一种可量化的“解释”。大家要怎样做才能让这种品牌价值的“现象”产生呢？这涉及另一个话题——品牌建设（Brand Construction）。品牌建设就是为了提高和保持品牌价值所做的所有努力。

按照经典的品牌建设方法论，品牌建设包括以下四条主线。

- 品牌识别。
- 优选品牌。
- 品牌延伸。
- 品牌资产。

“品牌识别”是基础，这很好理解。比如，如果将一杯星巴克的咖啡与一杯来自其他咖啡馆的咖啡放到一起，消费者是否能够一眼就辨认出来？足够强的品牌识别度，来源于以下三个方面的考量：是否有足够明显的差异性；这种差异性是否能让用户感知到；这种差异性是表面的，还是一种能引起用户内心产生不同情感的差异性。再比如，一个与家里用的一模一样的靠枕，就比一个外形“陌生”的靠枕更容易营造出家的感觉。

“优选品牌”主要用来解决多产品线、多子品牌的问题。其实这样的问题在互联网产品中也很常见。比如，某个团队想要在现有产品的基础上再做一些新的战略尝试，开发一些新的产品线。那么是应该给这些新的产品线创造一个独立的品牌呢？还是继续延续原来已经具有一定影响力的品牌？这种问题没有绝对的答案，只能见仁见智。

“品牌延伸”针对的是某一个具体的品牌，通过在不同的场景中不断重复使用，来扩大其影响力、提高其价值。品牌这种无形资产的重复使用，就像互联网产品的分发一样，边际成本为0，却会带来超额的回报。因此，每个品牌都可以在恰当的时候考虑品牌延伸。

最后就是“品牌资产”了。品牌是一种无形资产，这个概念在上文中已经提到。因此，大家需要结合一些资产运作的方法来管理品牌，让其中的价值沉淀并增值。至此，大家已经能够实现品牌影响力的全面提升。

本节的内容主要是帮助大家了解业务的目标，这些目标也将传递到数据应用的层面，成为需要我们借助数据产品来实现的目标。因此，针对数据产品服务的业务，我们可以从能力、利润、效能、影响力四个方面来了解和考量不同业务追求的目标是什么，以及从数据层面我们可以通过哪些指标和方法论来衡量和拆解这些目标。这些信息都将帮助我们设计出更加“有用”的数据产品。

在 3.2 节中将要讨论的是，为了实现业务追求的目标，在业务层面需要做哪些事情。通过一系列“努力”来实现某种目标，这就涉及业务自身的逻辑了。因此，3.2 节的内容可以帮助大家了解业务自身应对和解决问题的方法和逻辑。

## 3.2 业务的商业模式与“投资”思维

在 3.1 节中，笔者主要的关注点在于理解业务的目标。在本节中，笔者的关注点则在于实现目标的思路和路径，或者用更吸引人的叫法——“商业模式”。这种思路和路径，可落地为对目标的初步拆解。

在企业经营和产品运营中，要搭建一个商业模式来实现一个业务目标，或者要通过了解一个商业模式的具体细节来评估其实现效率。这个过程通常会涉及两个方面：一方面是为了达到目的而投入的部分，它是做这件事的“成本”；另一方面，是做成这件事得到的产出，它是做这件事的“价值”。就像第 1 章所描述的，数据应用自身的“商业模式”及其效率，也是由成本投入和价值产出两个方面构成的。因此，在考虑业务的商业模式时，我们首先要考虑的也是这两个重要的方面。

成本投入和价值产出这两个方面构成了一种类似“投资”的思维方式——每一项投入，都在期望着获得相应的产出。如果价值产出伴随着风险或者不确定性，那么我们也会选择适当减少投入；如果根本得不到任何产出，那么我们也就不会投入。

因此，在本节的内容中，根据投入和产出的对象不同，笔者分别从四个方面讲解实现业务目标的“投资”思路。它们分别是资金、人力、时间和其他。针对这四个方面，笔者将分别介绍其中的一些具体的衡量和计算方法。这些衡量和计算方法将帮助我们识别问题，并找到解决的思路。

### 3.2.1 资金投资

提到投资，资金方面的投资自然是最先想到的。而资金投资要做的事情也很容易理解：通过投入一定量的资金成本，以期望在未来能够收获多于成本的收入，从而创造出利润。从这段描述中，大家可以看到资金投资的三个关注点。

首先，既然是资金投资，那么关注的投入和产出都属于资金方面，这为我们做量化分析提供了天然的便利——资金可以用数字来表示，很容易进行计算。

其次，资金投资与时间密切相关。这也意味着，大家不可能在投入之后立即得到回报，而是要经历一段时间的延续，才有可能得到想要的结果。如果急功近利，那么也不能在恰当的时间点获得应得的收入。

最后，在资金投资方面，大家要分别站在现在和未来两个时间点，通过相互比对来看。大家不能只考虑未来，这样短期内的资金流就可能存在断裂的风险；但同时，大家也不能只考虑眼前，因为时间总是在“自动”地流逝，如果大家没有在恰当的时间采取恰当的措施，那么很难得到想要的回报。

既然讲到投入、产出、现在、未来这几个概念，笔者就要给出资金投资中最核心的几个指标和公式了。这些指标和公式在与资金相关的其他领域的分析和管理中也同样适用，如项目管理中关于资金的分析。这些指标和公式的具体内容如下。

- 指标：现值、终值、折现率、净现值、内部收益率。
- 公式：复利现值终值公式。

下面先来介绍指标。

#### 1. 现值

现值（Present Value，PV），指的是现有的资金的价值。大家可以将这个所谓的“资金”，想象成实际攥在手里的一沓钞票。那么此时此刻所有钞票的面值总和，就可以当作资金的现值。

#### 2. 终值

终值（Future Value，FV），指的是在未来的某个时间点，我们现在攥在手里的这一沓钞票“还剩”多少。通常得到的终值会比现值少，这并不是因为我们在未来会用掉或者丢失其中的一部分，而是因为相等面值的货币在不同的时间点的购买力是不同的。当然，如果我们将攥在手里的钞票拿来储蓄，或者投资到其他能够获利的项目中，那么最终的结果可能就是终值大于现值了。这也是我们都希望看到的结果，因为这样我们在未来会变得“更富有”。

### 3. 折现率

通过上文的描述我们可以发现，现值与终值联系紧密。现值在一些因素的影响下，经过一段时间就变成了终值。而在现实中，这些影响因素周期性地对现值产生影响。比如，很多活期理财产品按收益率每天结算收益，这就等于收益率这个因素会每天对总资产产生一次影响。类似的收益结算方式，也有按月甚至按年结算的。这里的一天、一个月或者一年，在分析资金价值的过程中被称作“一期”。这是一个简单的分段概念。

接下来要讲的是折现率（Discount Rate，DR）这个指标。折现率这个指标描述的是现值与终值的关系，也就是当我们知道了终值想计算现值的时候，可以通过折现率这个指标来完成计算。

讲到折现率，有另一个指标容易同它混淆，就是“贴现率”。其实，这两个指标都是将未来的一笔资金的价值折算到当下，而且这两个指标的英文书写都是“Discount Rate”。但是这两个指标又有些区别，主要是应用场景不同，导致人们对这两个指标的定义的描述方式不同。

贴现率常用在将票据兑现的场景中。票据要在未来的某个时间点以确定的金额兑付，但是由于现在就需要筹措资金，于是在当下凭票据向银行申请兑付，银行会根据未来要兑付的价值计算当下的价值。由于这个过程只是做一个估算，不需要分成几段来考虑，因此这个贴现率通常采用“单利”的方式计算。

而折现率，则使用“复利”的方式计算。比如，笔者在上文中提到的活期理财，每一天都会结算收益金额，每天都有一个收益率参与计算，并且获得的收益又都加入了本金。在这样的场景中，如果我们想要将未来某天的资金价值折算到现在，就需要考虑这之间经历了多少天（即“多少期”），然后采用复利的计算方式来折算。类似地，在项目评估的过程中，我们也需要考虑期数，再采用复利的方式折算。

讲到“折现率”，很多人对它不熟悉，但是讲到“转化率”，大家应该不陌生。其实“折现率”这个概念，类似于资金上的“转化率”——从现在的现值“转化”成未来的终值。

在产品运营的过程中，特别是在基于数据的精细化、量化运营的过程中，就存在类似的“折现”场景。比如，如果我们了解了用户大致的留存率，也了解了每天的新增用户数量，还了解了在未来的某个确定的时间点要达到怎样的留存目标，那么基于这三个方面的数据，我们就可以轻松地将未来的留存指标“折算”到当下。折算的结果包括两套方案：如果保持现在的每日新增用户的数量不变，那么留存率达到多少才能完成目标；如果保持现在的留存率不变，那么每日的新增用户数量应当达到多少才能完成最终的目标。

折现的计算公式，在下文讲到“复利现值终值公式”时再给出。如今有很多工具可以辅助我们计算现值和终值这两个数值。所以，前期笔者先讲解这些指标想要表达的内容，至于具体的计算过程可以稍后再讲。

#### 4．净现值

净现值（Net Present Value，NPV）也是资金投资中的一个重要指标。笔者在上文中的举例，都是笼统地在讲一笔资金的折现。投入成本与产出价值两个方面都是资金，因此它们也都可以折现。将未来的成本和未来的收入，分别进行折现之后再相减，得到的差值便是净现值。

这个指标在评估项目可行性等场景中很常见。比如，我们已知一个项目在未来预计的总成本和总收入，当下要决策是否做这个项目。虽然计算出了项目未来的总成本和总收入，但那只是一个“数值”，由于货币贬值、物价上涨等因素，那个未来的“数值”并不完全等同于当下计算出的“数值”。为了将这些数值“对齐”之后再进行评估，我们就需要将总收入和总成本分别折现，由此来规避不可控的种种因素，之后计算项目整体的净现值，最终再决定是否投资这个项目。

其实，笔者在本章第 1 节中讲到的关于用户留存率的案例，也可以用类似的思路来分析。比如，我们现在想要做一个运营活动，这个活动可以带来一些新用户，并且这些新用户的数量可以估算，通过这种方式来预测未来的留存关键绩效指标（Key Performance Indicator，KPI）。但是，过去和现在获得的新用户还会在未来的一段时间内流失一部分。因此，我们可以将未来的 KPI 按照留存率“折算”到现在，以此来评估现在这个运营活动带来的新增用户的规模，是否能有效地支撑未来 KPI 的完成。

如果按照净现值的计算思路，每一位新用户的获取都需要投入相应的获得新用户的成本。因此，我们也可以将这些成本按照用户的留存情况进行折现，从成本效率的角度对这个运营活动进行评价。

### 5. 内部收益率

在上文中笔者讲到了折现率与贴现率、转化率、留存率的类比，至此大家应该对这些指标有了一定的了解；再加上转化率和留存率的 KPI，大家就更能与日常工作场景进行结合了。但是，除了完成团队的 KPI 这种“功利”的任务，我们还需要从数据的层面对自己的产品有一些了解。

比如，上文提到的留存率。在通常的产品运营中，我们总是在不断地要求“要提高留存率”。留存率并不是“越高越好”，这既是客观上的一种限制（所有新增用户都是核心高价值用户，这个概率很小），同时也是资源有限的无奈（过高的转化率也需要高昂的成本投入来创造和维持）。那么这个转化率应当达到多少才合适呢？这是一个值得深入思考的问题。

为了解决这个问题，我们需要按照类似净现值的思路开始考虑。上文中讲到，要计算净现值，需要将未来某个时间点的投入和产出折算到现在，这样就避免了未来这段时间内可能存在的各种影响因素的干扰；之后，再将折算后的投入和产出做减法，得到的差值就是净现值。因此，净现值可能是正数，也可能是负数。这对我们在当下决定是否要采用某个方案有很大的帮助。

不过问题在于，在未来的某个时间点我们希望获得一定量的收益，而从现在到未来这段时间内所有可能发生并且会影响到收益的事情，最终都要通过折现率表现出来，那么折现率需要达到多少才能保证实现收益目标呢？换言之，在历史状况、当下的状况和未来的目标已经确定的情况下，从现在到未来这段时间内出现多大的波折才是可以接受的呢？我们需要给出一个“可接受”的折现率的标准。现值、终值与折现率的关系及问题如图 3.2 所示。

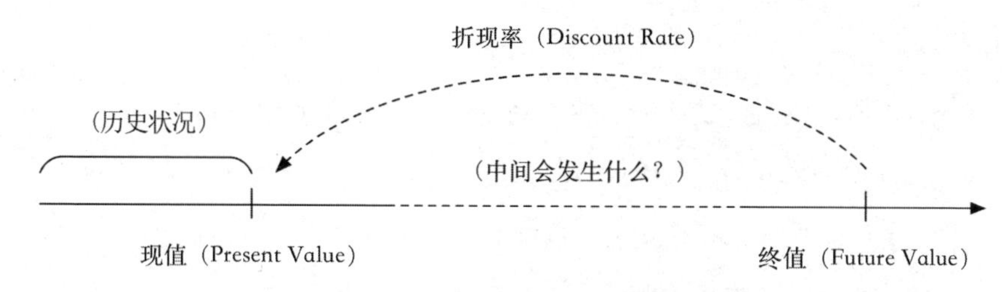


图 3.2　现值、终值与折现率的关系及问题

在这方面，笔者给出一个折现率的标准，它是一个新的指标，叫作“内部收益率”（Internal Rate of Return，IRR）。内部收益率，是指当净现值为 0 时的折现率。用通俗的话来解释，就是“白忙活一场”的那个收益率。不过，在达到了内部收益率之后，至少没有亏本，可惜的是大把的时间浪费掉了。所以，在评价一个方案或者一个项目的时候，内部收益率可以当作“红线”，也就是只要某个方案或者项目的折现率没有达到内部收益率的程度，就应当直接驳回。

类似的思路，我们在做运营的时候同样可以参考，特别是在需要花费一些成本来做运营的时候，如向用户发放利益点、发放优惠券等场景。在这样的场景中，大家可以根据用户未来的活跃度或者留存率（通常这两个指标的定义都关系到“活跃用户”的定义）来计算，将未来某个时刻的人均成本折算到现在，来计算我们在一个用户群上应当花费多少钱。只有某个方案能够超过这个基准，才是可以被接受的运营方案。如果一个方案在这方面做得确实好，那么可能是在成本方面控制得好，也可能是在用户活跃度或留存率方面做得好。

当然，笔者在这里主要讲的还是资金方面的投资，所以希望大家能够真正理解现值、终值、折现率、净现值和内部收益率这些概念。如果上文中的“文字描述版”不够清晰，那么接下来笔者将用一些经典公式来展现这些指标之间的关系。

### 6. 复利现值终值公式

至此，笔者讲解了五个与资金投资相关的指标，并且为了帮助大家理解，将这些指标与产品运营中用到的指标做了类比。不过，上文中的讲解都是通过文字叙述的方式完成的，接下来笔者介绍一个与这些指标关系密切的公式。这些指标和它们之间的关系，都可以通过这个公式逐渐推导出来。

这个公式就是“复利现值终值公式”。

$$FV_n = PV(1+i)^n$$

其中：

- $FV$ 是终值，就是最终得到的资金总值；公式中 $FV$ 的角标 $n$，代表计算的是第 $n$ 期末的终值。
- $PV$ 是现值，在投资中相当于本金。
- $n$ 代表的是期数，类似存活期理财，一天就是“一期”。
- $i$ 代表的是收益率，类似于活期理财中的每日收益率（一般的活期理财产品都会给出“年化收益率”，也就是折合到一年的收益率，因此需要把这个收益率折算为每日收益率，才能代入公式中）。

我们同样可以用一段文字来解释这个公式要计算的是什么。首先，现值 $PV$ 是当前的资金价值；每过一期，在期末的时候资金价值会增加 $i$（即复利，前一期得到的收益成为本金，并在下一期继续参与产生收益），所以公式中用的是 $(1+i)$；而经过 $n$ 期之后，就是 $n$ 个 $(1+i)$ 相乘，由此得出 $(1+i)^n$。通过这样的计算，我们就得到了想要的终值 $FV$。

值得一提的是，$(1+i)^n$ 单独被拿出来时，叫作“复利终值系数”，也就是用来计算终值的系数。相对应的还有“复利现值系数”，按公式推导应当是 $(1+i)^{-n}$。因此，我们可以继续推导出“复利终值现值公式”，其中各项的含义与上文中的“复利现值终值公式”相同：

$$PV=\frac{FV_n}{(1+i)^n}$$

在得到了“复利终值现值公式”之后，我们就可以继续来推导关于净现值 $NPV$ 的计算公式了。由于净现值是分别将投入的成本和产出的价值折算为现值，再相减得到的。因此，我们可以利用上文中的“复利终值现值公式”直接得出：

$$NPV=\frac{\Sigma(CI)}{(1+i)^n}-\frac{\Sigma(CO)}{(1+i)^n}=\frac{\Sigma(CI-CO)}{(1+i)^n}$$

其中，新出现三个变量：

- $NPV$ 是要计算的净现值。
- $CI$ 代表的是现金流入（Cash Inflow），$CO$ 代表的是现金流出（Cash Outflow），它们分别是期间投入的总成本和期间产出的总价值。

这样，我们就可以通过公式将上文中讲到的净现值进行量化了。

最后一个比较难理解的概念是内部收益率。根据定义，内部收益率是“让净现值刚好等于 0 的折现率”。如果直接根据定义，那么将内部收益率代入公式后应当满足这样一个计算关系：

$$\frac{\sum(CI-CO)}{(1+IRR)^n}=0$$

不过，我们可以看到 $(1+IRR)^n$ 的部分让整个方程的求解过程变得非常麻烦。因此，在实际的计算中，如果一定要通过人力来计算这个值，通常的办法是“试错法”（Trial-and-Error），也就是不断给出一个 *IRR* 可能的值，并代入公式看能否让计算结果为 0。如果不行，那么根据得到的结果继续尝试新的 *IRR* 值，直到计算结果与 0 的差异足够小，小到可以接受的程度就可以结束了。

当然，现在我们可以在各种软件和程序包的帮助下完成这个计算，如 Excel 或者 Python 语言中的相关程序包。通过这些自动化的程序来实现计算过程，也更便于将来我们把这个基本的计算逻辑“产品化”，使其成为数据产品中一个有力的分析工具。

至此，笔者就把与资金投资相关的基本思维方式介绍给大家了。后续的三种投资或多或少都会借鉴资金投资中的一些思维方式，但它们各自的特性也决定了它们与资金投资之间会有明显的差异。

### 3.2.2 人力投资

在很多人的观念中，“投资”这件事可以跟“资金投资”画等号。做一件事情，投入的成本除了资金，还有什么呢？为了进一步扩大视野，同时也帮助大家更深入地了解业务，笔者接下来就介绍几种平时不太“受关注”的投资形式。

首先要讲的是人力投资。在资金和物料之外，人力是最容易想到的成本了。一项工作由几个人来做，这很清晰明了。作为产品经理，既要与其他角色合作，也要扮演资源的分配者——需要合理地安排研发资源、分析师资源、运营资源等。即使还没有成为管理者，产品经理这个职位本身也要求对资源有把控的能力。

笔者在上文中提到，在讲述其他几种投资的时候，或多或少都会用到资金投资中的概念或思路，但是它们又与资金投资之间存在着明显的差异。那么人力投资的特异性表现在哪里呢？人力投资与资金投资的最大区别就在于人比金融市场更有"弹性"，甚至应该说，金融市场的弹性，除了自然的随机性，凡是跟人有关的，都来自人的行为的不确定性。

因此，在人力资源的管理上，除了使用一些基本的工具和模型做"硬性"要求，更强调心智方面的影响和引领。在工具性的绩效管理、组织架构、职级评定等硬性管理手段之外，还有企业文化、团队氛围、调整个人情绪等柔性的管理手段。刚柔并济，才能将"人"这种资源管理好。

在探讨了人力资源的管理思路之后，大家还是要回到一些具体可落地的工具上。讲到对人力的统筹管理，在产品经理的日常工作中可以借鉴并且比较实用的方法，当属一些项目管理框架中的人力资源管理工具了。

在如今的互联网行业中，有两套项目管理方面的方法论比较盛行。

一个是由美国项目管理协会（Project Management Institute，PMI）提出的 PMP 认证（Project Management Professional，常译为"项目管理专业人士资格认证"）中所提到的项目管理体系。在关于 PMP 认证的专业书籍《项目管理知识体系指南》（英文书名为 *A Guide to the Project Management Body of Knowledge*）中，总结了关于项目管理的"十大知识领域"，其中之一就是人力资源管理。而在人力资源管理中，又分为计划过程组和执行过程组。由于项目管理体系本身就是一个完善的体系，如果大家有兴趣可以查找相关资料来阅读，笔者在这里不再赘述。

除了上面这种成体系的方法论，在软件和互联网行业还有一些经典的书籍和案例，可以帮助大家在理论方法的基础上补充一些实战中的技巧。比如，在软件工程方面的经典书籍《人月神话》（原版书名为 *The Mythical Man-Month*）中，最为人们熟知的可能就是其中的观点：在项目进行到一半的时候，如果发现必须延期才能完成，那么即使在中途增加人力投入，也并不能让项目如期完成，反而可能使结果更糟。此外，这本书中的多篇文章，提供了许多与软件工程相关的忠告，都值得大家借鉴和深思。在这些原则的帮助下，大家能够更容易地理解在业务流程搭建过程中的一些设计意图，并且能够逐渐养成系统思考的习惯，考虑得更全面。

另一个关于项目管理的比较流行的理念，就是"敏捷项目管理"（Agile Project Management）。在敏捷项目管理模式中，Scrum 框架的应用比较广泛。关于 Scrum 自身的发展历程和基本知识，笔者不再进行过多介绍，直接奔向本部分要讨论的主题——人力和工作量管理。

在项目管理中，在对人力工作量进行评估的时候，通常用占用的人员和所需要的时间的乘积来表示人力工作量，如“人数 × 天数”或者“人数 × 小时数”等。这种评估方法比较“绝对”，很容易因为一些客观条件的改变而出现很明显的变化。比如，几项相关的任务看似很简单，但最终由于在一项任务中隐含着大量复杂的工作，导致大家需要对所有任务的工作量进行重新评估。

在 Scrum 中，没有直接采用如此具体的工作量评估方法，而是使用“故事点”（Story Point）来评估工作量。这样做的好处在于，故事点并不与现实中的小时等准确的时间单位相对应。故事点是一种“相对评估”方法，首先需要选定一项任务（在 Scrum 中常被称作一个“User Story”，即“用户故事”）作为基准，并给出这项任务的一个故事点，通常定为“1”；之后，将其他的任务与这项基准任务进行比较，从而得出每项任务的相对工作量是多少。

在这个比较的过程中，不仅要考虑工作内容的多少，还要考虑面临的内容有多复杂、失败的概率有多大等。不过好消息是，故事点本身设计得并不精确。通常会采用“斐波那契数列”（Fibonacci Sequence，包括 1，1，2，3，5，8，13，21…）开头的一些数字作为打分的标准。这样，复杂程度相差越大的两项工作，它们的绝对工作量的差值越大，这基本符合客观常识。当大家看到的是一个极其复杂、无法拆分的任务时，也可以通过那种“大得离谱”的数字来代表其工作量确实很大。

另外一个有趣的点就是，笔者发现在给定的数字当中，找不到那个我们要用来代表工作量的数字时——如代表工作量的数字最大是 100，但是经过粗略评估，发现一个任务的工作量至少是 200 甚至更大——如果在 Scrum 中发生了这种情况，通常的解释是这个任务“太庞大了”，需要进一步拆分为更细小的任务，然后对拆分后的任务进行工作量评估。

这种思路，大家也可以借鉴到估算一项业务需要投入的人力成本上。比如，通过对比，找到一个之前已经完成的在复杂度、工作量规模等很多方面都与新任务相匹配的项目，此时就可以参考原来那个任务的工作量，来评估新任务的相对工作量。通过这个办法，大家可以得到人力投资中的投入成本部分，其产出部分可以是对人力本身的节省（主要是节省了未来需要占用的人力，如果按照原方案，这些人力一定要被占用），也可以是增加的收入。除此之外，还有一种价值产出，就是下文中提到的“节省时间”。

需要注意的是，以上笔者提到的这些项目管理中的管理人力的方法，都是在目标已经确定的前提下，尽可能通过高效地利用人力资源而达到目标的方法。而笔者所讲的人力投资，除了人力的投入，还要考虑投入人力之后的相对应的产出。因此，大家在使用“类似于”项目管理的方法来研究业务中的人力投入时，还要记得将付出的人力与实际的产出价值关联起来。只有这样，才能确定一项业务提议是否可以接受，或者未来的某个需要投入人力的工作计划是否可行。

### 3.2.3 时间投资

时间投资是一个比较新颖的说法，不过其传达的理念可并不新颖，甚至很古老。关于这一点，重温那些很早之前就在提醒大家“不要虚度光阴”的文字就明白了。

时间投资与前两种投资的一个重要区别在于，时间绝对是“限量供应”的——每个人一天只有 24 小时、每个月的天数在 30 天左右、一年的天数在 365 天左右等。这些指标对所有人来说都是相同的。不过，虽然时间的“供应量”被严格限定，但是没有人来限定大家可以把时间投入什么样的事情里。

因此，大家在所有可以选的方式中，选择那个时间利用效率最高的，才能让有限的时间产生更大的价值。这就像笔者经常提到的购买理财产品的过程。如果想让相同时间内的收益增加一些，应当如何做呢？一种方法是追加原始投入，也就是增加本金；另一种方法是选择收益率更高的产品。而时间投资属于第二种方法，大家只能通过提高单位时间的“收益率”，来提高最终的收益。

但是问题出现了，大家在平时生活和工作中，很难得到什么好机会，能够让自己在有限的时间里获得极大的收获。能做到这一点的培训、书籍、课程等都是可遇而不可求的。那么，如果一项工作很有价值，但是自己又没有太多时间可以分配，怎么办呢？一种很巧妙又很常见的思维就出现了，这就是外包。

其实，带领团队的过程也有很强的“外包”的意味，这样的安排制造了一个“时间杠杆”——将自己有限的时间，通过将任务外包给别人的方式放大了许多倍，从而让大家能够花费更少的时间而制造更大的价值。外包的问题在于，有些时候如果不能保证外包的质量，那么外包就不是一种很好的“降本增效”的办法。

其原因就在于，外包在加大了“时间杠杆”的同时，也加大了“风险”。换言之，虽然一个人可以通过外包的方法将自己的时间扩大到原来的 10 倍，同时管理着 10 个项目，但是一旦一个项目出现问题需要亲自处理，时间就又回到了“1 : 1”的状态。这样，如果我们将自己全部的时间都加了“时间杠杆”，那么一旦出问题，只有占用额外的时间才能补救。这个时间可能原本是用来睡觉、吃饭或者做其他事情的时间。这是现代人繁忙的重要原因之一，因为没有对时间进行合理的“投资”。

由此可见，为了达到某个业务目标而花费时间和精力，这本身没有问题，甚至不需要我们“费心”，因为时间一直在自然而然地向前推进。但是我们在为了达到业务目标而开始投入时间和精力的时候，要特别注意这个“时间杠杆”。它可能在不知不觉中，就将我们的业务和帮助我们做事的人，推向了崩溃的边缘。

时间的另一个特性是永远不会倒流，至少在现在的科技水平下还无法实现时间倒流。因此，如果时间掌控得不好，比竞争对手迟了一步，很可能就错失了市场的良机。这是我们不可改变的一个客观现实。

### 3.2.4 其他投资

除了上文中提到的三种投资形式，还有其他一些方面也可以算作成本投入的资源，如商业信誉、个人信用、能力水平、知识储备等。

但是，这些方面必须与其他方面的投入相配合，才能实现最终的价值产出。比如，能力水平和知识储备，就伴随着参与者的时间投入而一起投入。如果参与者只是能力很强、知识丰富，却没有足够的时间能够投入某件事，那么这些能力和知识也无用武之地。

这种思维方式对每个人都十分重要，并且与上文中提到的时间管理息息相关。如果你的能力很强，但是由于时间管理得不好，在面对那些很好的机会时，却腾不出精力和时间，这甚至比没有能力更令人遗憾。

同时，这些资源还具有另外一些特点。首先，这些资源的消耗如果不加以控制，会很快被耗尽，如商业信誉和个人信用；其次，这些资源的积累需要很长的时间，不管是商业信誉和个人信用，还是能力水平和知识储备，都需要一个长期累积的过程。

## 3.3 常用管理模型和营销组合

在理解业务并对其进行分析的过程中，大家并非“孤立无援”。在前几节中笔者提到了几种看待业务的视角，来辅助大家理解业务层面在发生什么，以及要达到什么目标。但是，这些“模式”的设计和分析也并非完全“无章可循”，大家可以借助一些模型来完成整个设计和分析的过程，而不需要每次都苦思冥想。因此在本节中，笔者会进一步延伸，介绍一些在商业和管理领域中极负盛名的分析模型。

其中，在 3.3.1 节中笔者主要介绍一些与管理学相关的模型。这些模型主要用来了解业务和产品的现状，乃至整个企业面临的问题和挑战是什么。通过这些模型，笔者找到一些久经考验的方法，帮助大家在困境中找到突破当下的分析思路，并在激烈的竞争中获得优势。

除此之外，与其他关于各种模型的零散的内容不同，3.3.1 节的内容不仅注重介绍各个模型，还强调模型的适用范围和相互之间的联系。从宏观到微观、从战略到执行，将这些模型关联在一起，才能帮助大家整体理解目前的处境，并找到合适的解决方案。

在 3.3.2 节中，笔者主要讨论一些营销学的理念，这些理念将营销拆解为不同的方面进行诠释。与 3.3.1 节一样，笔者不仅注重讲解在每种理念中对营销的诠释方法，还注重讲解这些理念之间的关系和它们之间的演变过程，以及它们与当时的社会环境之间的联系。

### 3.3.1 常用管理模型及其关系

提到常用的管理模型，大家或多或少都接触过其中的一个或几个，如 PEST 模型、BCG 矩阵和 SWOT 模型分析法等。

PEST 模型帮助我们了解宏观环境中的政治、经济、社会和技术因素，SWOT 模型分析法则针对某个具体的业务或产品的生存状况进行分析，BCG 矩阵帮助我们了解不同的“战略业务单位”（SBU）在资源投入和价值产出方面的情况。

至于后面将要介绍的产品生命周期（PLC）模型和经验曲线模型，可能更没有多少人知晓。不过这两个模型却是前面一些模型的理论基础，或者说是基本假设。

本节最后介绍的多个项目管理模型则更偏重于大家的日常工作。之所以把这项内容补充到常用管理模型中，一方面是为了帮助大家把常用管理模型的“武器库”补充完整，另一方面是为了通过讨论这些模型之间的联系，帮助大家在实际工作中，能够理解管理层传递下来的经营和管理意图，并将其落实到自己的工作中去。

针对这些模型本身，笔者追本溯源，寻找它们原本的定义和要解决的问题，在必要的时候，还需要讲解模型产生的时代背景。除此之外，笔者还重点补充了模型各自的原理和适用范围，这部分信息相比模型本身更容易被忽略。

#### 1. PEST 模型

提到 PEST 模型，笔者先要介绍一下其背后的“环境扫描”理论。

“环境扫描”（Environment Scanning）的概念，是由哈佛大学商学院的教授 Francis J. Aguilar 于 1967 年在其著作《商业环境扫描》中首次提出的。之后，这一概念主要应用于商业领域。“环境扫描”是指通过从环境中获取与决策相关的事件、趋势以及组织与环境之间的关系的信息，来帮助高层管理者识别和理解战略性机会与威胁，从而确定未来的发展路径。

可见，所谓“环境扫描”，就是要帮助企业及其管理者了解外部环境，消除企业内部与外部环境之间的“信息不对称”。这句话听着有些“假大空”，但是大家仔细想一想，产品经理的日常工作中确实有类似的工作内容。比如，竞品调研、用户市场分析等，这些都是在帮助企业或团队了解外部情况。企业及其管理者完全可以借助“环境扫描”来提高分析的系统性和逻辑性。此外，在互联网行业中，外部环境的变化速度更快，因此我们需要用更高效的办法来实现与外部环境的信息互通。

对于外部环境，我们可以将其分为宏观环境和微观环境。对企业来讲，宏观环境包括政治、经济、法律、社会、技术发展等多方面因素，微观环境包括供货商、中间商、用户、竞争者、公众等多个方面。

从这方面的拆解可以看出，PEST 模型主要针对宏观环境进行分析。至于微观环境，要分析企业与环境的匹配，大家可以使用下文中介绍的 SWOT 模型分析法。最后，还有一个似乎介于两者之间的视角——要分析企业所在的行业或产业内的竞争环境，大家可以使用下文中介绍的波特五力模型。而且，PEST 模型和波特五力模型，都可以辅助 SWOT 模型分析法中关于外部“机会”与“威胁”的分析。

接下来，笔者将介绍 PEST 模型是如何分析宏观环境的。根据 PEST 模型，在宏观环境中企业会受到四个方面的宏观因素的影响。

- 政治因素（Political Factors）。
- 经济因素（Economic Factors）。
- 社会文化因素（Sociocultural Factors）。
- 技术因素（Technological Factors）。

在简单了解了 PEST 模型之后，可能大家最先想到的问题是：为什么是四个因素？为什么不是五个、六个，或者是两个、三个呢？在客观环境中，确实存在太多的因素可能对企业、团队或产品的决策产生影响。于是，在经典的 PEST 模型产生之后，人们也在尝试不断地补充更多的需要考虑的因素。

- 法律因素（Legislative Factors）。
- 环境因素（Environmental Factors）。
- 教育因素（Educational Factors）。
- 人口统计因素（Demographic Factors）。
- 道德因素（Ethical Factors）。
- 生态因素（Ecological Factors）。
- 跨文化因素（Inter-Cultural Factors）。

经过补充这些因素，就出现了许多 PEST 模型的“Pro 版”，主要包括以下几种。

- **PESTEL 和 PESTLE**：这两种模型在 PEST 的基础上，增加了法律和环境两种因素。
- **SLEPT**：增加了法律因素。
- **STEPE**：增加了生态因素。
- **STEEPLE 和 STEEPLED**：增加了道德和人口统计两种因素。

- DESTEP：增加了人口统计和生态两种因素。
- SPELIT：增加了法律和跨文化两种因素。

相信随着人们不断将更多因素纳入考虑的范围，会有越来越多的“Pro 版”模型出现，这些模型出现的目的是帮助企业决策者或者业务和产品的决策者了解外部环境的信息。因此，如果有一些因素对你负责的产品有很大影响，经过斟酌后你完全可以将其加入模型中，创造出属于自己的独特模型。

之所以要提前对 PEST 被扩展的情况进行讲解，是因为当我们按照经典的 PEST 模型深入讨论政治、经济、社会文化、技术这四个因素的具体情况时，也会遇到类似的需要不断扩充的情况——每个因素又可以拆解为许多具体的方面，这些具体的方面也会随着时代和行业的发展变化而快速变化。因此，不管是 PEST 模型，还是后续要介绍的任何一个模型，笔者都强烈地建议大家学习模型的思维方式和分析问题的角度。至于具体的内容，大家可以在用到的时候再临时查询最新版本，或者自己创造一个更具有针对性的版本。

这里笔者用一个表格（见表 3.1）来列举一些经常被归类到这四个因素中的具体事项，不过这些事项都会发生变化。

表 3.1　PEST 模型中环境因素的组成

| 缩　写 | 环 境 因 素 | 组 成 因 素 |
| --- | --- | --- |
| P | 政治因素（Political Factors） | 政治制度、体制、方针政策、法律法规等 |
| E | 经济因素（Economic Factors） | 社会经济结构、经济发展水平、经济体制、宏观经济政策、当前经济状况、其他一般经济条件等 |
| S | 社会文化因素（Sociocultural Factors） | 人口因素、社会流动性、消费心理、生活方式变化、文化传统、价值观等 |
| T | 技术因素（Technological Factors） | 社会总体技术水平、技术水平变化趋势、技术突破、技术与其他因素的相互作用等 |

## 2. 波特五力模型

接下来讨论“波特五力模型”。1979 年，迈克尔·波特（Michael Porter）在《哈佛商业评论》上发表了论文《竞争力如何塑造战略》(*How Competitive Forces Shape Strategy*)，其中就提出了这个模型。后来在 1980 年出版的《竞争战略》一书中，他又对这个模型进行了完善。

延续前一个模型的思路，波特五力模型是帮助企业、团队或产品的决策者了解外部环境的工具，并且波特五力模型主要分析的是一个行业或产业内部的竞争关系。因此从覆盖的范围上，波特五力模型介于针对大环境的宏观分析与针对企业的微观分析之间，可能涉及整个行业内价值链条上的多个企业，也包括处在平行地位的竞争者。同时，波特五力模型关注的是行业中的影响因素对企业盈利能力的影响。

需要考虑的因素包括以下几项。

- **供应商的议价能力**（Bargaining Power of Suppliers）。
- **购买者的议价能力**（Bargaining Power of Buyers）。
- **替代品的威胁**（Threat of Substitutes）。
- **新进入者的威胁**（Threat of New Entrants）。
- **同业竞争者的竞争程度**（Industry Rivalry）。

波特五力模型中各因素之间的关系如图 3.3 所示。

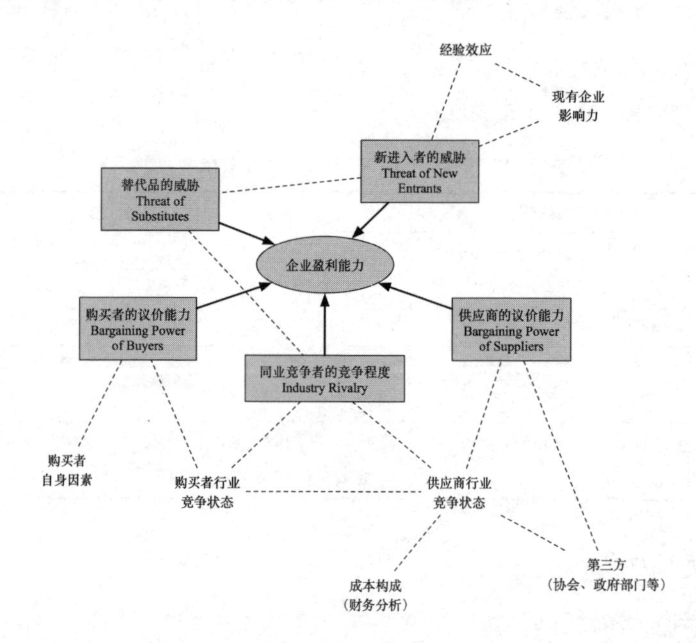


图 3.3　波特五力模型中各因素之间的关系

1）供应商的议价能力

供应商指的是处在上游的企业、团队或产品。比如，获取新用户的方法，包括外投广告、与其他相关产品“换量”等。在这些获取新用户的方法当中，我们的产品与其他相关产品之间，就形成用户上的“供需关系”——有时也称为“流量采买”。

更典型的案例出现在一些具有“实质性”的供需关系的场景中，如广告。广告是互联网产品变现所采取的重要手段之一，互联网产品会选择将自己产品中的一部分包装成广告位，如 App 的启动页、操作流程中的结果页的一部分区域等；再通过自建或者第三方的 SSP 接入广告交易平台，从而通过提供位置从成交的广告交易中获得收入。

在这样的场景中，经过一段时间的交易，每个用来展示广告的位置都会逐渐形成属于自己的“定价”。定价的高低决定着每个位置的议价能力——那些更容易帮助广告主实现业绩目标的广告位自然掌握着更高的议价能力。当然，这种能力在广告系统中，更多是由竞价算法赋予的。

可见，供应商的议价能力也会受一些因素的影响。首先要考虑的就是竞争因素，因为供应商自身所在的行业中也存在竞争。而这种竞争的激烈与否，也会受到一些因素的影响。比如，所有参与竞争的供应商自身的财务状况（特别是成本构成），以及在供应商所在的行业中是否存在来自第三方行业协会和政府相关部门的管控等。这些因素都会在很大程度上影响供应商的议价能力，并最终影响产品或企业自身的盈利能力。

2）购买者的议价能力

购买者是指那些在供应链中处在下游的企业或者个人。他们的议价能力同样受到很多因素的影响，比较典型的影响因素包括购买者自身的因素和购买者自身所处行业的竞争状态。

关于购买者的议价能力的案例，在 ToB 型的业务中比较常见，典型的就是制造业中原料的供应和购买。在直接面向个人用户的 ToC 型业务中也能看到一些有关购买者的议价能力的案例，比如，“饥饿销售”加剧了普通消费者之间的竞争，同时前期的宣传又改变了购买者的自身因素（如个人偏好和购买意愿），从而通过这两个方面削弱了普通购买者的议价能力。

3）替代品的威胁

“替代品”的概念，对互联网行业的产品经理来讲应该不陌生，毕竟我们做了那么多的竞品分析，其实就是在分析“替代品”。对一个行业或者业务模式来讲，如果其短期的盈利能力或长期的发展空间受到了广泛认可，那么在这个行业中出现“替代品”通常是不可避免的情况，人们都会“择其善者而从之”。

对于替代品的威胁，我们需要了解三方面的内容：首先，需要明白是谁在威胁自己，也就是替代品（竞品）都有谁；其次，了解它们会怎样影响自己；最后，了解它们的影响会造成怎样的后果。只有了解了这些内容，我们才能给出相应的对策。

上文中已经提到，产品经理对替代品分析不会陌生。通过替代品分析这种简单的方法，我们就已经得到了替代品的范围。之后，替代品影响的主要是用户的选择。比如，在用户的头脑中，当他们想使用某个功能或者想解决某个问题的时候，可能同时出现几种方案，并且在不同的方案中通过借助不同的产品来实现目标。如果这样的情况发生了，并且我们的产品也没有特别的优势能够确保用户选中，那么用户很可能就会选择替代品来实现目标。

正是由于替代品的存在会干扰用户的选择，因此就需要给用户更多“实惠”，如更高质量的产品、更低廉的价格、更高效的服务等，同时也包括使用红包、优惠券等临时性的刺激手段。但是可想而知，当我们为了“打败”竞争对手而采取这些措施让用户更有可能选择自己的时候，也投入了更多成本，包括资金、人力、物力、时间等。这些追加的资源投入，将会导致利润减少，也就是削弱了产品的盈利能力，同时也从侧面加剧了行业内的竞争。这就是替代品的出现带来的后果。

在了解了以上这些情况之后，我们就要考虑对策了。从上文中的描述中可以看出，替代品会影响用户的选择，并且这种选择最终会出现在用户的头脑中。至于那些有形可见的海报、广告等形式，如果没有从心理的层面“打动用户”，就只不过是一些无效的成本投入而已。那么怎样做才能“打动用户”呢？笔者将在第 4 章中关于用户需求研究的部分进行讲解。

4）新进入者的威胁

“新进入者”的概念，大家很容易理解。新进入行业的参与竞争的新产品，会产生与替代品类似的影响——进一步影响用户在多个产品或服务之间的选择，并通过这种方式开始限制行业中现有参与者的盈利能力。

更重要的一点是，新进入者往往带来了新技术和新资源，并且凭借这些新技术和新资源，新产品相比普通的替代品能够给行业中现有的产品或服务造成更大的威胁。

更有趣的现象是，在互联网兴起之后，许多原来相对“封闭”的行业现在“开放”了。越来越多的互联网产品成为“传统”行业中的“跨行业竞争者”。

比如，对于电信业在短信、电话等方面的服务，不再仅限于几大服务商之间关于网络覆盖、网速提升、通话质量等方面的行业内竞争，还有来自即时通信软件的“跨行业竞争”。特别是在即时通信软件也开始支持“语音聊天”之后，原本很难提供的通话服务，现在也可以轻松地通过软件和互联网提供了。

可见，随着技术的不断发展，“我们的竞争对手是谁”“他们来自哪里”等问题，已经变得越来越难回答了。将来某一天，或许在原本与我们毫不相关的领域中产生的优秀产品，就会开始凭借其实力争抢我们的市场份额，而它们正在使用的技术，我们则需要经过一段时间的学习、培训、招聘等过程才能够达到可以实际应用的程度。

面对激烈的竞争，现有行业中的企业也不会“坐以待毙”，会积极地考虑应对策略。比较常见的方法是设置“壁垒”，也就是通过人为设置一些阻力，来提高进入的门槛。同时，这种“壁垒”也能帮助那些已经在行业内的产品建立竞争优势。

常见的壁垒包括资本投入、规模经济、差异化、转换成本、渠道合作、法规与政策、成本结构、自然资源和地理环境等很多方面。

- **资本投入**：提到资本投入，比较容易想到的就是资本投入的限制，也就是开展业务需要大量的资本投入，通俗地讲就是比较“烧钱”的业务。对于这样的行业，如果那些想要进入的企业或者团队没有足够资本，则无法成为这个行业的“新进入者”。
- **规模经济**：指的是当新进入者自身的规模过小时，其“边际利润”过低导致无法与行业中的大规模企业竞争。因此，通过这样的办法，那些业务规模比较小的新企业，就无法对行业中现有的企业构成竞争了。
- **差异化**：指的是产品区别于其他替代品的明显程度，各大品牌都在通过各种广告或者其他宣传方法来提高用户对自家产品的“识别度”。而用户一旦记住了某款产品，那么这款产品就已经具备了足够的差异化。
- **转换成本**：是指用户因为放弃原来的选择并选用新产品而需要付出的额

外成本。如果觉得这个概念不好理解，大家可以想象租房子的场景，其中“搬家”的过程，就是一项很大的转换成本。因此，不管新进入者的产品有多么优秀，过高的转换成本也会迫使用户维持原来的选择。

- **渠道合作**：现有行业中的企业或者产品，已经与所在产业链的上下游企业和产品建立了良好的合作关系。只要这种合作关系足够牢靠，那么新进入者就会面临无人合作的困境，这也能有效限制新竞争者的产生。
- **法规与政策**：这一项很好理解，其中包括进入某个行业必须具备某种资质。比如，金融投资方面的基金代理、证券代理等业务，互联网上的支付、借贷等业务，都需要具备专门的资质。如果不具备相应的资质，那么新进入者就无法参与到这个行业当中。
- **成本结构**：除上文中提到的与业务规模相关的“边际利润”之外，在业务经营的过程中还会产生更多的基本成本，也就是“必须要投入”的成本。但是对于这种成本，已经在同一个行业中深耕多年的企业或团队已经逐渐总结出了降低的办法；同时企业员工或团队成员的熟练程度、知识储备、经验积累等方面，也会好于一家新进入这个行业的企业。这些将为现有的企业或团队带来成本控制上的优势。
- **自然资源和地理环境**：将这两个因素放在一起，是因为对互联网产品来说，这种问题似乎并不常见。自然资源和地理环境通常指的是完成一项业务所必需的自然原料，或者需要占据的地理位置。这些因素有助于业务发展，但对互联网行业来说并不是特别需要。当然，是否需要考虑这些因素，取决于自己的业务形态。

5）同业竞争者的竞争程度

波特五力模型的最后一个因素是同业竞争者的竞争程度——激烈的行业竞争将在很大程度上限制企业或产品的盈利能力。笔者在讲解前四种因素的时候，也都提到它们与行业内竞争之间的关系。因此，一个行业内的竞争是否激烈，与上述四种因素是相互影响的。

如果大家只从行业竞争程度的角度分析，企业或产品会受到以下这些因素的影响。

首先是行业内竞争者的数量。很显然行业中的竞争者越多，竞争强度就会越高。同时，如果竞争者数量不多，但大家的实力相差不大或产品同质化严重，竞争也会很激烈。关于这一点，笔者在上文中介绍替代品和新进入者的时候已经提到——竞争者越多，也就意味着用户的选择会越多，用户行为的不确定性也就越大。

其次是转换成本。如果用户能够很轻易地从一款产品切换到另一款产品，那么就说明转换成本很低。类似的案例大家可以参考各种即时通信和社交产品。如果用户在现实中的社会关系已经基本被一款产品覆盖了，那么即使有新产品出现，用户转换到新产品上的转换成本也是很高的，所以用户不会轻易转换到新产品上。一个反例就是消耗品的消费场景。对于消耗品，用户更多地关注其价格，而且在不同购买渠道之间的转换成本很低，这样就会导致不同平台之间开始打“价格战”。因此，转换成本越低，用户就越有可能在不同的产品或服务之间切换，行业内的竞争也就越激烈。

第三是行业增长率。如果行业自身的增长缓慢，那么行业中的企业或团队都会面临很大的生存压力。同时，由于没有新的增长出现，也就没有太多资源可以提供给企业或团队，而是主要通过竞争的手段从对手那里“抢夺”资源。在这样的环境中，行业中的企业或团队就要开始加紧提高自己的竞争优势，如进一步扩大用户规模、不断发掘新的业务模式等，而这些手段会导致在行业中出现更激烈的竞争。

其他一些因素在互联网行业的产品和业务层面就不太常见了，如较高的固定成本、较难达成的退出壁垒。但如果考虑到企业的层面，这些因素也是造成行业竞争激烈的重要原因。

6）竞争策略

在分析了竞争环境之后，为了在竞争中取得优势，企业通常会采取以下三种竞争策略。

**总成本领先策略：**又称“低成本策略”，这种策略与数据产品的主题比较贴近，都是为了通过降本增效来提高自身的竞争力。对于以销售为核心业务的产品形态，主要成本来源于商品的生产、仓储、运输和营销费用等；对于更偏向用户的产品，获得新用户、用户的留存、促进用户活跃等过程中的成本更为重要。如果在一开始就能获得高质量的用户，那么虽然获得新用户的成本会提高，但是后续的运营成本会降低。

互联网行业“天生”具备这样的成本优势，特别是“纯线上”的产品，如在线社交。因为这样的业务服务每位用户的边际成本极低，所以能够实现快速扩张。想了解更多关于成本的信息，大家可以参考第 1 章提到的关于“成本投入”的内容。

**差异化策略**：又称“差别化策略”，这种策略在大家的心目中比较“根深蒂固”。相关的书籍和课程，很多都在探讨差异化的问题。同时，互联网产品更易于差异化，这也得益于互联网行业的创新研发成本与传统制造业或其他行业相比较低。通过这样的创新，我们就比较容易与竞争对手形成鲜明的差异化。不过，笔者在第 4 章还会讲解，由于行业最佳实践和用户习惯等原因，目前的互联网产品在一些方面存在比较严重的同质化。

面对这样的情况，我们需要找到新的“维度”，来获得与竞争对手的差异性。这种差异性一旦建立，竞争对手需要花费很大的成本才能超越。关于差异化，笔者在第 4 章的“用户市场研究”部分再进行详细介绍。

**专一化策略**：又称“集中化策略”。专一化策略的角度与前两种竞争策略稍有不同——“总成本领先”关注的是投入产出比，“差异化”关注的是产品定位，而“专一化”关注的是受众的细分并集中于某一个细分市场。在互联网行业中，专一化策略也比较常见，如那些针对垂直细分领域的产品。经常提及的案例，如陌生人社交、短途货运、二手车、二次元等。

当然，在确定了某一个细分领域的受众群体之后，我们还要从产品上下功夫。因此，结合上文中的“总成本领先”和“差异化”两种策略，在“专一化”方面也产生了“成本集中”（“成本专一化”）和“差异集中”（“差异专一化”）。从字面意思来理解，“成本集中”是在特定受众群体上追求低成本和更高的投入产出比（如线下体验线上购买），“差异集中”是在特定受众群体上追求差异化（如“没有中间商赚差价”）。

### 3. SWOT 模型

提到 SWOT 模型，相信许多人对它并不陌生，尤其熟悉的当属 S、W、O、T 四个字母分别代表的四项内容。

- S（**Strengths**），即自身的强项、具备的优势。
- W（**Weaknesses**），即自身的弱项、处在劣势的方面。
- O（**Opportunities**），即市场中可以抓住的机会。

- T（**Threats**），即外部环境中存在的威胁。

在开始分析 SWOT 模型之前，大家应先明确模型要分析的问题。笔者在上文中讲“环境扫描”理论的时候已经提到，SWOT 模型是企业、团队或产品在将自身的资源与外部环境进行匹配时使用的工具。因此，模型中的四项内容可分为两组：内部因素与外部因素。其中，Strengths 和 Weaknesses 代表的是企业、团队或产品自身的内部因素；而 Opportunities 和 Threats 则是企业、团队或产品外部的环境因素，也就是外部因素。

与 PEST 模型一样，SWOT 模型这四个方面的因素又可以拆分为许多组成因素。比较常用的组成因素如表 3.2 所示。

**表 3.2　SWOT 模型中的组成因素**

| 因　素 | 组成因素 |
| --- | --- |
| Strengths | 有利的竞争战略和竞争态势、充足的财政来源、良好的企业形象、雄厚的技术实力、较大的业务规模和企业规模、优良的产品质量、有利的市场份额、更低的成本、专利技术、战略联盟等 |
| Weaknesses | 缺少战略导向、陈旧的软件和硬件、内部管理混乱、不掌握关键技术、研发管理落后、失控的债务、较高的成本、资金短缺、产品线过于单一、市场规划能力弱等 |
| Opportunities | 新兴市场、挖掘到新需求、市场进入壁垒解除、竞争对手出现失误或转而成为合作者、行业中出现垂直整合或品牌形象拓展的机会等 |
| Threats | 出现新的竞争对手、替代产品增多、市场规模收缩、出现不利的政策、周期性下滑、经济衰退、用户的偏好或习惯改变、人口与环境因素发生变化、需求减弱、发生不利的突发事件等 |

SWOT 模型与 PEST 模型的不同点在于，SWOT 模型中的内部和外部两组因素正好是相对的——Strengths 与 Weaknesses 相对、Opportunities 与 Threats 相对，而且内部与外部这两组因素之间也没有重叠，可以认为是相互独立的。因此，与 PEST 模型的定性分析不同，我们可以将 SWOT 模型当作一种定量分析的模型来使用，为内部因素和外部因素分别设计一条坐标轴，形成一个二维坐标系，将相关的事项或因素变成平面上的点，如图 3.4 所示。

在这个过程中，我们可以使用层次分析法（Analytic Hierarchy Process，AHP）或者其他模型对事项或因素进行打分，以此来确定它们在平面上的坐标。从可视化的角度考虑，我们还可以对每个事项进行分类，并用图形的大小来代表不同的指标，如上一阶段创造的收入等。

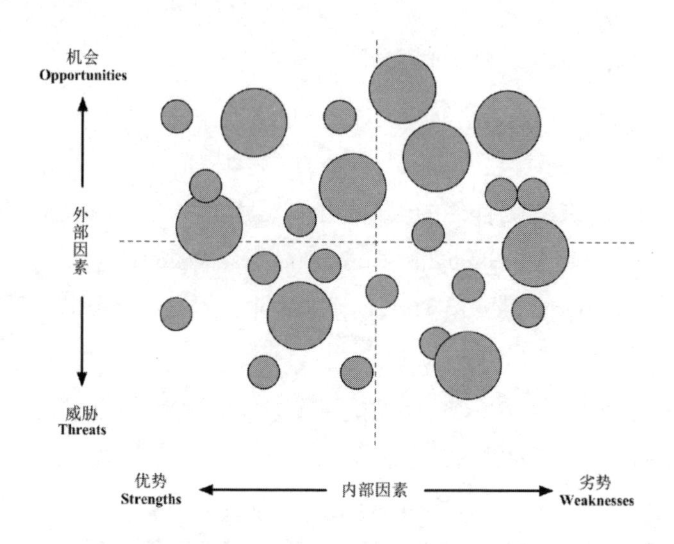


图 3.4 SWOT 模型的定量分析

至此，我们已经可以通过可视化的方式了解现状了。不过这还不是终点，我们还需要针对处在不同“象限”中的事项或因素给出相应的策略。这套分析方法，有时也被称为“TOWS 矩阵分析法”。

从字母拼写的顺序上不难发现，在基本理念上，TOWS 矩阵比经典的 SWOT 模型更关注外部环境中的机会和威胁。正因为字母拼写顺序上的颠倒，TOWS 矩阵分析法有时候也被称为“倒 SWOT 分析法”。不过 TOWS 矩阵分析法在内部因素与外部因素的组合上，与 SWOT 模型的分析方法类似。通过组合内部和外部因素，一共能得到四种策略。

- **SO 策略**，即“Strengths & Opportunities”，是在优势与机会并存的情况下采取的策略。在这种情况下应当采取“增长型策略”，也就是充分利用自身的优势，抓住环境中已经出现的机会，实现业务增长。
- **WO 策略**，即“Weaknesses & Opportunities”，是在劣势与机会并存的情况下采取的策略。此时需要采取的是“扭转性策略”。在这种情况下，外部环境出现了机会，但是抓住这种机会的关键点刚好是自身的弱势所在。在这种情况下我们会发现，努力提高自己的优势所能产生的价值，不及努力补充自己的弱势所能产生的价值。因此，在这个时候我们必须“扭转方向”，更关注自己的弱势方面。
- **ST 策略**，即“Strengths & Threats”，是在优势与威胁并存的情况下采取的策略。在这种情况下应采取“多样化策略”。原因在于，虽然我们自身具有某些优势，但外部的环境出现了威胁因素。因此，我们需要在多领域和多种产品中尝试施展自己的优势，从而规避环境中的威胁因素。

- **WT 策略**，即“Weaknesses & Threats”，是在劣势与威胁并存的情况下采取的策略。此时应采取的是“防御型策略”。在这种情况下，我们处在劣势的地位，同时环境中还充满威胁。因此，我们需要建立防御机制来保护自己，并加紧提升自己的弱项，等待环境中出现新的机会。

### 4．BCG 矩阵和 GE 矩阵

这部分有两个模型，分别是 BCG 矩阵和 GE 矩阵。下面笔者依次介绍。

1）BCG 矩阵

BCG 矩阵（Boston Consulting Group Matrix，常被翻译为“波士顿矩阵”“波士顿咨询矩阵”等）常被作为管理模型中的典型模型。但凡讲到产品经理应当具备的思维模型，通常都会给出 BCG 矩阵模型。绘制出的 BCG 矩阵如图 3.5 所示。其中的“市场增长率”（Market Growth Rate）不难理解，主要指的是销售额或业务规模的增长率；“相对市场占有率”（Relative Market Share）通常指的是自身的市场占有率与行业前三名市场占有率之和的比值。

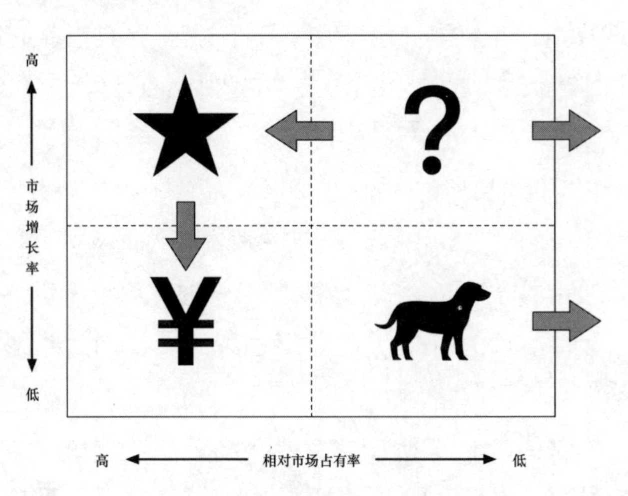


图 3.5　绘制出的 BCG 矩阵

BCG 矩阵的设计意图是帮助企业规划产品组合，以便让产品组合能够适应市场需求，并帮助企业在激烈的市场竞争中取得胜利。那么是什么因素在阻碍企业实现这个目标呢?

首先，如果企业提供的产品品种或者产品组合结构无法适应市场需求的变化，在用户的需求已经发生改变的时候，仍然在提供已经过时的产品，或者产品的组合方式不合理，那么必定被市场所淘汰。这样的案例在互联网行业中并不少见。比如，企业提供的产品并不符合用户的预期，或者企业提供的多款产品无法实现用户体验的闭环等。同时，互联网行业的快节奏更是让那些不能适应市场需求的产品快速退出历史舞台。

其次，任何企业内部的资源都是有限的。如果不能将企业有限的资源进行有效的分配，那么就无法实现企业整体效益的提升，甚至会导致企业在行业竞争中处于劣势。在互联网行业中，比较常见的情况是同一家企业提供多种业务或服务，但是包装在同一个 App 或其他产品形态中提供给用户使用。那么，如何将企业内有限的资金、人力、机器设备等资源分配给多个业务或服务，就决定了企业能否借助这些资源实现整体的快速增长。

可见，BCG 矩阵关注的是各项业务、各个产品或服务实现增长、创造价值的能力，主要手段是调整产品组合和优化企业内资源的投入。不过，这两方面的内容与图 3.5 中横纵坐标的“相对市场占有率”和“市场增长率”之间的关系似乎不太容易理解。其实，在 BCG 矩阵的背后还有两个分析模型，就是笔者在下文中会提到的“经验曲线”和“产品生命周期”模型。借助这两个模型，大家就可以理解 BCG 矩阵中的横纵坐标的意义了。

首先，相对市场占有率越高（市场份额更多），说明业务规模越大。当业务规模较大时，意味着大量的生产和工作经验会带来成本降低的效应，这是“经验曲线”的部分。其次，当市场份额和市场增长率发生变化时，意味着产品或服务处在不同的生命周期阶段，而不同的生命周期阶段意味着要采取不同的资源分配策略，这是“产品生命周期”模型的部分。

通过这两个模型在中间“架桥”，大家就可以将“相对市场占有率”和“市场增长率”，与“资源的优化分配”和“成本降低”联系起来了，从而实现设计 BCG 矩阵的最终目标——提高企业创造价值、实现盈利的能力。

在 BCG 矩阵中，每个产品或每项服务可以被称作“战略业务单元”（Strategic Business Unit，SBU）。根据 BCG 矩阵的横纵坐标，所有的产品和服务被分到四个象限（可能存在不同的中文翻译），具体内容如下。

- **“明星”（Stars）业务：市场增长率高，且相对市场占有率高。**
- **“问题”（Question Marks）业务：市场增长率高，但相对市场占有率低。**
- **“现金牛”（Cash Cows）业务：市场增长率低，但相对市场占有率高。**
- **“瘦狗”（Dogs）业务：市场增长率低，且相对市场占有率低。**

如图 3.5 所示，我们不仅可以通过定性的方式，把目前的产品或服务归入四个象限当中，也可以通过定量的方式，为每个产品或服务计算出横纵坐标，从而将它们精确地定位到平面坐标当中。

最后，BCG 矩阵依然要落实到针对四种类型的业务采取的不同策略上。图 3.5 中的箭头已经表明了这种策略的大方向。

“现金牛”型业务相对成熟，在产品生命周期中应当处在“成熟期”，所以市场增长率较低，但相对市场占有率较高。因此，这类业务通常可以为企业带来更多的收入。我们需要做的就是尽量维持这类业务的稳定运转，让它们能够持续地为企业带来现金流。这些收入可以被用来支撑其他业务，其中包括“明星”业务和“问题”业务。

“明星”业务具有较好的发展速度，同时相对市场占有率也较高，具有很好的发展前景。因此，我们需要将这类业务培养成为下一个“现金牛”业务，让它们成为盈利的重要来源。同时，在 BCG 矩阵这个模型中的一个基本假设就是更高的市场增长率意味着更多的投资。因此，凡是需要继续“培养”的业务，都意味着应追加资源投入。这也是笔者在上文中讲过的 BCG 矩阵设计意图中的优化有限资源的分配。

对于“问题”业务，情况就比较复杂了：首先，“问题”业务的市场增长率很高，这是好的方面；同时，“问题”业务的相对市场占有率比较低，这可能跟业务还比较新、缺少足够的发展时间有关。因此，对于“问题”业务，我们需要密切关注其发展动向，若它们能够发展成“明星”业务，在保持发展速度的同时市场占有率也能够逐渐提高，那么我们就将它们培养成“明星”业务。但是，如果它们始终没有在市场中占据足够的份额，甚至自身的发展速度还变慢了，可能变为“瘦狗”业务，我们就应当尽早将它们淘汰出局，也就是不再分配更多资源给它们了。

最后一类是“瘦狗”业务，这类业务不仅相对市场占有率较低，同时市场增长率也较低，属于既没有形成自己的市场地位又在原地停滞不前的业务。因此，对这样的业务进行处理很容易，就是直接停止供应更多资源，将它们淘汰。

以上就是 BCG 矩阵的大致分析思路。如果大家要采取定量的分析方式，那么除了市场增长率和相对市场占有率，投入的成本和产出的价值都需要进行量化分析，从而决定针对具体的每项业务应当投入多少资源，包括资金、人力、设备资源等。这样就能实现一个“定量”的 BCG 矩阵分析了。

2）GE 矩阵

GE 矩阵（General Electric Matrix，常被翻译为“通用电气公司矩阵”），也被称作“麦肯锡矩阵”（Mckinsey Matrix）。GE 矩阵的提出时间晚于 BCG 矩阵。之所以把 GE 矩阵与 BCG 矩阵放在一起来讲，是因为 GE 矩阵的提出，就是为了在 BCG 矩阵的基础上取长补短。

在 GE 矩阵中，采用了两个不同的维度作为横纵坐标，这两个维度分别是“企业竞争力”（Competitive Position）和“市场吸引力”（Market Attractiveness）。“企业竞争力”和“市场吸引力”分别包括的相关因素如下。

- 企业竞争力的因素：企业知名度、产品质量、技术开发能力、融资能力、管理水平、营销和销售能力等。
- 市场吸引力的因素：市场规模、盈利能力、竞争对手强弱、行业进入壁垒、市场总量，以及 PEST 模型中提到的因素等。

以上这些定性因素，同样可以通过 AHP 这样的方法转化成具有说服力的定量指标。之后，将“市场吸引力”分为“高、中、低”三个等级，再将“企业竞争力”分为“强、中、弱”三个等级，这样我们就能构建出 GE 矩阵了。常见的 GE 矩阵如图 3.6 所示。

如图 3.6 所示，经过拆分，整个区域被切分成了九个区域。对于那些落在左上角的三个深色的区域的产品或服务，我们应当采取增长与发展的策略，优先分配企业内部的资源。对于落在中间对角线上的浅灰色区域的产品或服务，我们应当采取维持现状的策略来保护规模，或采取选择性发展的策略来调整发展方向。最后，对落在图中右下角的三个白色区域的产品或服务，则应当采取停止、转移或撤退的策略，停止供给更多资源。

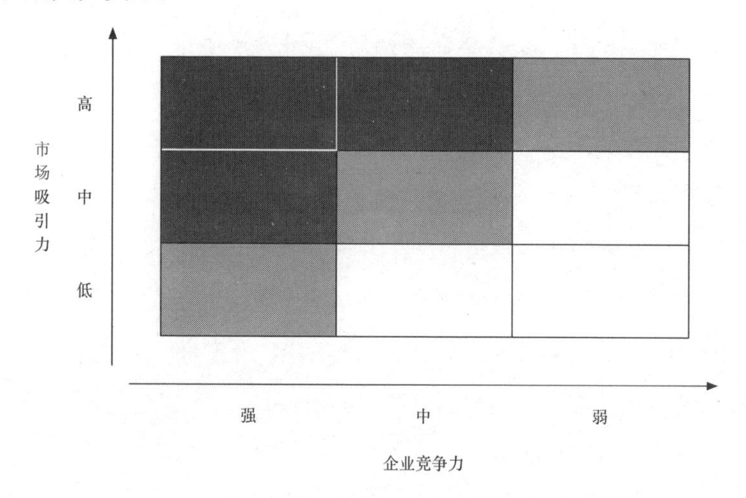


图 3.6　常见 GE 矩阵的样例

可见，在分析思路上，GE 矩阵与 BCG 矩阵有很多相似之处。不过，GE 矩阵中的企业竞争力与市场吸引力考虑了更多的因素，并且对产品或服务的分类比 BCG 矩阵模型更加详细。我们甚至可以针对图中的九个区域分别制定不一样的策略，来应对市场的变化。这体现的就是 GE 矩阵对 BCG 矩阵所做的优化了。

### 5. 产品生命周期与经验曲线

接下来介绍产品生命周期与经验曲线这两个基础模型。在上文中笔者讲到了很多商业和管理分析上的重要模型，这些模型都比较关注企业的盈利能力，并希望通过优化资源分配、降低成本这些重要手段来实现盈利的目的。另外，我们也将产品或服务的市场规模与其盈利能力联系起来，认为市场规模通过影响成本的方式，间接地影响了企业的盈利能力。那么这两个过程具体是怎样的呢？这就需要用到产品生命周期理论和经验曲线理论了。

与上文中的模型相比，产品生命周期理论和经验曲线理论是围绕具体产品展开的，而上文中的模型分析的是业务之间的关系和取舍的问题。

1）产品生命周期

产品生命周期理论（Product Life Cycle 或 Product Life Cycle Theory，PLC）由美国哈佛大学教授雷蒙德·弗农（Raymond Vernon）于 1966 年在《产品周期中的国际投资与国际贸易》一文中首次提出。

首先，大家要明确什么是“生命周期”，更准确地说是要明确这里的“生命周期”讲的是什么产品的生命周期。产品自身从创立到消亡的整个过程，并非完全属于产品生命周期关注的范围。产品生命周期理论分析的范围，从产品准备进入市场开始，到产品被市场淘汰为止。

换言之，产品生命周期指的是产品在市场上的“生命周期”。如果产品还处在研发阶段，还没有筹备推向市场，那么它还不能套用产品生命周期理论（也有一种说法，将这个阶段作为产品生命周期中的第一个阶段“开发期”来处理）；反之，如果产品已经被市场淘汰，没有人愿意继续使用该产品了，那么它的生命周期也就结束了。当然，如果没有用户愿意使用，那么能带来的利润也就变成了 0。通常这个阶段也会伴随着停产、停止维护等做法。

讲完了产品生命周期理论分析的范围，大家再来看产品生命周期理论分析的目的。在上文中笔者已经强调，产品生命周期理论是从具体产品的视角出发的。任何一家企业或者一个团队，都希望自己的产品在市场上存活更长的时间，也就是获得更长的“产品生命周期”。

更长的生命周期，意味着产品能获得更多的市场机会，可以扩大市场份额。而更多的市场份额，决定了可以获得更多的收入。因此，处在不同阶段的产品，其市场份额不同，决定了企业会给它们投入不同数量的资源，从而实现资源的优化配置。这是产品生命周期理论的基本分析过程。当然，对于互联网产品来说，比较常见的案例是在产品设计的初期更关注用户规模的积累，而在中后期才开始考虑盈利等方面的问题。

通常认知中的产品生命周期模型，如图 3.7 所示。完整的产品生命周期可以分为以下五个阶段。

**产品开发期**（Development）：如果将产品研发的过程也纳入产品生命周期管理，那么产品生命周期的第一个阶段应当是产品开发期。产品开发期的特点是：企业为产品的开发不断投入成本，但此时产品还没有真正推向市场，因此通常这个阶段的利润为负。

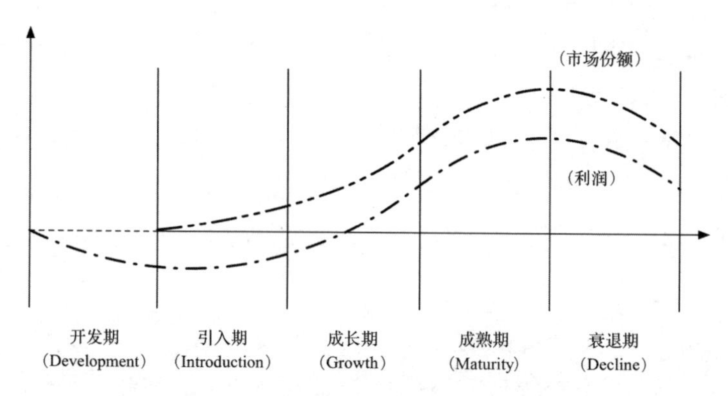


**图 3.7 通常认知中的产品生命周期模型**

产品引入期（或称“介绍期”，Introduction）：这个阶段才是常见的产品生命周期模型的第一阶段。在这个阶段中，产品开始逐渐向市场开放。因此，这个阶段产品的市场份额在逐渐增大。按照上文中的分析思路，产品能创造的价值也在逐渐增加。这个阶段的资源分配策略主要是追加资源投入。

- **对于以销售为主营业务的产品**：从这个阶段开始已经能够获得一些收入。但由于仍处在起始阶段，这个阶段的利润仍然为负，只是在逐渐向收支平衡发展。
- **对于更看重用户规模的互联网产品**：从这个阶段开始能获得一些正式的外部用户了。但这个阶段的产品接触到的主要是一些种子用户，受限于种子用户自身的规模，产品的用户基数不会有太大的提升。

产品成长期（Growth）：在这个阶段，产品与市场接触更多，同时也在寻找更多的市场机会。因此，产品的市场份额会快速增长，能够创造的价值也在快速增长。这个阶段的策略依旧是追加资源投入。

- **对于以销售为主营业务的产品**：在这个阶段，由于销售规模进一步扩大，获得的收入也逐渐增加。因此，在盈利方面，在这个阶段应当能够实现收支平衡，甚至能获得一些利润。
- **对于更看重用户规模的互联网产品**：在这个阶段，借助种子用户的反馈和自身不断地打磨，产品已经准备好向更大的市场推广。因此，在这个阶段，应着重投入更多人力、物力、财力等资源，希望能够快速获得用户和业务规模的扩大。

产品成熟期（Maturity）：产品成熟期的典型特征，就是产品的发展开始放缓。根据产品生命周期的分析思路，市场份额增长放缓，也就意味着价值创造的增长放缓，所以在资源分配上，主要采取维持现有投入规模的策略。另外在一些说法中，在这个阶段的后期，还会分化出一个“产品饱和期”（Saturation）。“产品饱和期”指的是销售额不再增加也不再减少的阶段，对于互联网产品来说，就是用户规模不再扩大也不会缩小的阶段。

- **对于以销售为主营业务的产品：**在这个阶段，主要表现为销售额的增长放缓。销售额增长放缓的背后，则是市场（消费者）对产品的需求在减弱（关于需求，笔者在第 4 章会进一步介绍）。
- **对于更看重用户规模的互联网产品：**在这个阶段，用户量的增长也会放缓。产品自身的困境，包括无法更有效地获得新用户，也无法更有效地促进现有用户的活跃行为。如果在这个阶段，企业或团队能够针对产品和用户找到新的增长点，那么产品可能在新的增长点上回到“产品成长期”的阶段。此外，现有的比较常见的产品案例，都会在这个阶段借助较大的用户基数开始考虑变现的问题。

产品衰退期（Decline）：这个阶段出现在产品的发展完全停滞不前之后。如果在产品停滞不前的情况下，企业或团队不能找到有效的办法来扭转这一局面，那么产品的态势就会走向恶化。同时，市场份额的下降也会导致所创造价值的下滑，所以这个阶段的整体资源分配策略就是减少投入。

- **对于以销售为主营业务的产品：**这个阶段开始出现销售额下滑，利润减少。同时，如果出现了其他问题，如生产产品的设备出现老化或故障、原有的组织管理方式不再适用而造成组织低效等，那么维系业务的成本也会随之提高。这两个方面的因素放到一起，就会导致利润的加速下滑。
- **对于更看重用户规模的互联网产品：**在这个阶段，维持用户规模的成本变得更高，而用户已经与产品之间形成了比较固化的联系，很难改变。同时，如果市场上已经出现了更好的“解决方案”，也就是更好的“替代品”，那么这个阶段的用户流失量会激增，用户整体规模开始加速收缩。

可见，在产品生命周期中，不同的阶段都有自己鲜明的特点，企业或团队在不同的阶段都会面临不同的挑战。因此，针对不同的阶段，产品生命周期理论也给出了相应的应对策略。

**产品引入期策略**：在产品引入期，主要目的是让种子用户尽快接触并习惯产品。因此，在这个阶段可以采取营销学中经典的 4P、4C 等营销理论，以便帮助用户快速了解产品，也帮助产品快速找到合适的种子用户。关于这些营销组合，笔者会在 3.3.2 节中进行详细介绍。

比较常见的一种策略，同时也是比较固化的一种策略，是将 4P 中的“价格”（Price）和“促销”（Promotion）这两个方面单独拿出来进行组合。这里的“促销”不仅是金额上的优惠，还包括通过各种宣传手段进行产品推广等。价格的高低决定了我们是以追求利润和用户质量为主，还是以扩大市场规模和用户规模为主；促销力度的大小，决定了整个引入过程（介绍过程）是“速战速决”还是“持久战”。因此，根据价格的高低和促销力度的大小，可以分为四种常见的引入期策略。

- 首先是“**快速撇脂策略**”（又叫“**快速掠取策略**”，Rapid-Skimming Strategy），指的是采用高定价（或者较高门槛），同时采用较大的促销推广力度的策略。采用这种策略的目的在于在目标用户群体中迅速获得较高利润，并快速圈定最优质的用户群体，即所谓的“撇脂”。当然，这样做的前提是市场有足够强烈的欲望和需求，或者需要快速在激烈的竞争中获得竞争优势。
- 其次是“**快速渗透策略**”（Rapid-Penetration Strategy），指的是采用较低的定价，同时采用较大的促销力度的策略。通过这样的方式，能够快速获得较高的市场占有率。互联网产品经常采用这样的推广方式，“饥饿销售”中用到的亲民价格和品牌情怀，则是这种策略的具体应用。
- 再次是“**缓慢撇脂策略**”（又叫“**缓慢掠取策略**”，Slow-Skimming Strategy），指的是高定价，但促销推广力度较小的策略。很显然，这种策略的目的还是在于盈利，只是不再通过较大的推广力度来实现“快速”了。这样做的大前提有两个：一方面是“不能”，另一方面是“不必”。“不能”指的是产品自身的受众比较有限，属于“小众产品”，因此再大的推广力度也无法扩大用户规模，同时更多的推广也不能增加用户的重复转化，也就是“需求弹性”较小。“不必”指的是目标用户群体本来已经对产品有认知，因此不必过分推广，同时企业或产品自身也没有面临太强的竞争威胁，不必“急于求成”。

- 最后是“**缓慢渗透策略**”（Slow-Penetration Strategy），按照之前几种策略的命名“规律”，这一种指的就是采用较低的定价，同时促销力度也比较小的策略。采用低价的原因可能是用户对价格比较敏感，或者市场整体的价格竞争比较激烈。采用低促销力度，可能是用户对产品特性的感知不够强烈，或者市场规模本身足够大，不需要应对激烈的竞争。这也是采用这种策略的前提。

**产品成长期策略：**产品成长期着眼于销售额的快速增长，或者用户规模的迅速扩大。因此，从“最直接”到“最长远”，我们可以依次采取以下几种策略。

- 最直接的策略，对于以销售为主营业务的产品，就是**降价**。在各种超市和卖场中，我们对这种策略已经习以为常了。各种“办卡”业务，采用的则是直接赠送一些实用的生活用品的办法。在互联网产品中，具体玩法则是给用户一些利益点，如优惠券、赠送课程、赠送实物奖品等。
- 相对直接的策略，是**调整推广的方式**。比如，从原来的直接面向具体用户推广，改为基于社交网络的邀请（即所谓的“裂变”）；或者针对不同的用户群体，宣传产品的不同侧面的优点等。
- 相对长远的策略，是**找到更适合产品的、更高价值的用户群体**。在常见的产品运营分析中，所谓的用户画像、用户标签等工具就是这种策略的具体应用。同时，这种策略就像寻找“宝藏”，我们可以与高价值的用户群体不断地进行深入合作。
- 最长远的策略，就是**提高产品的用户体验，也就是真正提高产品自身的质量**。比如，从产品自身的功能迭代，到交互中的信息组织的优化，再到业务模式的整体升级等。

**产品成熟期策略：**产品在进入成熟期之后，不管是追求利润还是追求用户规模，都会受到一些阻力。为了获得新的利润或用户规模的增长点，我们不能再像产品成长期那样，做一些相对较小的调整，而是需要对产品和推广做较大的调整。主要包括以下三个方面。

- 对于产品自身，需要做较大的调整。经过快速增长，我们面对的来自用户的具体诉求更加“复杂”了，也就是在原本的核心需求之外，开始出现更多的“边缘诉求”，这是任何一个经过了用户规模扩大的产品都无法避免的。因此，我们需要对这些林林总总的诉求重新进行分析，找准核心需求以及核心目标的用户群体。与此同时，必然伴随着产品上的较大调整。
- 对于用户群体本身，我们也要尝试发现还未开拓的用户群体。但在互联网产品当中，由于产品在满足需求上已经足够聚焦，并且产品研发成本相对于实物产品也比较低廉，因此当面对需求差异较大的两个用户群体时，通常都采取把产品包装成两种不同的形式来分别满足不同的诉求。这方面的案例，可以参考一些产品线较多的大企业。
- 最后，为了解决销售额或用户规模增长的问题，我们还需要从团队入手，调整团队推广产品的方式。这其中可参考的模型和方法，笔者将在 3.3.2 节“常用营销组合及其关系”中具体介绍。

**产品衰退期策略：**对于已经进入衰退期的产品，在策略上会更多从降低成本的角度考虑。首先是控制推广成本，也就是停止较大规模、较大力度、较长时间的推广活动，以节约成本。其次，在用户的选择上，也倾向于那些已经被验证的高价值的用户，而不再针对较大范围的用户群体获得新用户或促进用户活跃了。当然，比较消极的应对方法就是保持现状“放任不管”，让产品自己逐渐走向消亡；也可以“当机立断”，立即决定让产品下线或退出市场，以便将更多的资源投入其他产品当中。

最后，关于产品开发的阶段，笔者放到本节下文与“6. 项目管理”相关的内容中再详细讲解。

2）经验曲线

在上文提到的各种模型中，我们都会把业务规模、市场占有率这些因素放到一个很重要的位置，并且认为它们能够反映业务和产品的成本情况，并间接决定了业务和产品的盈利能力。这是为什么呢？为什么业务规模或市场占有率与成本之间能够建立起联系呢？这就要靠“经验曲线”来解答了。

我们先来认识一下“经验曲线”，如图 3.8 所示。图中的横坐标指的是产品累计总产量，纵坐标指的是单位产品生产成本。因此，图 3.8 说明了一个很简单的现象：随着产量的增加，生产单位产品需要的成本在降低。这个根据大家日常的生活经验也很容易理解：只要不断地练习、积累经验，那么一件事做起来就会越来越快、越来越轻松。这类似于大家经常谈及的“刻意练习”。

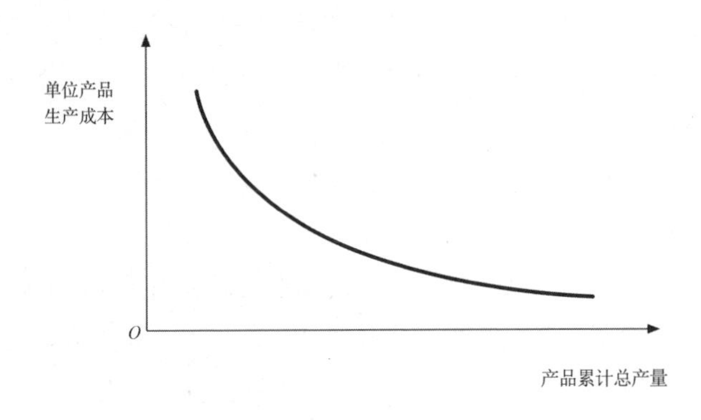


**图 3.8　经典的经验曲线**

经验曲线全名为“波士顿经验曲线”（BCG Experience Curve，又称“经验学习曲线”“改善曲线”等），与 BCG 矩阵来自同一家公司。经验曲线反映的是生产成本和累计总产量之间的关系，由波士顿咨询公司（Boston Consulting Group）的布鲁斯·D. 亨德森（Bruce D. Henderson）于 1960 年发现，并在 20 世纪 70 年代受到广泛关注。

不过，经验曲线所描绘的成本下降过程，不能直接与“规模经济效应”等同，只是有关而已。“规模经济效应”描述的是市场规模扩大，或者互联网领域的用户规模不断扩大，但企业服务市场或用户的固有成本几乎没有改变，如机器设备、房屋水电、人员雇佣等。因此，只要用户规模增大，平摊到每位用户身上的成本和新增用户的边际成本就会一再降低，直到接近于 0。这是“规模经济效应”的思路。经验曲线的思路包括以下两个方面的内容。

**学习曲线效应**（Learning Curve Effect）：这是一条曲线，不过它描述的内容很简单，指的是效率会随着经验的不断积累而逐渐提升。这里的学习，主要得益于不断的实践，从实际的工作和生产中得到宝贵的经验。最终实现的效果，包括产品的不断改进、人员的专业度提升、管理更加高效等。

**规模经济效应**（Scale Economies Effect）：这里的规模经济效应主要考虑的是，规模经济效应将业务规模扩大后，为企业或团队提供了更多的业务实践机会，从而促进人们实现学习曲线效应，使成本不断降低、效率不断提升。

这两个方面合并起来，才是经验曲线描述的成本下降的分析逻辑。在这样的分析思路的支撑下，对于互联网行业来说，一方面规模经济效应在进一步降低服务每位用户的成本，另一方面也在促使互联网从业者快速积累相关经验、促进产品迭代和优化。

### 6．项目管理

对于具体的产品来说，项目管理是从另一个维度对产品进行拆解。在拆解之后，产品通常就可以直接与具体的成本投入、参与人员、耗费工时、工作内容等关键信息联系起来。

由于项目管理是一个庞大的体系，笔者在这里只介绍项目管理中的六种经典研发模型及其各自的特点。

1）瀑布模型（Waterfall Model）

瀑布模型是一个既经典又“古老”的研发模型。从项目研发过程的角度看，这种模型几乎没有流程分支，整个过程“平铺直叙”地进行，直至项目结束。

在瀑布模型中，一个研发项目通常需要经历项目计划、需求分析、概要设计、详细设计、编码、单元测试、集成测试、运行维护等阶段。瀑布模型的各个阶段应严格按照顺序执行，每个阶段的必要输入都是前一个阶段的产出或者交付物，因此必须等前一个阶段实际完成，才能开始下一个阶段。

这样做的问题也很明显，一旦中途出现任何问题，整个项目就必须暂停，首先对之前出错的部分进行返工，然后继续执行后面的工作。但凡有一些互联网工作经验的朋友都知道，互联网行业中的需求变化很频繁。因此，如果采用这种方式，那么这个项目可能永远也结束不了。

另一个问题在于，所有的计划工作在最开始的阶段已经完成了。虽然在计划中针对可能出现的变更风险做了预判，可是一旦出现不可控的风险，那么整个项目将面临进度停滞、成本超支、损害用户利益等严重后果。

对于这些问题，如果我们追本溯源，它们的根源应当在需求分析的部分，但可能直到测试甚至交付成果的时候才被发现。于是，只好通过工期调整、返工、加班等方式来弥补了。可见，这种方式缺乏对前期分析和设计工作的质量控制，或者说并不能有效地应对当下的行业特点。

2）V 型模型（V-Shaped Model）

为了避免出现瀑布模型中的问题，V 型模型将整个流程“对折”。这样每一个分析和设计的阶段，都有一个实施的阶段作为验证和保证。在图示上，整体呈现出字母“V”的形状，因此得名。

在 V 的左边一半，由上到下依次是需求分析、概要设计、详细设计、编码；在右边的一半，由下到上依次是单元测试、集成测试、系统测试与验收测试。它们之间的对应关系如下。

- 用单元测试保证编码质量。
- 用集成测试保证详细设计的质量。
- 用系统测试保证概要设计的质量。
- 用验收测试保证需求分析的质量。

经过这样的设计，我们可以通过一环环的质量保证，确保最终交付给用户的成果是符合预期的。不过这样的方式仍然不能令人满意。第一个问题是整个流程依旧太长，即使我们在单元测试的阶段就发现了问题，前面的分析和设计工作也需要返工。第二个问题在于，如果在研发工作进行到一半的时候，需求层面出现了合理的变更，那么依然会出现类似于瀑布模型中出现的问题，需要整个“大返工”。

3）原型化模型（Rapid Prototyping Model）

为了解决 V 型模型中的问题，基于产品模型的原型化模型产生了。原型化模型的工作方式，就比较接近现在互联网行业的工作方式了，并且与目前产品经理的日常工作比较贴近。

第一步就是创建一个快速原型（如使用 Axure RP、Sketch 等工具软件，或者墨刀、摹客等在线平台），原型的设计需要能够让干系人与种子用户同原型进行交互，并能够通过原型对未来的产品形成基本认知。之后，通过与干系人或种子用户进行充分的讨论和分析，逐步确认真实需求，最后在原型的基础上开发出用户满意的产品。不过这种基于原型的模型，只是在早期通过接近最终效果的产品原型来摸清真实需求，并非像迭代过程中那样频繁地修改原型。因此，原型化模型能够解决

V 型模型中的发现问题周期过长的问题，但是仍然无法很好地解决合理性需求变更的问题。

4）螺旋模型（Spiral Model）

提到螺旋模型，我们已经能看到一些迭代模型的影子了。同样是将产品或项目的研发过程拆分成几个依次实现的阶段，并在每个阶段实际开始之前，加入一个风险评估的环节。一个“螺旋”由制订计划、风险分析、实施工程和客户评估四个阶段组成。而实际实施过程，与上文中的瀑布模型仍然没有什么区别。

因此，螺旋模型与其他几个模型的最大不同，当属增加并强调风险分析。在实施的过程中，增加了识别风险、分析风险和控制风险的过程。所谓的风险，通常表现为一些不确定的关键点。在项目结束时，这些关键点应当已经被逐个确认过了。

5）迭代模型（Iterative Model）

迭代研发过程也被称作“增量式研发”或“进化式研发”。它不再是传统的“从头至尾”地执行，而是将整个项目过程拆分为若干个迭代，每个迭代都会包含初始阶段、细化阶段、构建阶段、交付阶段等基本阶段。

与螺旋模型相比，迭代模型更关注项目实施的效率。通过迭代的方法，往往能够更快速地将项目成果交付到用户或干系人的手里。不过就迭代模型本身来讲，关注点还是如何高效地完成项目任务。而笔者接下来要介绍的敏捷模型，则是从价值的角度出发来思考问题。

6）敏捷模型（Agile Model）

最后，笔者来介绍敏捷模型与敏捷项目管理。其实迭代模型与真实的敏捷项目实施过程已经很接近了。敏捷模型是本着强调交付用户价值、强调适应项目的实施环境、强调应对变化、强调沟通和合作等理念对项目实施过程进行的规划、拆解和评估等一套工作方法。常说的敏捷项目管理，是基于敏捷模型的理念和方法形成的一套项目管理方法。敏捷模型的这些理念是处在迭代模型这种具体实施方法之上的指导思想和宏观目标。

敏捷模型和敏捷项目管理的理念具有很强的适应性和灵活性，与其相关的各种工具和实践，大家在日常工作中多少都能接触到，如每日站会、由栏位和任务卡片组成的项目工作看板、代表剩余工作量的燃尽图等。这些工具都来自敏捷项目管理的理念。同时，也有不少研发团队在尝试使用相对完整的一套敏捷项目管理模型，如应用广泛的 Scrum。Scrum 本身就由一系列敏捷实践组成。

“敏捷实践”指的是一系列符合敏捷项目管理理念的工具、方法的集合。比如，上文中提到的每日站会，就是一种敏捷实践；相关的项目管理工具、各种会议和讨论等，这些都可以算作敏捷实践。目前已知的敏捷实践多达上千种，而且还在不断增加。其实面对这种现象我们也不必感到意外，敏捷理念本身就是在强调实践、强调积极应对变化、强调适应。因此，每个团队都可以根据自己的具体情况，对那些已经存在的工具和方法进行或大或小的调整，这样就可以开发出一种新的工具。

可见，敏捷模型自身也具有很强的开放性和包容性，通过这样的方式来最大限度地适应不同的环境、适应市场需求的变化，以便最终实现用户价值的交付。

### 3.3.2 常用营销组合及其关系

笔者在上文中已经提到了 4P 和 4C 两种营销理论。其实，虽然 4P 和 4C 营销理论十分经典，但随着营销学自身的发展，以及社会的快速变化，已经有许多后续的模型被提出，它们更贴近当下的环境，并给出了各自的思考角度。

这些思考角度的组合，或者可以看作一些市场营销中的关键因素的组合，被称作“营销组合”（Marketing Mix）。“营销组合”的概念最早于 20 世纪 50 年代由哈佛大学教授尼尔·H. 鲍顿（Neil H. Borden）提出。

“营销组合”背后的分析思路是，市场需求在一定程度上会因为某些“营销变量”或“营销要素”而发生改变。大家把这些能够影响到市场需求的关键变量放到一起，就形成了“营销组合”。其中，4P 和 4C 营销理论是经常被提到的两种营销组合。

必须要强调的是，一个新的营销组合的提出，并不意味着原有的营销组合就被“废弃”了。如果回到“影响因素”的角度，就会比较容易理解这个问题。在不同的场景中，影响客户行为的因素必然不同。因此，原有的营销组合也会有自己适用的场景。

下面笔者就分别介绍各种营销组合理念。

### 1. 4P营销理论

4P营销理论（The Marketing Theory of 4Ps）出现得较早，在20世纪60年代被提出。当时的理念认为市场需求主要受以下四个方面的因素影响。

- **产品**（Product）：包括功能、配套服务、品牌、外观设计等。
- **价格**（Price）：包括定价、折扣、支付手段、金融服务等。
- **渠道**（Place）：包括分销渠道、运输物流、仓储等。
- **促销**（Promotion）：包括广告、营销、公共关系等。

如果从今天互联网行业的角度看，这种营销理论最明显的一个缺陷就是忽略了“客户”（即“用户”）。不过，经典的4P营销理论在单纯的产品生产和销售过程中，仍然具有参考价值。

### 2. 4C营销理论

在4P营销理论盛行几十年后的1990年，才出现了与之对应的4C营销理论（The Marketing Theory of 4Cs），由美国学者罗伯特·劳特朋（Robert Lauterborn）提出。在4C营销理论中，提出了另外四个完全不同的影响因素。

- **客户**（Consumer）：关注客户的实际需求，并针对需求来提供产品，从而创造“客户价值”(Customer Value)。
- **成本**（Cost）：除了关注企业为了满足客户需求所需要的成本，还要关注客户为了让自己的需求得到满足而愿意付出的成本，通常包括花费的资金、时间，以及耗费的体力和精力等。
- **便利**（Convenience）：要降低客户的成本，包括更广泛的分销渠道、更合理的价格、更容易识别的包装、更便于使用的产品设计等。
- **沟通**（Communication）：企业要与客户进行有效的“双向沟通”，尝试与客户建立“共同利益”，从而最终实现“双赢”。

可见，4C营销理论的视角从4P营销理论的产品视角完全转向了客户的角度。这种转变的大背景，是产品生产效率的提升、分销效率的提升和媒介传播效率的提升。在这些变化之下，客户对销售结果的影响越来越大，所以我们不能只关注产品方面的因素，还要多关注客户方面的因素。

不过如笔者在上文中所讲，4C 营销理论的出现并不是要让 4P 营销理论退出历史舞台，而是恰好与 4P 营销理论形成互补——分别从产品和客户的角度，来分析影响客户需求的因素。并且，其中的两组因素也可以一一对应。

- **产品**（Product）与**客户**（Consumer）对应：企业关注的视角从生产高质量的产品，变为生产符合客户需求的产品，从而创造"客户价值"。
- **价格**（Price）与**成本**（Cost）对应：定价（价格）是企业实现盈利的重要手段；而企业在转变为关注成本之后，就从"希望客户支付多少"转变为"研究客户愿意支付多少"，开始考虑客户的心理和行为等方面。
- **渠道**（Place）与**便利**（Convenience）对应：在分销渠道的视角下，关注的是如何让企业提供的产品高效地传递到客户手中；在便利的视角下，关注的是客户如何高效地得到产品，从关注分销的成本转变为关注客户获取产品的成本。
- **促销**（Promotion）与**沟通**（Communication）对应：促销的信息传递过程是单向的，而沟通强调的是"双向信息传递"，企业需要从客户那里得到更多信息，客户也希望得到企业的更多信息。

通过这样的对应我们发现，4C 营销理论的重要性在于它从客户视角来思考问题。通过 4P 营销理论与 4C 营销理论的结合，我们就覆盖了商业行为中两个核心的参与者。

### 3. 4S 网络营销组合

提到 4S，有两个与之相关的模型。一个是"4S 服务"，包括以下四个方面的内容。

- **满意**（Satisfaction）：让客户满意是最终目标。
- **服务**（Service）：始终保持良好的服务态度，微笑服务。
- **速度**（Speed）：不让客户等待，高效服务。
- **诚意**（Sincerity）：强调服务人员的服务态度。

不过，"4S 服务"这套理论偏离了执行层。因此，我们要更着重地探讨另一个与 4S 相关的模型，那就是"4S 网络营销组合"（4S Web Marketing Mix）。"网络"这个词已经表明，它与现在的互联网大环境更贴近。

4S网络营销组合在1997年前后被提出，之后很快在国内就出现了“第一笔网上订单”，标志着“电子商务时代”的来临。恰好，4S网络营销组合就是为这种B2C的模式“量身定做”的。它由四个因素组成，每个因素的英文拼写均以S开头，基本上覆盖了与B2C业务相关的关键因素。

- **范围**（Scope）：市场分析、客户分析、企业内部分析、产品定位等。
- **站点**（Site）：这一项与具体的产品相关，如果在今天就应当被称作“产品形态”，除了网站还应当包括App、小程序、公众号等，涵盖了设计层面、功能层面和运营层面等方面。
- **协同**（Synergy）：“协同”具体指不同模块之间互通有无，并最终形成一个有机的整体。用一个当下比较流行的词来概括，就是“整合”，尤其体现在“资源整合”方面——向前整合与客户接触的环节，向后整合与底层系统相关的环节，横向整合第三方合作伙伴等。
- **系统**（System）：这一项是纯粹的技术因素，包括软件、硬件、域名服务、机房接入、数据中心等。

### 4. 4V营销理论

4V营销理论（The Marketing Theory of 4Vs）产生于20世纪80年代，由国内的学者（吴金明等）提出。其时代背景是当时的高科技产业迅速发展，各种提供高科技产品和服务的企业不断涌现。因此，营销理念也必须根据这样的大趋势进行更新迭代。

4V营销理论由以下四个方面构成。

- **差异**（Variation）：客户是千差万别的，应当用不同的产品满足不同的客户。在上文中关于竞争策略的部分，笔者也讲到了类似的“差异化策略”。
- **功能**（Versatility）：科技产品相对于传统的实物产品，更强调组件化、模块化。在产品的生产方式上，由于实现了组件化、模块化，也就更容易在具体功能之间做取舍：优先提供基础性的必要功能，再逐步丰富外围功能，最终在客户那里实现一个全功能产品的整合。这种方式在4V

营销理论中被称为“功能弹性”。

- **价值**（Value）：当代企业的产品所包含的价值，可以拆分为基本价值和附加价值两部分。基本价值与产品的生产过程相关，可以用经典的公式“社会产品价值=$C$（不变资本）+$V$（可变资本）+$m$（剩余价值）”来概括；附加价值包括产品销售之后的技术附加值、服务附加值和企业品牌价值三部分。
- **共鸣**（Vibration）：指的是将企业的价值创新能力与客户获得的价值联系起来，以实现“最大限度地满足客户”的目标来发展企业的价值创新能力。一个简单的案例，就是通过技术创新来不断优化客户使用互联网产品的体验。

### 5. 4R营销理论

4R营销理论（The Marketing Theory of 4Rs）出现于21世纪初，它结合了4P营销理论和4C营销理论所代表的产品和客户两个方面，也涵盖了上述模型中强调的企业与客户关系的视角，将重点放在了“关系营销”方面，重在建立客户的忠诚度。

4R营销理论由以下四个方面构成。

- **关联**（Relevance）：指的是企业和用户之间的关联，强调企业与客户是利益共同体，应当建立长期的互利关系。
- **响应**（Reaction）：企业的商业模式是否成功，依赖于其能否反映出客户的根本需求。因此，企业需要具备洞察客户诉求并响应其变化的能力。
- **关系**（Relationship）：业务发展的着眼点，已经从促成一次交易变成了与客户建立长期稳定的合作关系。这在互联网行业也是基本的尝试，主要的监控指标如留存率，主要的手段如促进用户活跃、唤醒、召回。因此，企业需要关注长期利益、邀请客户参与生产过程、寻找与客户之间的共同利益点，并切实着眼于企业与客户的长期关系。
- **回报**（Reward）：这里强调的是企业在与客户建立了长期的互动与合作关系之后，就能从中获得合理的回报。这是促进企业维护关系的动力，也是营销的根本目的。

通过以上介绍我们不难发现，这些距今时间较短的模型，与当下的互联网思维和方法越来越接近了。其中的“邀请客户参与生产过程”“维护长期关系”等理念，与当前的互联网行业的思维方式如出一辙。

#### 6．4I 营销理论

4I 营销理论（The Marketing Theory of 4Is）指的是由清华、北大总裁班网络营销授课专家刘东明提出的关于社会化媒体营销的四个原则，其关注点与当下的互联网行业环境最为贴切，甚至在用词上都与当今互联网行业基本一致。

- **趣味**（Interesting）：趣味性代表了当今互联网产品的内容特性，以趣味性为主，通过文字、图片、视频等多种方式呈现。
- **利益**（Interests）：利益是当今促进客户互动的主要手段，甚至是唯一手段，包括物质和精神两方面。最常见的当属各种优惠券（物质），以及各种“标题党”和吸引人的文案（精神）。
- **互动**（Interaction）：互动性代表了互联网产品形态的特点，也是与电视、广播等传统媒体的最大区别。即使是一个广告，也可以做成小游戏的形式，邀请客户一起互动，创造“参与感”。
- **个性**（Individuality）：个性化是互联网产品相对于其他行业的产品最能运用自如的一点。计算机技术为个性化降低了边际成本，让我们能够以个性化的方式服务好每位客户。而近些年的机器学习和 AI 的发展，也为个性化效率的提升铺平了道路。

4I 营销理论是与互联网行业最接近的一个模型，与当今的产品运营工作息息相关。其中的四个方面正好可以作为日常运营工作的大方向。当然，最终的目标还是要从各个方向提升产品的市场竞争力。

## 3.4 本章小结

本章从业务的目标、实现思路、管理和运营的模型与思维框架这四个角度，帮助大家了解“业务究竟是什么”。如果只看到表象，大家既不能理解业务中的一些看上去“不合常理”的决策，也不能很好地支撑这些决策的执行，更不能在业务的下一步动作之前未雨绸缪，只能被动地接受一次次的需求堆积而无法自拔。

对于数据产品经理而言，了解业务的本质同样十分重要。在一个数据治理水平足够好的团队中，数据应当能“事无巨细”地反映业务的各种关键方面，甚至大家能从数据当中洞察那些人们想不到的信息、预测那些未来才会产生的问题等。这些不仅仅是数据层面的事情，还需要与业务深度结合才能实现。

在第 4 章中，笔者将尝试把业务层面的诉求与数据层面关联起来。在这个过程中，需要用到更多的模型，才能把两个看似毫不相关的方面关联起来。

# 第 4 章

## 业务的数据诉求

在前一章中，笔者详细讨论了业务搭建和产品发展的根本目标，并从不同的目标切入，分析了几种指导目标实现的思想，以及在不同思想下为了实现目标而要做的事情。

本章的主要内容，重新回到数据应用的层面。在这一章中，笔者要介绍在前一章讲到的业务的指导观念中，有哪些具体的、需要由数据产品来支撑的诉求。本章将从用户市场研究、业务形态研究和综合能力升级三个方向来解析业务层面对数据和数据产品的诉求。

首先，笔者会介绍关于用户和市场的研究。在任何业务的进行过程中，对用户和市场的研究都会伴随始终，其是业务发展的坚实基础，为业务发展提供动力，给数据应用提出更明确、更关键的诉求。

其次，笔者会介绍业务形态优化的过程。这个过程是业务的自我迭代，目的在于通过不断完善业务形态，为用户和市场提供更好的产品和服务。这部分业务工作同样对数据应用有强烈的诉求。

最后，笔者来介绍综合能力提升对数据产生的诉求。这部分笔者会从数据分析的基本方法论谈起，直至系统固化和团队赋能的环节。此外，笔者讲解了现有的工具软件和数据应用系统有哪些，以及在数据产品经理的实际工作中，有哪些环节仍然是“空白”，需要通过新的产品或者功能来满足。

## 4.1 用户市场研究

对用户的研究由来已久，也始终是互联网行业的业务和产品研究中的重要组成部分。正因为这样，经常能够看到有些团队致力于围绕用户关联更多更丰富的数据，有些团队热衷于分析用户行为数据中的规律性，也有些团队在尝试通过结合基础数据和算法向用户推荐可能感兴趣的内容等。因此，在本节中，笔者就深入地讨论从用户和市场研究的角度会获得哪些诉求，以及有哪些环节需要由数据产品来支撑。

对用户的研究，大多数都是围绕着用户需求展开的，也就是希望能够越来越清晰地知道用户需要什么，并且将这些有价值的洞察融入业务和产品当中；而对更加宽泛的市场的研究，则会偏重于研究市场规模有多大、其中大家的业务和产品占了多少市场份额这样的问题，以便进一步分析是否还有拓展的空间，应该向何处发展等。

在本节中，笔者将关于用户和市场研究的内容，分为三个部分，包括需求分析的目的，需求的分层、定位和评价，以及需求洞察的传播和贯彻。

要讲解需求分析，比较简单而直接的方法就是依照“日常工作流程”来讲解，包括从收集需求、整理需求、分析需求，到整理需求文档、召开需求评审会、使用表格或其他工具来建立需求池并管理实施进度等。

但是，这种工作流程是一个非常理想化的过程。在实际落地执行中，总是容易遇到这样或那样“意想不到”的问题。比如，大家可能会觉得其中一些步骤只是简单的落地过程，只需要细心执行就可以。比如，“写文档”。但是有的过程是需要进行多方协调、平衡多方利益、融合多方观点的十分复杂的过程。比如，“分析需求”的过程就是这样，其中的重要性和复杂度，能占到整个需求分析过程的 60%~80%。如果这种“重量级”的步骤搞不定，简单的步骤做得再好也无济于事。

因此，在“需求分析流程”中，有些环节需要重点关注，甚至应该单独提取出来，当作一个复杂的过程来分析。同时，由于营销学在用户和市场方面的研究较为完善，因此本节引用了大量关于营销学的基础知识。如果感兴趣，可以继续通过相关的书籍深入学习这些营销学方面的基础知识。

当然，在开始详细分析每一个工作环节之前，笔者先要给出本书关于需求分析目的的观点。

### 4.1.1 需求分析的目的

本章的全部内容，都是为了使大家能更清晰地了解业务层面对数据的诉求是什么。而需求分析在业务分析和优化的场景中，是关键性的内容之一。按照分析的逻辑性，笔者先从需求分析的目的开始讲解。

图 4.1 App 常用的页面布局设计

为什么要做需求分析？如果笼统地回答“是为了优化业务和产品”，这对大家的后续工作来说，没有任何具体的指导价值。并且，通过观察大家还会发现一个有趣的现象：当某些业务和产品实现了快速增长并博得了大家的眼球之后，这些业务和产品中的业务模式或者产品设计，就会像“行业圣经”一样成为大家的重要参考甚至设计准则。而当越来越多的业务和产品开始因此变得越来越相似的时候，也会有越来越多的人开始分析这种模式背后到底满足了什么需求。

比如，图 4.1 所示的这样的设计，就已经被大量的 App 采用了。那么是否可以根据这种广泛使用的现象而下结论：所有采用这种设计的 App 必定都满足了同一种用户需求。其实不然。我们需要进一步把所有采用了这种设计的 App 分成“先行者”与“追随者”两类。

先行者指的是那些勇于尝试新方案的业务和产品，比如，那些最先采用图 4.1 所示这种布局设计的产品，还包括其他在这种设计被广泛使用之前就开始采用它的产品。追随者则是那些在这种设计方案已经广泛使用之后，才开始使用这一方案的产品。为什么要区分开？因为它们要解决的问题是不一样的。

先行者采用这种设计，确实是基于一些自己对信息组织和用户思维习惯的理解，并且随着产品自身的推广应用，也从侧面起到了引导用户的作用。而追随者采用这种设计，则应当是在迎合用户，因为用户的使用习惯已经被先行者影响。由此可见，虽然看起来做的是同样的设计，甚至会被说成是在“抄袭”，但背后的逻辑不仅是为了降低产品迭代的试错成本，更重要的是达到了迎合用户习惯的目的。

那么为什么要迎合用户习惯？为什么不“倔强”地持续创新、不断尝试新方案呢？首先，大家在设计一款产品的时候，总是对用户的行为有一些预期。比如，大家总是希望用户在平台上多发布一些原创的高质量的内容、希望用户之间产生更多的联系和互动（如加好友、邀请、评论、点赞等）、希望用户主动地帮助推广产品和产品上的内容（如分享、转发等）。这些行为本身，都是由一定的动机催生的。因此，要促使用户产生这些行为，就必定要通过一些手段来制造这些行为背后的动机。

心理学对动机的产生有许多理论学派，笔者暂且不做深入的讨论。从“结果导向”的角度来看，如果有一些“久经考验”的通用方案总是能够顺利地引导用户产生我们希望的行为，那么这种方案必定满足了用户的某种诉求，也就是制造了一些行为动机。虽然这种方案看上去可能只是一个“迎合习惯”的方案，也可能这种动机具体是什么我们并不十分理解。但是不管怎样，在我们对用户行为的动机理解不够深入的时候，采用常见的方案确实比胡乱创新更有可能得到不错的效果。

通过上文中的拆解我们明白，需求分析和产品设计的目的在于引导行为，而用户能否产生预期的行为取决于设计是否促使用户产生了行为动机。因此，**需求分析本质上是一系列围绕行为动机而展开的分析，目的就在于通过把控行为背后的动机，更准确地预测并促成用户未来的某种行为。**

因此，需求分析的成果通常需要回答如用户需要什么、为什么需要等问题。同时作为关于行为预测的研究，需求分析的成果还要回答如用户在什么场景下还可能需要类似的东西、这种场景的特点究竟是什么、是否可以人为地塑造出类似的场景等问题。

并且，在分析需求背后的动机时还要考虑竞争性，也就是如何比竞争对手分析得更准确、更深入。这些竞争优势将会体现在细节的差异上，这些细节都隐藏在那些看上去大同小异的方案之中，却带来了突出的竞争优势。

这种专注于行为动机的视角，比直接研究一些具体的设计方案，更容易帮助大家抓住本质，在复杂多变的表象之下找到基本恒定的规律。

时至今日，当大家再看到越来越多的 App 采用了图 4.1 所示的类似的设计时，大家应当思考的不再是为什么它们要这样设计、满足了用户的什么需求，而应当意识到它们采用这种广泛应用的布局设计，迎合了人类“懒惰”的本性。同时，类似的设计构成了同样的外部刺激，如果用户之前已经被其他产品“训练”得对这些“刺激”能够自然地产生行为，那么大家就节省了这个“训练”的过程。

再举一个生活中的简单例子：假设今天有许多人买了苹果，不能笼统地将动机归纳为这些人想吃苹果。可能有的人因为饥饿，有的人因为从众心理，有的人因为价格低廉，也有人要把苹果作为拜访的礼物等。

由此，大家可能会疑惑，既然看上去相同的方案会针对用户的行为动机而塑造不同的细节，看上去相同的行为背后又可能有各种各样的动机，那么究竟应当怎样将需求分解为动机呢？在 4.1.2 节中，笔者来介绍两个相对成熟的分析框架。

### 4.1.2 需求的分层

在对需求的研究中，有两个框架一定要提。第一个是马斯洛需求层次理论，第二个是营销学中对用户需要的分类。这两种分类方式分别有各自的关注点，需求层次理论关注人们的需求从哪里产生，这是研究行为动机的部分。营销学的分类关注需求表达的过程，通过得到的具体需求，追溯其背后更丰富的信息。它们之间的关系，如图 4.2 所示。

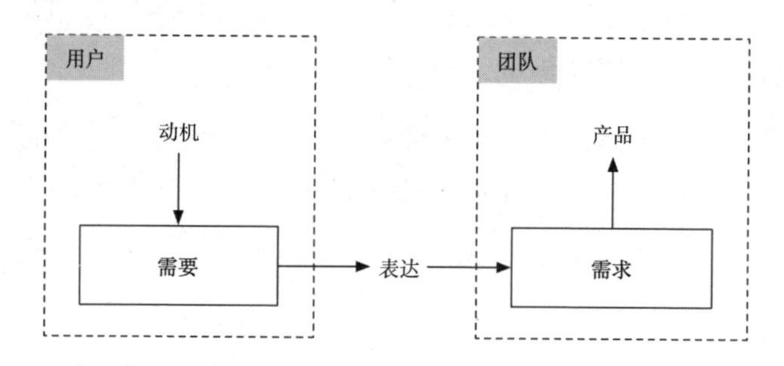


图 4.2 需求层次理论与营销学对用户需要分类的关系

因此，将这两个框架合并起来，正好能够指导整个需求分析的过程。

- 从正向看，大家能够通过两个框架的结合，了解那些大家收集到的“需求”是如何从行为动机开始产生的。这个过程主要是思考的过程，是理论的部分。
- 从逆向看，当大家确实收集到了一些所谓的“需求”时，通过这两个框架的结合，大家也能够挖掘出那些隐含在需求背后的信息，并追溯到用户需求背后的需要和动机，必要时可以设计出新的产品或服务迎合用户的需要。

### 1. 需求层次理论——需求的来源

对于许多产品经理来讲，提到需求分析就会自然而然地想起马斯洛的需求层次理论，这个过程就像一种“条件反射”。笔者先来介绍马斯洛需求层次理论的基本概念。

1）基本理念

“马斯洛需求层次理论”（Maslow's Hierarchy of Needs），通常指的是由美国心理学家亚伯拉罕·马斯洛（Abraham Harold Maslow）在 1943 年出版的《人类动机的理论》（*A Theory of Human Motivation Psychological Review*）一书中提出的理论框架。在这种理论框架中，人类的需求由低到高被分为以下五种。

- **生理需求**（Physiological Needs）。
- **安全需求**（Safety Needs）。
- **社会需求**（Love and Belonging，**或直接翻译成“爱与归属的需求”**）。
- **尊重需求**（Esteem）。
- **自我实现需求**（Self-Actualization）。

其中，前四个层次又被称为“缺失性需求”，指的是它们起源于人类对“缺失”的感知，所以需要向周遭的环境寻求，以便获得能够满足需要的东西，包括物质、精神、人际关系、社会地位等。可见，“缺失性需求”完全依赖于外部环境供应来得到满足。最后的“自我实现需求”又被称为“成长性需求”，其中由第四层次到第五层次的过程，就是“成长”的过程。在这个过程中，马斯洛需求层次理论的根基是“人本主义心理学”（同期与之并列的心理学学派，还有大名鼎鼎的“行为学派”和“精神分析学派”），关注每个个体。

2）应用注意事项

不过，在实际应用这种需求层次理论之前，还需要注意一些地方。不然分析的结果很可能与我们的预期有较大偏差。

首先我们来“咬文嚼字”地分析英语原文中的用词。虽然在现有的中文翻译中，对“Maslow's Hierarchy of Needs”的翻译采用“马斯洛需求层次理论”（在上文的介绍中，也顺应了这种习惯而使用了“需求”），但是在英文原文中用的是“Need”（需要），而不是“Demand”（需求）。因此，在马斯洛的需求层次理论中，各个层次都是“需要”（为了统一用词，下文中提及需求层次理论或其中的某个具体层次时，仍然使用“需求”的翻译）。

按照图 4.2 所示的关系可以看出，在这个阶段中，用户只了解自己的“需要”，但还不懂得如何满足，更不知晓自己是否有能力得到这个能满足自己需求的东西（产品或服务）。因此，需求层次理论在实际应用中，更适合用来发现需求的根本来源，而不是分析具体的产品或服务的需求。

因此，马斯洛的需求层次理论中的各个层次，指的都是人类最基本的“需要”，是最终的用户需求在心理层面的影响因素，是需求背后的根本动机，而不是那些用户直接告诉我们的或者我们直接观察到的、针对具体产品或服务的所谓“需求”。

所以，对于那些直接得到的“需求”，我们需要深入挖掘之后，才能套用“需求层次理论”的框架。引自马斯洛的《动机与人格》中的文字，表明了这一点。

如果我们仔细审查日常生活中的普通欲望，就会发现它们至少有一个重要的特点，即它们通常是达到目的的手段而非目的本身。我们需要钱，目的是买一辆汽车。因为邻居有汽车而我们又不愿意感到低人一等，所以我们也需要一辆，这样我们就可以维护自尊心并且得到别人的爱和尊重。当分析一个人有意识的欲望时，我们往往发现可以追溯其根源，即追溯该人其他更基本的目的……这种更深入的分析有一个特点，它最终总是会导致一些我们不能再追究的目的或者需要，这些需要的满足似乎本身就是目的，不必再进一步地证明或者辨析。在一般人身上，这些需要有一个特点：通常不能直接看到，但通常是复杂的有意识的特定欲望的一种概念的隐身。也就是说，动机的研究在某种程度上必须是人类的终极目的、欲望或需要的研究。

关于这一点，笔者在营销学的需要分类部分会再次提及。

第二个需要注意的方面是，这个“需求层次理论”并不是“最终版本”。在 1959 年以后，马斯洛认为“人本主义”的导向会产生“自由主义”倾向，从而产生自私、不负责任、不顾他人、自我放纵等以自我为中心的倾向。于是，马斯洛于 1969 年发表了论文《Z 理论——两种不同类型的自我实现者》，并依照“超人本心理学”（Trans-Humanistic Psychology）将需求层次理论拆解为三个次理论：X 理论、Y 理论和 Z 理论。它们之间的关系如图 4.3 所示。

至于这个后来发展出来的新版本，就没有五个层次的“经典版”理论框架流传深远了。在被誉为“现代营销学之父”的菲利普·科特勒（PhiliP Kotler）所著的《营销管理》（英文原版参考 *Marketing Management, 15th Global Edition*）中，引用的仍然是经典的五个层次的理论框架。其实这次升级不仅仅是框架层级的改变，而是根本观点的改变。框架层级的改变只是为了满足新的视角。

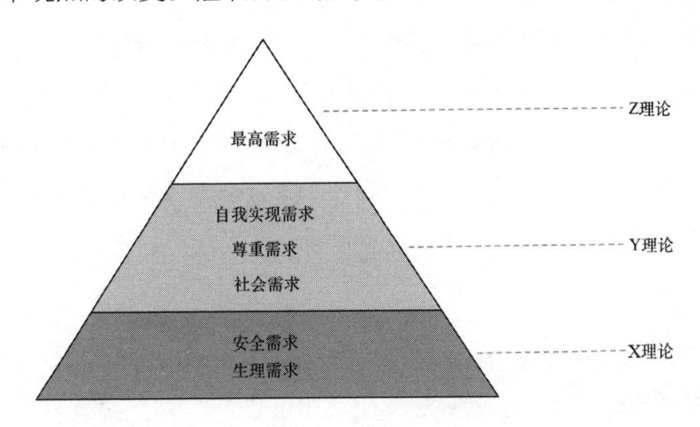


图 4.3　X 理论、Y 理论和 Z 理论的关系

### 2. “需要”的分类——需求的传达

什么是“需求的传达”？为什么要把动机的产生和需求的传达拆开，单独地关注传达过程呢？从图 4.2 中大家可以发现，从动机产生需要，再到产生需求，并最终形成产品的过程，关系到两个主体，也就是产生需求的用户和满足需求的企业或团队。界于这两个主体之间的一个关键的互动过程，就是需要的表达和接收。在表达和接收的过程中，任何一个环节出现信息传递错误，都会造成用户“想要讲”出来的东西是一个样，企业或团队“做”出来的产品则是另一个样。

为什么用户的表达和企业或团队的接收不对等呢？比较重要的原因就是，用户最终表达出来的“需求”，不等于用户实际的“需要”，而是要经过筛选和加工的。“用户讲出来的需求，未必是真正需要的”，相信各位产品经理对这句话一定不陌生。其实这句话就在提醒我们，用户的真正动机并不与表达的内容直接对应，而是受诸多因素影响的、经过筛选和加工的信息。

因此，在马斯洛需求层次理论中，我们只是知道了根本的需求“从哪里来”，也就是动机来源于哪个层次，而接下来我们还要研究用户怎样将这些需要表达出来。抓住这些表达的规律，并按照表达的规律追查下去，才能发掘真正的需要、形成真正的需求。比如，如果我们只是探测到了一个大油田而不去开采，这些资源就不能为我们所用。而这个需求的表达，正好是营销学中对用户需要进行分类的研究核心。

因此，可以这样讲：

- 马斯洛需求层次理论，帮助我们了解用户是“如何想的”；它研究的是用户需求在心理层面的影响因素，是需求背后的根本动机。
- 营销学中对需要的分类，帮助我们了解用户是“如何讲的”；用户讲出来的一定是用户需要的东西，但可能并不是用户的根本需要，而是结合了具体场景之后经过加工的结果；或者还有其他一些没有表达出来但同样重要的“隐含”需求，由于种种原因而被“过滤”掉了。

1）基本理念

下面笔者就来介绍营销学中对用户“需要”分类的基本理念。营销学专门从表达的角度对用户需要进行了分类。在营销学中，用户的需要被分为五个类型。

- 表明了的需要（Stated Needs）。
- 真正的需要（Real Needs）。
- 未表明的需要（Unstated Needs）。
- 愉快的需要（Delight Needs）。
- 秘密的需要（Secret Needs）。

这五个类型并不难理解，从字面意思就可以明白各自的含义是什么。同时，在科特勒的《营销管理》中，给出了这样一个案例（为了简单易懂，保留原意并调整了叙述方式）。

- 表明了的需要：顾客需要一辆便宜的汽车。
- 真正的需要：顾客需要保养比较便宜的汽车，而不是价格便宜的汽车。
- 未表明的需要：顾客希望零售商提供较好的服务。
- 愉快的需要：顾客希望零售商免费装配车载 GPS 系统。
- 秘密的需要：顾客希望朋友们将他看作“懂行”的消费者。

从这个案例中大家就可以发现，在得到用户表达出的“需求”（想要一辆便宜的汽车）之后，营销学中对用户“需要”的分类帮助大家逆向分析其背后的更多信息。笔者在上文中提到“用户讲出来的需求，未必是真正需要的”。那么真正的需求去哪里找呢？营销学对用户需要的分类为大家提供了五个寻找的方向。

同时，笔者在列举这五个分类的时候，特别注意了用词。因为英文原文中使用的仍旧是“Need”，也就是这五个分类只是用户的“需要”，而不是结合了具体目标的“需求”。

在上面的案例中，即使我们根据顾客表达出来的“需求”而卖给他一辆价格极低的汽车，顾客同样不能满意，因为还有剩下的四个方面的需要没有得到满足。当我们对用户可能存在的各种需要进行了充分的分析，并通过具体的产品或服务满足了用户的需要时，我们才真正地把用户的“需求”研究明白了。这大概就是大家梦寐以求的“创造需求”的过程了。

2）现象与本质的复杂关系

在此前对需求的分析中，比较常见的一种思路是看到了“表象”就直接追溯“本质”，并且总是希望得到唯一的答案。比如，在“购买苹果”的案例中，当我们发现顾客购买了苹果，总是希望能够直接得到顾客“是因为对苹果这种水果有偏好”“是因为喜欢甜食”“是因为缺少维生素 C”“是因为要减肥所以用苹果充饥”等类似的确定且唯一的答案。

在分析互联网产品的时候，这样的思路也不少见。比如，当一种 App 或者一种运营手段突然“大红大紫”的时候，就会看到不少人开始研究其背后是满足了怎样的用户需求，或者迎合了人类怎样的思维特质，再或者与哪些历史上的经典案例“有异曲同工之妙”等。其实这些行为只是用户“表达”出来的行为和最直接“需求”，也许确实能够找出一些所谓的“根源”，但很难找到其背后真正的需要。

在产品极大丰富的今天，用户的某一项基本需求很轻易就能拆分到多个产品上；而同一个产品也有可能满足了用户的多种基础需求。这是一个错综复杂的“多对多”关系。

从上文中的汽车销售的案例我们能够看出，虽然我们从一开始就希望知道用户的购买行为是由哪种根本的行为动机催生的。但是，五个分类中只有“秘密的需要”这个分类，看上去隐含着渴望寻求周围人的认可的意图，勉强可以套用需求层次理论中的“尊重需求”。

基于这样的分析，大家可以猜想，一个可供分享和炫耀的 H5 页面，其效果就要好过一项购车优惠政策，或者保养打折券，因为它能够为分享者带来更大的被认可和被尊重的满足感。

至于其他的分类，都是在社会、市场、心理、知识储备等众多方面的共同影响下，在根本动机之上表达出来的“副产品”。对这些“副产品”的研究，由于本来根基就不稳，很可能没等我们想明白，这种“临时性的需求”就随着环境变化一起消失了。

3）基本假设的差异

因为存在“现象与本质的复杂关系”，所以在这个框架之中，设置了一个很有趣的“秘密的需要”，令人有一种“意料之外，情理之中”的感觉。之所以讲它在“意料之外”，是因为在此前的分析中我们似乎从不那么“痛快地”承认，有些用户的需要的确无法获知，而是坚信自己能够通过详尽的分析过程而知晓一切。即便最终确实“猜”中了，除丰富的行业经验做背书以外，还有很大的运气成分。而之所以讲它在“情理之中”，是因为这是一个我们早已经在心里接受的客观事实——我们几乎不可能完全知道别人的全部想法，哪怕是最熟悉的人。

因此，这个框架的另一个特点，就是在框架上“承认”了确实有些用户需要我们不可能获知，当然也就不可能有意识地满足。即便在“秘密”之中包含了极具价值的需要，但就因为没表达出来，我们就需要费一些周折才能知晓，甚至可能永远也无法知晓了。就像一些分类方法，在最后总会放上一个“其他”的分类，或者一些量化公式总会在最后加上残差项。这种处理比那些泛泛而谈的需求分析理论更加严谨。

泛泛而谈的需求分析理论，首先假设我们能够获知所有的用户需求，并做出完全满足用户需求的产品。比较常见的情况是将这种“神化”的能力与一些行业“牛人”的形象和具体的产品联系起来，认为他们总是能100%地挖掘用户的需求，所以才能做出几乎完美的产品。可是在实际工作中，因为这种理想状态受到了时间、空间、成本、能力等很多因素的影响，所以不管我们多么努力，也不可能达到。因此，我们应当关注的是那些可以获知、可以满足的需求，并且不断优化满足的方式（也就是用户体验问题，或者是“创造需求”）。

4）“需要”的分类与用户心智的竞争

营销学对用户需要的分类只是一个概念，我们在实际的工作中应当怎样应用呢？

这个框架并不是让我们在拿到一个需求的时候“对号入座”、将它归入哪一类，它想告诉我们的是，用户不会只提出特定的某一类的需要，而是每一个用户需求中都会同时包含多个类型的需要，只是此前我们并没有意识到那些“隐含”的需要罢了。所以这个框架的用法，是在拿到用户表达的具体“需求”之后，同时将需求拆分到这五个类别中，或者同时从这五个方面来评判用户的一个需求。

这样做的好处，不仅仅是帮助我们找到隐含的需要，从而让我们对用户的了解更完整；更重要的是，它帮助我们在与竞品的对抗中占领优势，满足那些别人没有想到的隐含需要。这也许正是大家一直想要的，但我们一直只是在实际的案例中寻找，而没有借用这一框架来系统地思考。

回到汽车销售的案例。顾客会问“你家的汽车便宜吗”，如果你回答“便宜”，那么顾客紧接着就会提出第二个需求“旁边那家比你家更便宜，我需要一辆更便宜的汽车”。那么我们就跨过了“品牌战”“服务战”“产品战”，直接在顾客的头脑中与竞争对手打起了“价格战”。但是，如果你回答“内行人都到我们家来，内行的消费者不会上来就看价格的”，这样的回答就脱离了纯粹物质上的竞争，让自家的汽车代表了“内行人的选择”。

这一点在以线下实物商品销售为主的时代，似乎还没有那么严重。毕竟，当用户想要直接沟通价格的时候，作为一名经验丰富的销售人员，可以通过语言或者其他方式将话题拉回到关于品牌、服务、产品等层面。但是，在互联网的时代，我们已经不会像过去那样与用户面对面地直接沟通了。这是互联网用以降低每位用户的服务成本的手段，但同时也丧失了通过直接沟通来转变用户思维的机会，而一切都要靠我们提供给用户的产品。

就如杰克·特劳特（Jack Trout）在其著作《定位》（*Positioning*）和《商战》（*Marketing Warfare*）中提出的观点：“商战既不在顾客的办公室，也不在超市或各大商场里，而是在顾客的头脑里”。江南春先生在其 2018 年出版的新书《抢占心智》中，也在强调类似的观点，即心智才是竞争的主要“战场”。

5）“需要”的分类与产品打磨

营销学中对需要的分类，除了能帮助我们通过“1 拆 5”的发散思维找到竞争对手还未占领的用户心智，还是我们打磨产品的前导步骤。我们总是希望自己的业务和产品不断变好，但是朝着什么方向变才是“变好”呢？对于需求的研究，自然是最接近本源的优化方向。比如，我们通过不断收集数据，使用户的那些“秘密的需要”从不可知到可知、从模糊到清晰，这样就可以让它们成为产品的一部分。

除了这种直接的研究方法，还有许多间接的方式可用来确定产品优化的方向。比如，在互联网行业的产品管理中，一种比较常用的方法是利用 MVP（Minimum Viable Product，常翻译为“最小可用产品”）来收集线上实际数据。

但可想而知，MVP 的方法更适合于一些自身比较“聚焦”的产品。对于那些自身就涉及多方合作或者像大多数平台型产品一样在设计上就倾向于“兼收并蓄”的产品，定义 MVP 本身就已经是一件极具挑战的事情，可能要考虑从服务对象或者自身复杂度的角度来建立 MVP。这样的 MVP 上线之后，就比较难得到用户关于“完整”产品的“前瞻性”反馈，因为用户凭借“残缺”的 MVP 根本体会不到产品完整的样子。

同时，MVP 自身的设计也并非一蹴而就。在产品和用户群体都变得越来越复杂的今天，MVP 不仅要“简”还要“全”，也就是要考虑 MVP 的覆盖度问题——要让 MVP 尽可能覆盖所有需要被测试的场景。这就引出了实验设计这个问题。这个问题笔者在本章第 2 节中关于“业务形态研究”的部分会单独探讨。此处只为说明，对需求的拆分和研究，是产品和业务优化的起点，其中得到的结论将成为业务升级过程中的重要基础。

### 4.1.3 需求的定位

在 4.1.2 节中，笔者讨论了关于需求的两个框架。有了这两个框架，大家就找到了关于需求分析的两个“抓手”，可以应对两种关于需求分析的主要场景。

- **场景一**：当我们已知目标市场、需要研究其具体需求的时候，需要使用的是需求层次理论。也就是说，我们需要根据希望用户产生的行为结果，来推导行为背后的动机，再从多个层次中考虑动机的产生。这种情况更适用于我们需要“从 0 到 1”地设计一款产品或者搭建一项业务的时候，或者我们需要对现有的业务和产品做重大升级的时候。
- **场景二**：当我们确信用户对一些产品形态或者业务形态产生了兴趣时，就需要用到营销学中的“需要”表达分类。这些分类帮助我们在分析已有的用户行为时，能够追溯到那些我们没有关注的“隐性表达”，从而在分析中获得比竞争对手更深入的洞察，更快抢占用户心智中的“蓝海”。

这是对 4.1.2 节的内容的简单总结，而 4.1.3 节的内容的重点在于“定位”。简单来说，就是“不仅要发散出去，还要收得回来”——不仅要从一个具体的需求发散出很多更具体的细分需求，或者从一个具体的行为找到多个层次促成行为的办法，还要具体地找到哪个细分的需求比较适合我们。关于这个“适合”，笔者从两个方面来探讨，第一是存在不存在，第二是值得不值得。

### 1．存在不存在：需求的细分

提到验证需求是否存在，首先我们要拿起来的工具就是营销学中对需要的分类。通过对“需要”的分类，我们会发散出许多需求分支，之后再逐一判断需求是否真的存在，最后汇总成一个完整的用户需求。

1）线下场景的细分

比如，笔者仍旧延续“购买苹果”的案例。有的顾客说：“我要买一个苹果”。此时，我们能够获得的信息，就是顾客对一个具体产品的需求，而并非是需求层次理论中的那种“根本性”的需要。这时应当用的是营销学中“需要”的五个类型。

- 表明了的需要：我要一个苹果。
- 真正的需要：可能是解决饿肚子的问题，可能是解馋，更有甚者是缓解低血糖的症状等。
- 未表明的需要：如果为了填饱肚子，就需要一个大的；如果为了解馋，就需要味道好的；如果为了缓解低血糖的症状，就需要一个糖分含量高的。
- 愉快的需要：吃饱了、解馋了、头不晕了（低血糖的症状之一）当然开心，如果遇到买一送一、免费加工成苹果汁、还能额外加点儿糖的优惠，有可能就更好了。
- 秘密的需要：可能是工作繁忙，接下来还要赶往别处，实在没时间吃别的了；还可能是最近吃胖了，需要把水果当饭吃。

经过这样的拆解，我们就从顾客表达出的一个需求中，分析出了许许多多顾客“心里想却没说出来”的需要。如果是线下的实物商品交易的场景，我们就可以通过进一步与顾客的沟通，或者根据当时的场景和环境因素，来逐一验证我们的猜测是否正确。比如，观察顾客的脸色是否有低血糖的症状，观察其着装穿戴是否像上班族，观察顾客的注意力是在苹果上还是神色匆匆地看手表，又或者还在看其他的水果等。

在我们得到一些确定的结论之后，比如，我们已经能够确定顾客为了赶时间，需要快速解决饥饿的问题，这个时候我们才能够利用需求层次理论定位到“社会需要”——虽然最根本的“需要”是“生理需求”层次中的“饥饿”，但是那是在“赶时间”的社会条件下的“饥饿”，而不是那种能够随处坐下来踏踏实实地解决的“饥饿”。这个时候，也许“尊享外卖，专人配送”服务才是完美的解决方案——一个苹果起送、包装精美，将顾客包装成既“懂得节省时间”又“生活精致”的“职场精英”形象，才是打败竞品的关键。

2）线上场景的细分

在线上的互联网世界也有同样的情况。比如，在关于用户行为路径的研究中，我们可能发现用户在几个相关的页面之间反复跳转。图 4.4 展示了四种常见的场景，其中的虚线表示那些我们认为原本不该存在或者原本不该成为“主流”的行为路径。

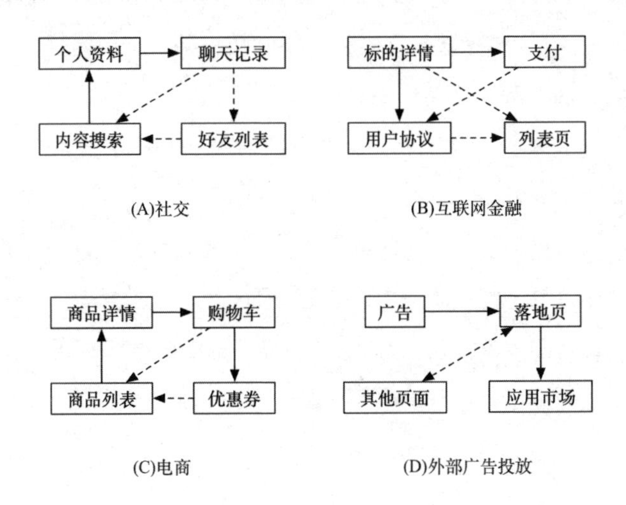


图 4.4　用户行为路径中的“意外”情况

不管这些行为多么地出乎意料，需要明确的是，这只是用户表达出来的需求，只能得出“有些信息需要反复查看”或者“有些页面的信息需要组合在一起比对着查看”这样的初步结论。当我们发现这一现象的时候，就意味着用户在通过自己的行为向我们“表达”需求。因此，我们可以再试着通过“需要”的分类来拆分需求背后的信息。

- 表明了的需要：多个页面的信息需要一起看。
- 真正的需要：可能是发现了前后信息不一致，需要反复验证；也可能是需要了解的信息量太大无法记忆，只能来回跳转；还可能是发现了新的情况，需要重新评估之前已经决定的事情等。
- 未表明的需要：如果是信息不一致，就需要重新建立对信息的信任；如果是信息量太大，就需要尽量言简意赅，或者重新整理信息；如果是新情况不断发生，需要调整之前的步骤，就需要重新考虑用户的操作流程设计。

- 愉快的需要：在关键时刻，与用户再次确认重要的信息；在必要的时候，能够一次性提供所有需要的信息，甚至通过智能系统为用户选出最佳的选项，同时还保留用户自行修改的权利。
- 秘密的需要：可能只是不想自己看起来懵懂无知。

通过这些拆分，我们就更有可能找到待验证的需求。但是不要着急，这些需求只是我们想到的“理论上”的需求。在实际投入资源去验证它们之前，我们还需要先考虑“值得不值得”的问题，也就是针对这些需求，我们究竟有多少事情可以做。

### 2. 值得不值得：需求的量

除了后续要关注的各种成本，在最开始的阶段我们还要考虑到，针对这些细分的需求，我们是否有可操作的空间。

需求的拆分帮助我们找到了更细分的具体需求，但是在实际开始进行验证之前，我们还要了解这其中的“操作空间”有多大——也就是“需求的量”。需求的量决定了在实现需求甚至验证需求的过程中，能否产生可以接受的 ROI。在一定范围内，需求的量越大，可操作的空间也就越大；相反需求的量太小了，产生的价值不能填平成本，操作空间也就没有了；还有如果需求的量太大，大到可能对用户有害的地步，那么就要小心地操作，或者应当直接放弃。

这里提到的需求的量，虽然涉及的还是“需求”（Demand），但是需要与马斯洛需求层次理论和营销学的需要分类这两个关于基本“需要”的框架区分开。在下面讨论的过程中，笔者也会引用这两个框架中的内容，帮助大家进行区分。

关于需求的量，大家可以拆分成以下两个大类。

1）不可操作的需求

不可操作的需求指的是“需求量太小”，还达不到可以“操作”的程度，或者操作的成本太高了，不值得去做。当然，大家可以看到一些占领了“垂直领域”的企业，也在做这样的“小需求”，那么它们一定找到了恰当的撬动需求的办法，能够控制好成本；或者其他主要业务的收入足以承担这部分的成本投入。这就像拥有大量用户的潜在需求，有些实力雄厚的企业能够投入足够的资本做实验，一旦实验成功便能带来巨大的回报。不可操作的需求包括以下几种。

① 无需求（No Demand）

无需求是指目标市场用户对某种产品毫无兴趣或漠不关心。这种情况在生活中很常见，比如，一般人们对废旧物资、在特定场景中没有用的东西，以及不熟悉的东西（如新产品）没有需求。在互联网领域中，这样的情况也很多，特别是那些最新开发出来的功能和 App，大家能够看到最开始用户对这些产品的态度是“可有可无”，但后来逐渐地就变成了“不可或缺”。

这里就要强调“需要”与“需求”的区别了。用户无需求，不代表完全不需要，而是在“头脑中”没有产品能够满足需要的情况下，用户才对这些需要表现出“置之不理”的态度。因此，大家可以把产品利益同用户的自然需要及兴趣结合起来，从而“创造需求”。

② 负需求（Negative Demand）

负需求指的是市场上众多用户根本就不喜欢某种产品或服务。比如，年轻人不吃甜食和肥肉，怕长胖；在互联网领域中，也有越来越多的人开始卸载手机里的那些无用的 App，关掉扰人的推送消息提醒等。

对于这样的情况，我们就不能直接进行干预了，只能考虑改变用户对某些产品或服务的观念。比如，我们可以在特定场景中强调糖分和动物脂肪的重要性，或者强调通过推送消息及时获得一手资料的价值等。不过，这样做的成本很高，同时也未必能够扭转用户的观念。

③ 潜在需求（Latent Demand）

潜在需求是指现有的产品或服务不能满足、但确实存在并且已经表现出来的强烈需求。比如，国内的中老年市场，就是充满未知数的潜在需求市场。

既然存在需求，为什么还是“不可操作”呢？主要是因为对于这样的市场，企业或团队还需要开发新的产品或服务来满足，存在很大的不确定性，风险成本过高。因此，对于大多数没有“余力”的企业或团队来讲，这样的需求是没有操作空间的。

2）可操作的需求

可操作的需求，大多都存在一个“突破口”，以便我们进行进一步的需求分析和产品或服务的优化。可操作的需求包括以下几种。

① 下降需求（Falling Demand）

下降需求指的是用户对产品或服务的需求出现了下降趋势，这种情况在互联网领域中比较常见，尤其容易出现在那些可替代性强的产品身上。比较典型的案例，就是 PC 时代的各种基于 Web 的社交网站。这些网站在大环境开始转向移动互联网的时候，就面临着“下降需求”的问题而不得不考虑转型。

这种情况是互联网产品在运营的过程中常见的问题之一。应对的办法有两种：要么根据用户的变化优化产品；要么根据产品和用户需求的变化，寻找新的用户。

② 不规则需求（Irregular Demand）

不规则需求是指产品或服务受到外界因素的强烈影响。比如，受到季节或节假日的影响，或者受到特定用户群体的影响。在实体商品的领域中，经典的案例就是冰激凌，在夏天较为畅销，但是到了冬天就很可能会滞销，除非采取一定的营销手段。

在互联网领域中，到了“饭点儿”就拥挤不堪的外卖平台、遭遇刮风下雨等恶劣天气就“一车难求”的出行平台，以及春节前后的各种抢购车票的软件，都是此类型的案例。

当然，解决方案讲起来很简单，就是针对不同的情况制定不同的策略，但是设计起来就难了，要结合具体的业务场景，同时还要考虑一些行业约定俗成的解决办法。正因为这些方案很难标准化，所以经常被作为面试题来考察面试者的行业经验和随机应变的能力。

③ 充分需求（Full Demand）

充分需求指的是用户的需求水平正好等于产品或服务目前能够满足的水平。这当然是所有的情况里最好的一种。用户能够找到正好满足自己需要的产品，同时，设计产品的企业或团队，也能够找到用户将自己制作的产品消费掉。

但需要注意的是，用户需求会不断变化。当然，这里讲的是用户针对具体产品的具体需求，而不是在需求层次理论中列举的那些基本需要，那些基本需要几乎不会变化。如果这个市场确实“轻松又赚钱”，必然会在短时间内涌入大量的竞争者，竞争也会日益加剧。

所以在充分需求的状态下，我们要做的并不是直接对现有的需求或者产品进行干预，而是要对未来可能出现的变化未雨绸缪，让自己的业务和产品更加“健壮”，能够抵御竞争对手的挑战，并在未来用户需求发生变化的时候再次达到充分需求的状态。

④ 过度需求（Overfull Demand）

过度需求是指用户对产品或服务的需求超出了企业或团队的供应能力。在实物商品的领域中，供不应求的情形比较好理解。根据经济学经典的供需关系理论，这种状态会带来高昂的价格并吸引更多的企业或团队加入其中，从而解决需求过度的问题。

而在互联网领域中，就会有一些不一样的诱发因素，比如，人力效率跟不上业务自动化的发展，风控能力跟不上资金量的发展，以及计算能力跟不上数据规模的发展等。如果现状不可抗拒，那么企业要么放弃一部分利润，优先服务好有限的用户，要么加大投入升级产品或服务，来满足过度需求。

⑤ 有害需求（Unwholesome Demand）

有害需求指的是用户对产品或服务的强烈需求可能伤害到用户自身，如过度抽烟、酗酒等。这种强烈需求可能是由强烈的好奇心导致，也可能是由于已经成瘾而不得不持续。对于这样的需求，企业有责任通过提高价格、申明后果、减少购买机会或通过协助立法等方式减少甚至停止提供产品。因此这些手段在营销学中又被称为“反营销”，其目的就是通过采取措施，控制并消灭有害需求。

从 2017 年年末到 2018 年年中，各种“P2P 雷暴”事件就是关于有害需求很好的案例。一方面，普通百姓对金融产品的认知，普遍还停留在“银行存款”的层次——保本保息，多存多得，不需要担心什么。这方面主要体现出金融知识的匮乏。而另一方面，对财富的积累和增值，人们始终有强烈的需求。同时，保有金额越多，对各种 P2P 平台来讲也是一件“天大”的好事。所以，“拉交易、促保有”成为 P2P 平台的主要运营目标。

但是问题在于，金融产品不同于普通商品，对投资者来讲，仓位直接与风险挂钩。如果你买 5 个冰箱，顶多在家放着占地方。但是如果你持有的金融产品的规模变成了原来的 5 倍，你需要承担的风险可能就远远超过你所能承受的范围了，这就变成了一种“有害需求”。但是，P2P 平台在这种风险不断积累的有害需求面前，还在不断地以“拉交易、促保有”为运营目标引导人们“一投再投”，有意地强调收益而弱化风险，这就是对有害需求的放任不管。

笔者之所以特别强调有害需求，是因为它的确与众不同。上文中四种“需求的量”，都是为了正向地“满足需求”而被拆分出来的，唯独有害需求，是为了反向地“不满足需求”而被拆分出来的。阻止情况走向恶化，尽可能地避免用户受到伤害，也是一种有价值的定位。

### 3. 在竞争中调整需求定位

在上文中，笔者把需求按照行为动机和表达方式进行拆分，并且评估了目前需求的可操作状态。如果是简单的需求分析，到这一步已经可以告一段落并开始撰写报告了。但是，如果要在市场中确定下一步的发展方向，我们必须将之前没有提及的一类角色加入进来一起考虑，这类角色就是竞争对手。

1）竞争对手的角色

当我们在做深入的需求分析的同时，我们的竞争对手也没有“坐以待毙”。假设竞争对手的分析与我们的分析得出了类似的结论，那么在接下来的工作中，我们的分析过程就只是给了我们一张竞争的“入场券”，而没有在竞争中为我们提供任何优势。

因此，我们可以看到很多需求分析的问题不在于需求本身，而在于市场上不只有一家企业，也不只有我们认为某个市场“有前途”。如果我们只关注自己而不关注别人，做得再好也很容易被淘汰。

这就是需求中的竞争性，我们在考虑需求定位的时候，也需要加入对竞争性的考量。在这个过程中，主要考虑以下三个方面。

- 用户需要什么。
- 我们能满足什么。
- 市场上还剩什么。

这三个方面分别对应用户的需求、企业或团队的能力和市场的机会。从这里我们可以看出用户的需求与市场的机会之间不能直接画等号，那些经过博弈之后还未被占领的、并且也有能力满足的用户需求，才是真正的机会。因此，即使我们在用户需求分析的部分已经做到完美，也还是无法落地。

这也从另一个层次解释了为什么“用户讲出来的需求，未必是真正需要的”。因为用户只会说“自己”，不会说“别人”，同时用户不仅会对我们说，也会对我们的竞争对手说，就看谁更“会听”了。

2）竞争在哪里

讨论到这里，大家可以再回顾上文中讲到的需求分析框架和分类方法。回顾它们的目的只有一个——进行需求细分，也就是把需求切得再碎一点儿，再碎一点儿……

为什么要做需求细分呢？这样做除了能够帮助我们设计出更符合用户需求的产品，还能帮我们减少竞争。如果我们不做需求细分，那么我们面对的用户及用户需求，与竞争对手要面对的用户及用户需求就越来越类似；而用户群体越来越类似、用户需要的东西越来越类似、我们能满足的需求越来越类似、市场上还剩下的部分越来越类似，竞争也就越激烈。

竞争就因为这种“同质化”而产生。而差异性越大，竞争也就越缓和。

要得到用户及用户需求的差异性，就依赖于上文中讲到的两个需求分析框架。用好这两个框架并对用户的需求进行细分，就能发现那些别人没有发现的点——找到别人没有满足的用户需求。

3）竞争与产品设计的进化

对用户需求的研究发展到今天，已经十分深入，不再简简单单就能“通关”了。而发展到今天这个程度，也经历了一个不断迭代的进化过程。

① 早期的“生产观念”和“产品观念”

在市场研究的早期，如果我们确实发现了一块还没有被人发掘的空间，那么我们就可以使用最简单、最直接的办法满足，直接按照用户的需求生产对应的产品就可以了。这种思路对应了营销观念发展历史中的“生产观念”阶段（从西方工业革命至20世纪20年代）。

但是可想而知，缺少了对用户需求的深入挖掘而盲目生产僵化的产品，能为用户提供的价值必定十分有限。这就像“头疼医头，脚疼医脚”。如果用户需要的是一颗螺丝，绝不会过问用户买螺丝用来做什么。同时，随着行业的发展会有越来越多的潜在需求被挖掘出来，想要找到还没被满足的用户需求，变得越来越难了。

而当用户的“原始”需求被挖掘得差不多时，我们也就进入了围绕“满足方式”的竞争阶段。到了这个阶段，第二个问题“我们能满足什么”的重要程度就开始增加。在这个阶段，同一份用户需求至少有两个方案或产品可以满足，用户理所当然地选择他们心目中“更好”的方案。

在这个阶段中，那些“更好”的方案同样依赖于对用户需求的进一步细分，只是这时能够拆分的空间已经为数不多。同时，这个阶段在产品的设计方面，也开始从更加宏观和更深入的角度审视用户的需求，并通过相对完善的产品方案来满足。这个阶段在营销观念的发展历史中被称为“产品观念”阶段（20 世纪初至 20 世纪 30 年代）。从定位的角度看，处在这个阶段中的企业或团队通过自己“能够生产什么样的产品和方案”来实现自我定位。

② 竞争中催生的观念进化

等到竞争走向白热化，后来的势单力薄的企业只能在剩下的空间里扎根了，这个时候第三个问题“市场上还剩什么”就变得越来越重要。那些容易想到的、利润丰厚的、用户规模大的需求，早已被领先的、实力雄厚的企业牢牢把控。剩下的那些势单力薄的企业就只能“捡漏”了。这些市场剩下的也是用户的真正需求，只不过它们可能属于“不可操作”的类型，或者存在“过度”或“有害”的风险，需要谨慎行事而又前途未卜。

这种残酷的竞争不仅存在于势单力薄的企业之间，在实力雄厚的企业之间也同样存在。并且，随着生产技术不断提高，其中一些企业的业绩开始下滑。当时的研究分析将这种下滑归咎于消费者的购买惰性或抗衡心理，于是“推销观念”就自然而然地产生了，也就是要主动地促使用户了解和选择产品。这是“传统营销观念”中的最后一种观念。

当“传统营销观念”发展到了“现代营销观念”，其中的“客户观念”和其他更先进的营销观念已经为大家所熟知。在这些观念的指导下，企业对自身进行定位的依据也在随着观念的转变而变化。从以自身特性为出发点的定位方式，变为以服务对象为出发点的定位方式。

需要提醒的是，所谓的“传统营销观念”并没有就此消亡。即使在当代，这些传统观念也会时不时地成为“主流”，尤其是那些掌握专利技术或者其他“硬实力”的企业，更容易采用生产、产品、推销这些传统的观念。同时，这些传统观念也找到了自己的特定应用场景。比如，“推销观念”就可以被用在推销那些“非渴求”的商品上，也就是消费者一般不会想到要购买的商品。如埃隆·马斯克的SpaceX项目。

总之，当整体市场处在“卖方市场”的状态时，企业总是更喜欢使用传统营销观念，并且定位的方式也更加关注自身。而当市场变为“买方市场”的时候，现代营销观念则更具优势，企业的定位也更关注服务对象的特性。

③ 竞争中的需求定位

那么如何在竞争中寻找机会？这也是竞品分析真正的价值所在，而不只是找到表面上的差异就可以了。“需求的同质化”是将竞争引向白热化的根本原因，“方案的同质化”次之。因此，我们不妨从需求细分的角度来考虑竞品分析的步骤。

首先，依旧是根据关于需求分类的两个框架和需求的量的不同，先将需求进行细分，形成不同的细分领域。其次，我们可以通过对现有竞品的宣传重点、产品功能特点、团队构成特点以及管理层宣布的战略方向等信息进行研究和对比，从而确定这些竞品应当处在需求细分矩阵中的哪个位置。如果需要量化竞品分析，我们还可以给落在矩阵中的每个细分市场的竞品打分。最终，我们就可以得到图4.5所示的竞品分析的“战略地图”。

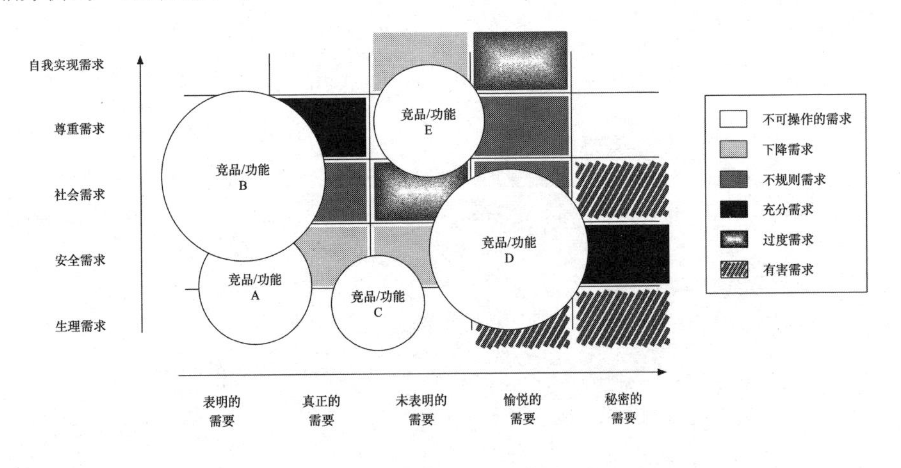


**图4.5　竞品分析的“战略地图”**

在这张竞品分析的“战略地图”中，我们就可以开始寻找适合自己的细分市场了。同时，如果我们通过可视化工具将这张“战略地图”变成了自动化看板，还可以用来做监控和跟踪。

### 4.1.4 需求分析的评价与 KANO 模型

在前文中，笔者通过多种方法来分析用户真正的需求。通过这些方法的排列组合，大家已经确信找到了许多用户“需要”的东西。不过事实果真如此吗？怎样验证大家的想法是对的呢？还有，在企业资源极其有限的情况下（这是基本常态），大家应当如何区分哪些需求更重要呢？这就需要用到 KANO 这个模型了。

KANO 模型（KANO Model，也称“狩野模式”）由东京理工大学教授狩野纪昭和他的同事在论文《质量的保健因素和激励因素》（*Motivator and Hygiene Factor in Quality*）中提出。其目的主要是在用户的多种需求中，区分哪些需求是必须的，哪些需求是可有可无的。最终需要根据这些信息，给出需求实现的优先顺序。在经典的 KANO 模型中，数据的来源主要是用户调查。而在互联网行业中，也可以通过收集线上用户的行为数据来实现。

经典的 KANO 模型如图 4.6 所示。图中的两个坐标轴分别为“需求的满足程度”和“用户满意度”。随着需求的满足程度逐渐提高，用户满意度会呈现出一些变化。而变化的趋势，代表了这种需求对用户的意义和价值。

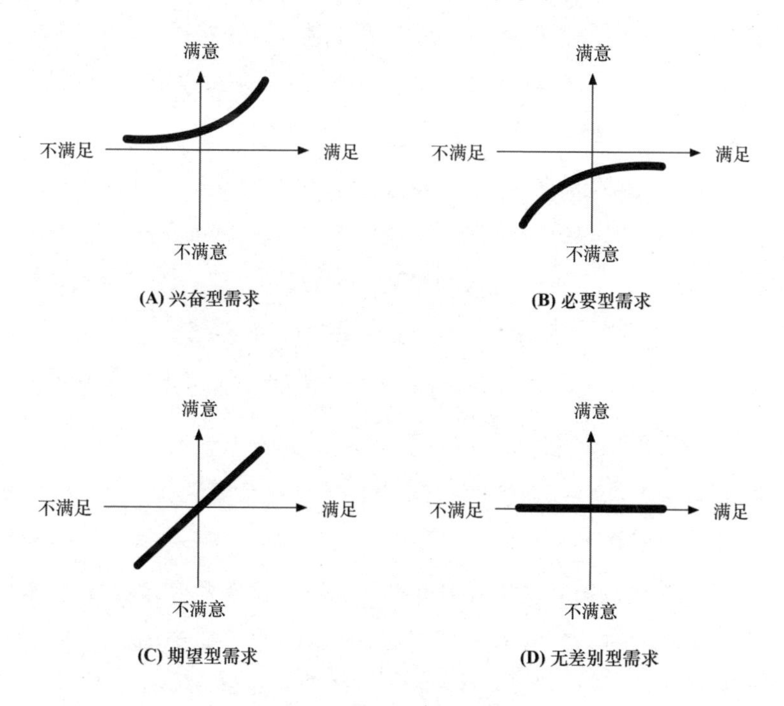


图 4.6 KANO 模型与需求类型

根据 KANO 模型，笔者将分析出的用户需求大体分为四类，具体内容如下。

- **兴奋型需求**：对于兴奋型需求，当我们没有满足用户的需求的时候，并不会造成用户不满意；但是当我们满足需求的时候，用户的满意度会快速提高。
- **必要型需求**：必要型需求是产品应当具备的基本功能；当我们没有满足用户的需求时，用户的满意度会快速下降；但是当我们满足了这类需求时，用户满意度也不会因此而快速提升。
- **期望型需求**：期望性需求与用户的满意度几乎呈线性关系；当我们不满足这种需求时，用户的满意度相比必要型需求下降得更慢；而当我们满足这种需求时，用户的满意度也比兴奋型需求上升得慢。
- **无差别型需求**：这种需求的满足与否，对用户满意度没有任何影响，几乎可以与“伪需求”画等号。

基于这样的分类，我们可以在产品的原型设计或其他相关材料准备完成后，对目标用户进行调研，收集用户对需求满足程度的看法。如果采用调查问卷的方法，那么收集到的就是用户的主观感受，甚至可能遇到所有的需求都希望被满足的情况。因此，我们可以在调查中设置一些限制条件，如在多项选择时设置选择的上限，或者直接采用单项选择的方式。

如果采用线上的方式来收集用户行为数据，相对于调查问卷的方式，收集到的数据更加客观。我们可以从用户的真实行为中找到用户真正需要的是什么。笔者将在第 5 章中再讨论关于收集用户行为的数据的问题。

当我们已经将需求进行了分类，就可以区分需求的优先级了。

- 首先需要完成的是“**必要型需求**”。从用户的角度看，这类需求会严重影响产品的可用性。
- 其次要完成的是“**期望型需求**”。通过期望型需求，我们可能适当提高用户的满意度。
- 再次要完成的是“**兴奋型需求**”。通过前两类需求打好基础，我们的产品已经可以运转起来了。这个时候才能腾出资源来考虑实现兴奋型需求。
- 最后才考虑“**无差别型需求**”的问题。对于这类需求，我们并非要急着直接实现它，而是需要从需求分析框架当中找到需求的来源，检查是否在捕获需求的过程中出现了问题。从投入产出比的角度看，如果我们的目标是提高用户体验，那么这类需求是投入产出比最低的一类；但如果它对产品或团队的发展具有其他价值，也需要尽力实现。

### 4.1.5 需求的传播和贯彻

在上文中笔者讨论了许多对外部市场进行需求分析的框架和方法论，接下来笔者专门来探讨需求在企业内部的流转问题。简单来说，就是怎样把大家做好的需求分析讲给别人听。无论是数据产品经理还是负责某项具体业务的产品经理，都必须要通过与别人的合作来完成需求分析工作，并让它发挥实际的作用。

这种合作包括与上司的合作、与不同职责的同事的合作，也可能包括与下属的合作。因此，完成这些合作，从而让对用户和市场的研究成果进行有效的传播，并贯彻到实际的执行当中，是需求分析真正走向落地的必经之路。

有趣的是，这个过程其实是另一个“需求分析”的过程——我们要对上司、同事和下属进行需求分析，然后才能把自己的想法像产品一样“放到他们心里”。

假设上司对你说：“你做个需求分析”，你就可以使用需求的分类框架来考虑上司布置的任务。

- **表明了的需要**：做一个需求分析。
- **真正的需要**：找到市场空白并策划下一款新产品，或者找到一个竞争对手的弱点作为战胜对方的突破口，或者从契合企业战略发展的角度为现有的项目争取更多资源等。
- **未表明的需要**：完成时间点、详细程度、提交形式、汇报对象等。
- **愉快的需要**：充分了解目前团队的发展状况、直接引用上司的“言论”、从最前沿的研究或其他部门分享的信息中找到新的解决方案等。
- **秘密的需要**：……（这需要视具体情况而定）

如果一切如我们分析的这样，接下来最先需要确定的就是“未表明的需要”一项，尽快让工作的目标更加清晰。

在职场当中，体现自己的价值、产出业绩、获得更多职业发展的机会，这些目标是大家共有的。但团队中的不同角色，实现这些目标的侧重点一定不同，如做技术的同事可能更关注新技术方案及其优缺点、做运营的同事更关注新的运营手段及其效果。带着这些思考去沟通，才能以最恰当的方式让对方认同自己的关于用户和市场的研究结果。

当然，在实际的沟通过程中，仍然需要数据产品的帮助，如必要的数据支撑、恰当的图形展示等。关于这些功能的实现方案，笔者将在后面的章节中具体展开。

## 4.2 业务及产品形态研究

在 4.1 节中笔者详细介绍了关于用户和市场的研究，这是业务发展的“源动力”。同时，除了对外部因素的研究，另一个重要的业务诉求就是对自身的研究，也就是对现有的业务和产品的形态进行研究，实现“自我迭代”。因此，本节笔者将视线从外部转移到内部，探讨在业务和产品的设计过程中存在着哪些对数据产品的诉求。

首先，最显著的一个诉求仍然来自外部——环境的高速变化在不断挑战着业务形态和产品形态的设计。因此，我们在专注于设计自己的产品形态和业务形态的同时，也希望时刻能够获得关于外部市场的信息，并且希望这些信息能够以更“智能”的方式传递到产品设计当中。比如，由原来的文字变成图形，由互不相干的新闻剪辑或通知消息变成某个内部运营平台中的组件库，由原来的“消息在不同的人之间传递”的方式变为“大家在协作中共享信息”的方式等。

同时，外部环境的变化还带来了另一个挑战，就是它始终牵动着对业务和产品进行评价的标准。在最开始设计业务和产品运营体系的时候，我们可以简单地凭经验给出一个固定的阈值。比如，毛利率不得低于 *X*%、转化率不得低于 *Y*%、DNU 不得低于 *Z* 人等。但是这种固定的阈值并不适用于所有指标，并且固定的阈值也不能及时响应业务的发展情况，需要为此投入额外的人力。

其次，随着外部的合作方越来越多、合作方式越来越复杂，并且在产品和业务内部，各个模块和部门之间的合作关系也变得越来越复杂，我们无法再像以前那样使用简单的方法找到业务价值的来源，而是需要使用一整套新的方法来识别究竟是“谁”带来了价值，并促进了业务和产品的发展。

因此，本节就围绕着业务和产品的评价标准、业务转化与价值归因、流量管理与实验框架这三个方面来展开。

### 4.2.1 评价标准——怎样才是“好”

如何衡量业务和产品的形态是“好”还是“坏”，这是一个贯穿业务和产品运营过程始终的问题。我们需要它来告诉我们，现在的业务和产品是否出现了问题；同时，我们也需要它为我们提供发展方向，需要用它在多种备选方案之间做出选择等。当然，在做这些事情的时候，还免不了需要数据的支持。

在对业务和产品进行评价的过程中，我们主要关注两个话题：首先，要关注有哪些常见的关键点需要进行评价；其次，如何设置合理的阈值。

#### 1. 何时需要评价

笔者先介绍需要进行评价的关键点。

1）关于外部环境的监控

在本章第 1 节中，笔者总结了大量关于需求定位的内容。但是，这些情况不是一成不变的。当环境发生变化的时候，我们需要考虑如何通过数据应用尽快捕获这些变化，并将信息传递给团队重新分析。这是业务对数据应用的一大类诉求。

① 市场环境条件

市场环境条件是影响业务设计和业务进行的重要的条件之一。笔者在讲解需求拆分的时候，更多是采取概念上的拆分。但是到了数据监控的环节，我们就需要将它们量化。如下降需求，我们就可以通过设置一个阈值，来评估需求量是否下降了。

比如，如果大家做的是关于出行的行业，那么需要关注以下这些数据。

- 每日的交通流量和拥堵状况。
- 不同商业区域的就业人数。
- 不同住宅区的购房和租房人数。

- 一年中的节假日，以及相关的出行高峰。

如果有更智能的系统来完成外部数据的采集和监控，以下这些数据同样需要关注。

- 实时道路拥堵信息。
- 公共交通的故障等临时信息。

再者，如果大家从事金融行业，那么权威机构公布的各种经济指标则是必须关注的内容。

通过监控这些数据的变化，我们就能使用这些数据进行估算。比如，我们正在满足的需求是一种下降需求，还是处在饱和状态的充分需求，或者是其他状态的需求。通过这种基本的判断，就可以对业务和产品做出相应的调整。

② 竞争对手情况

作为产品经理，一定要研究竞品。在服务的用户或满足的用户需求方面存在“重叠”，就会构成竞品。因此，判断“重叠”的部分就变成了对竞品监控的重要手段。

比如，我们可以关注在各大应用市场中属于同一个“分类”的产品。应用市场已经帮我们找到了这些存在“重叠”的产品。除了参考应用市场，一些第三方的平台也会为我们整理好这些存在竞品关系的数据，如七麦数据（原 ASO100）。

同时，如果企业内部存在多条产品线，这种“重叠”反而会成为好事情。它能够帮助我们更轻松地实现产品线之间的交叉转化。而在企业内部，我们不需要借助外部工具，可以直接基于企业内部建立的用户标签和用户分群体系，来实现重叠用户和重叠需求的识别。

③ 寻找外部的新机会

除了为了维持现有业务正常开展而进行的监控，我们还需要通过关注外部环境来寻找新的机会。

依照上文中讨论过的需求拆解方法，我们确实找到了一些还未被满足的、至少还没有被很好满足的需求。比如，出行行业，能够顺利地从一个地点到达另一个地点，是用户最基本的需要（可以归结为“社会需要”与“安全需要”的组合），而“共享出行”的理念在刚刚出现的时候，就提供了一种可以落地的业务和产品形态，来覆盖这一市场。

当然，这种深入的研究目前还不可能完全通过人工智能来实现。但是至少系统能够帮助我们收集到相关的数据。比如，通过对汽车销售量、出行人流量和办公区与住宅区之间的路径进行分析，我们就可以大致估算出拥堵的状况和其他公共交通工具可能存在的等待时长。

除了这种正向的分析思路，还有一种“逆向”的分析思路，也就是从成本的角度出发。如“潜在需求”，我们将它归为“不可操作的需求”，就是因为可能存在成本过高而回报过低这样的问题。但是反而有一些团队专门喜欢寻找这种项目，理由就在于这样的项目不管谁来做，需要承担的风险都是一样的。因此只要开动脑筋想到一种“看上去”实现了需求的“低成本”的方法就可以了。同时，小团队在执行的过程中“转身”更快，能在遇到麻烦时灵活调整自己。这样的案例容易出现在门槛较高、专业性较强的行业中，比如人工智能行业。

2）关于业务和产品自身的监控

俗话说：“打铁还需自身硬。”除了关注外部环境，业务的发展也离不开对自身的关注。而且这些方面也与大家的实际工作息息相关，为大家所津津乐道。

① 技术平台可用性

这是最基本的部分，并且比较偏向技术。相信产品和运营人员对“BUG”这个东西都“深恶痛疾”。因此，保证技术系统的运行畅通是对业务和产品自身关注的重要基础。

虽然这一项最偏向技术，但同样与业务高度相关。如外卖配送派单的延迟、支付成功率、消息推送的延迟等，这些既可以看作是业务的关键点，又与技术系统存在紧密的关系。当我们发现交易转化在某段时间内出现图 4.7 所示的情况，就需要开始检查其中的问题了。

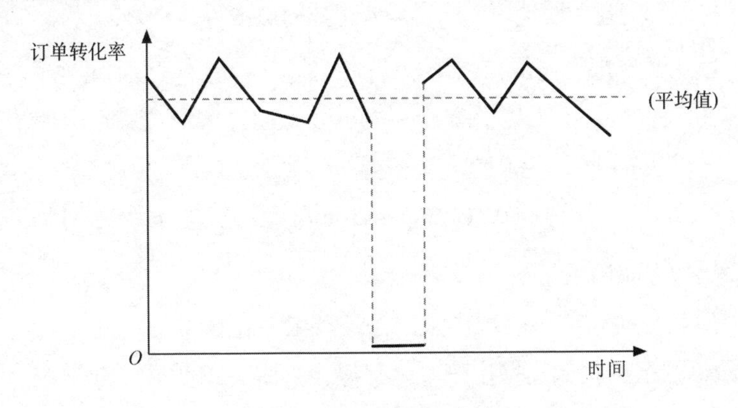


图 4.7　突然出现的异常情况

因此，除了那些技术系统的“硬伤”，一部分技术系统的问题也需要通过业务指标的变化来监控。比如，当我们发现外卖配送派单的效率明显低于往常的正常情况，而又没有业务的因素可以解释这一现象的时候，大概就是技术系统发生了问题。

② 业务环节的转化情况

业务环节的转化也是大家在日常工作中要特别关注的情况。针对不同的业务形态和产品形态，我们都可以找到一条相对通用的转化路径。根据这条路径，我们就能够基本把控整个业务的转化情况。图 4.8 就列举了几种典型业务形态的关键转化路径。

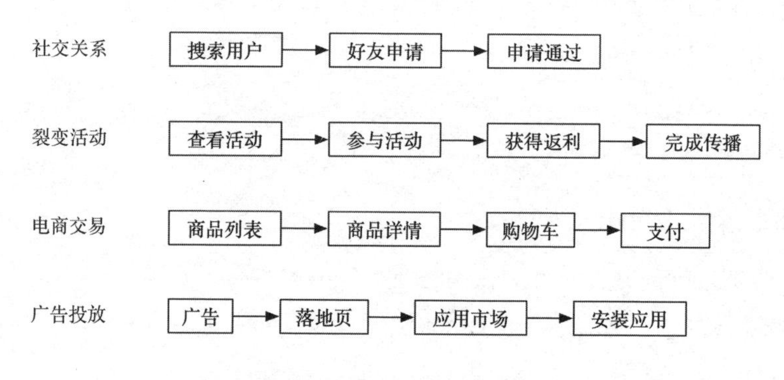


图 4.8　典型业务形态的关键转化路径

从图 4.8 中我们可以发现，每个箭头代表的都是一个转化过程；并且这些过程都需要用户有意识地做一些事情。比如，从搜索用户到提交好友申请，就需要用户主动地完成申请提交；从商品列表到商品详情，也需要用户主动地点击具体的商品链接；从展示的广告内容到落地页，同样需要用户的点击行为。

因此，这些环节都有可能存在用户的流失情况，需要从头到尾地追踪下去。比如，用户从进入首页，到最终的交易完成页面，通过怎样的路径一步步来实现转化。而为了实现这个目标，我们就需要获得一些关于用户点击和浏览的数据，如 PV（Page View，页面访问量）、UV（Unique Visitor，独立访客）、停留时长等。

② 关键的运营模型

上文中的业务转化情况表现出来的是一些最基础的数据。对于一些综合性的 App 来讲，单独把这些数据摆出来，就足以让人眼花缭乱，不知道应该看些什么了。因此，在这些基础数据之上，还需要加入一些运营模型。

比如，比较典型的留存模型，关注的是最近一段时间内新增的用户在后续一段时间内的留存情况。图 4.9 给出了一种典型的留存表（有时也称为“留存图”）的画法，表中假设当前的日期为 2019 年 1 月 15 日，我们要关注过去 14 天（即两周时间）内的新增用户的留存情况。其中每个单元格内的数据都是我们要关注的内容的一种转化。

（制表时间：2019-01-15）

| 用户新增日期 | 新增人数 | D+N日的留存率 | | | | | | | |
|---|---|---|---|---|---|---|---|---|---|
| | | D+1 | D+2 | D+3 | D+4 | D+5 | D+6 | D+7 | D+15 |
| 2019-01-01 | 1000 | 59.67% | 36.46% | 17.87% | 1.18% | 0.29% | 0.16% | 0.04% | 0.02% |
| 2019-01-02 | 1000 | 96.78% | 47.00% | 40.68% | 30.67% | 29.45% | 20.80% | 1.39% | |
| 2019-01-03 | 1000 | 30.19% | 28.41% | 8.27% | 4.45% | 4.28% | 0.73% | 0.63% | |
| 2019-01-04 | 1000 | 39.87% | 9.52% | 3.82% | 1.38% | 0.08% | 0.02% | 0.00% | |
| 2019-01-05 | 1000 | 77.34% | 32.28% | 7.71% | 2.12% | 0.56% | 0.08% | 0.02% | |
| 2019-01-06 | 1000 | 17.14% | 12.78% | 9.01% | 8.22% | 4.30% | 1.47% | 0.15% | |
| 2019-01-07 | 1000 | 27.77% | 9.56% | 6.86% | 3.41% | 3.07% | 1.00% | 0.53% | |
| 2019-01-08 | 1000 | 77.32% | 43.39% | 21.59% | 13.25% | 10.79% | 8.92% | 4.17% | |
| 2019-01-09 | 1000 | 91.93% | 48.34% | 28.53% | 13.64% | 4.23% | 2.98% | | |
| 2019-01-10 | 1000 | 11.84% | 6.62% | 1.00% | 0.46% | 0.01% | | | |
| 2019-01-11 | 1000 | 10.24% | 7.86% | 7.71% | 2.62% | | | | |
| 2019-01-12 | 1000 | 44.93% | 19.98% | 19.11% | | | | | |
| 2019-01-13 | 1000 | 25.68% | 3.03% | | | | | | |
| 2019-01-14 | 1000 | 61.28% | | | | | | | |

图 4.9　典型的留存表的画法

特别值得一提的是，笔者在本章第 1 节中提到了用需求来给用户分层的思路。这种思路更适合用于研究外部市场和用户群体。如果我们要对平台上已有的用户进行分层，应该怎样做呢？其实留存图为我们提供了一个不错的思路，尤其在大家制定业务目标和实现路径的时候。我们可以借助留存模型，通过用户的留存情况和每日留存用户的构成，对用户进行分层。

我们来讨论一个案例：比如，我们需要在 2019 年让活跃用户的数量提高 10%（这是一个振奋人心的增长目标）。但是我们只有 2018 年的数据，并以此为根据来做计划，需要多久才能实现 2019 年的目标呢？针对这样的情况，我们就可以从每天的活跃用户中计算出不同留存时长的用户比例，然后就可以估算达成目标的时间了。

图 4.10 所示的就是经过“升级”的留存表的画法。它的理念仍然是留存，但是这次我们关注的不再是具体的留存率，而是要从更宏观的角度考虑“结构”的问题。在做这张表的过程中，首先笔者拉长了监控的周期，从图 4.9 中的按天监控，变

成了按月监控，以便帮助我们把控整体的情况，并且方便按月制订计划。

（制表时间：2018-12-31）

| 用户活跃月份 | 活跃人数 | 用户新增月份占比 | | | | | | | | | | | | | 合计 |
|---|---|---|---|---|---|---|---|---|---|---|---|---|---|---|---|
| | | <2018 | 2018-01 | 2018-02 | 2018-03 | 2018-04 | 2018-05 | 2018-06 | 2018-07 | 2018-08 | 2018-09 | 2018-10 | 2018-11 | 2018-12 | |
| 2018-01 | 3000 | 28.31% | 71.69% | | | | | | | | | | | | 100% |
| 2018-02 | 3000 | 12.49% | 31.62% | 55.89% | | | | | | | | | | | 100% |
| 2018-03 | 3000 | 6.42% | 16.26% | 28.75% | 48.57% | | | | | | | | | | 100% |
| 2018-04 | 3000 | 4.27% | 10.80% | 19.10% | 32.26% | 33.57% | | | | | | | | | 100% |
| 2018-05 | 3000 | 2.70% | 6.83% | 12.08% | 20.41% | 21.24% | 36.74% | | | | | | | | 100% |
| 2018-06 | 3000 | 1.78% | 4.52% | 7.99% | 13.50% | 14.05% | 24.30% | 33.86% | | | | | | | 100% |
| 2018-07 | 3000 | 1.18% | 2.98% | 5.26% | 8.89% | 9.25% | 16.00% | 22.29% | 34.17% | | | | | | 100% |
| 2018-08 | 3000 | 0.14% | 0.34% | 0.61% | 1.03% | 1.07% | 1.85% | 2.58% | 2.95% | 88.43% | | | | | 100% |
| 2018-09 | 3000 | 0.06% | 0.16% | 0.28% | 0.48% | 0.50% | 0.86% | 1.20% | 1.84% | 41.08% | 53.55% | | | | 100% |
| 2018-10 | 3000 | 0.03% | 0.08% | 0.15% | 0.25% | 0.26% | 0.45% | 0.63% | 0.96% | 21.57% | 28.12% | 47.48% | | | 100% |
| 2018-11 | 3000 | 0.02% | 0.04% | 0.08% | 0.13% | 0.14% | 0.24% | 0.33% | 0.51% | 11.41% | 14.87% | 25.11% | 47.11% | | 100% |
| 2018-12 | 3000 | 0.01% | 0.03% | 0.05% | 0.09% | 0.09% | 0.16% | 0.23% | 0.35% | 7.73% | 10.08% | 17.02% | 31.92% | 32.24% | 100% |

图 4.10 经过“升级”的留存表的画法

如图 4.10 所示，其中黑框单元格中的 12.08%可解读为，在 2018 年 5 月的活跃用户中，有 12.08%来自 2018 年 2 月的新增用户。同时，我们还可以观察到，各月份新增的用户，在随后的几个月中的占比都在规律地下降。比如，我们可以观察到黑框单元格所在的“2018-02”一列，其数值自上而下依次递减。对于这种规律的“下降”趋势，我们可以通过统计手段找到一条拟合曲线，如图 4.11 所示。之后，我们还可以在多个月份中重复这个过程，找到多条拟合曲线之间的共同规律。

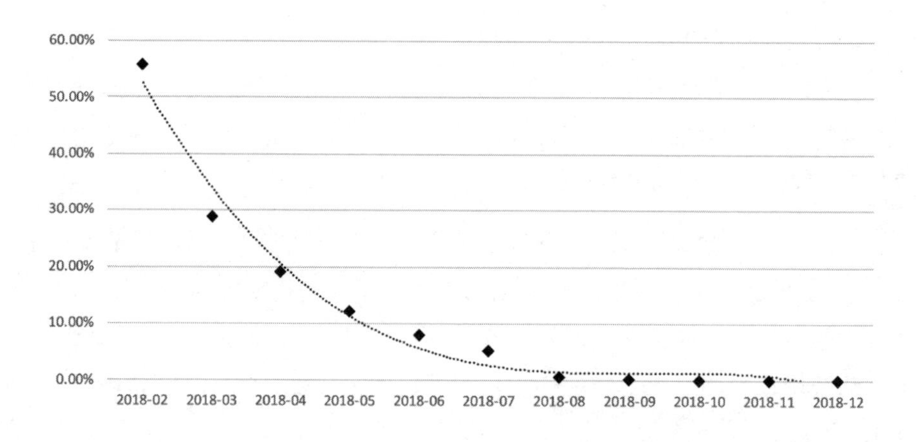


图 4.11 2018-02 新增用户活跃度指数曲线

有了图 4.10 和图 4.11 这两张图，再制定目标就简单了。我们可以根据拟合出的指数曲线，大致预测未来任意一个月的活跃用户的构成情况，再按照比例将任务拆分到各个月份的新增用户数上。这样拆分之后，我们连花费多少成本来发展新用户的问题也一起解决了。

④ 绩效完成度

这是一个与业务高度相关的指标，甚至应该是大家最关心的指标，因为这个指标的情况通常与大家的实际收入直接相关。

这其中比较典型的指标是“关键绩效指标”，即 KPI。由于这个指标可以量化，很容易通过数据和系统功能进行监控。只需要使用一张折线图，就可以找到目前已经完成的进度和目标之间的差距。这个指标又十分重要，当大家想要验证一些新需求和新市场的时候，都需要参考这张折线图，判断是否能够在实现业绩目标的情况下，得到一些额外的利润。

这张折线图如图 4.12 所示。

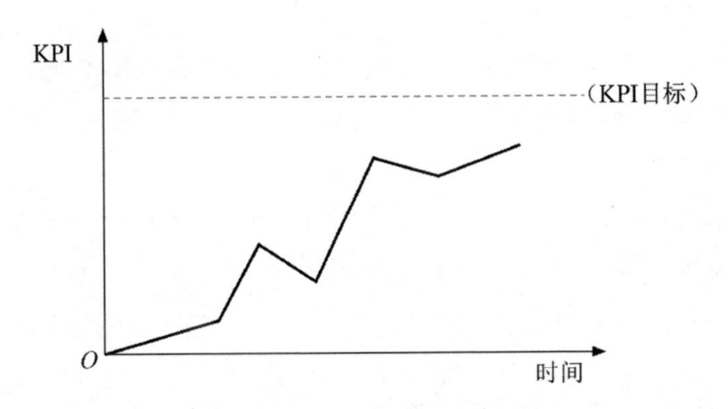


图 4.12　对关键绩效指标的监控

虽然笔者在这里才提到绩效的问题，但是它的重要程度绝不低于上文中的前三个方面，因为绩效完成度是一个可以用来考量整个团队管理与协作能力的重要方面。

首先，笔者来讨论管理的层面。对 KPI 进行监控并不是一件困难的事情。对于大多数团队来说，KPI 是一个普通的数值指标。因此，大家可以像计算新增用户数量一样对它建立起监控机制。

而某些企业或团队可能已经开始采用 OKR（Objectives and Key Results，常翻译为“目标与关键结果法”）进行管理，或者采用 OKR 与 KPI 机制并行的管理方式。OKR 由英特尔公司于 1999 年发明，并被 Oracle、Google 及 LinkedIn 等国际顶级科技公司所采用，因而广泛流传。OKR 是一套用来明确目标和跟踪目标的完成情况的管理工具和方法。

虽然 OKR 并不像 KPI 那么简单明了，简单到只是一个数值而已，但是 OKR 对各种 Key Result 的要求是可以量化。换言之，我们依然能通过 OKR 中的 Key Result，获得一些可以用来监控的数据指标。

如果我们认为整个绩效监控就是给出一个指标数值，或者只是给出一个可视化的折线图，那也太“小看”绩效监控的作用了。在绩效监控方面，我们还需要对大目标进行合理的拆解，才能真正得出一些业务上的指导意见。

其实，这类功能在第三方平台或者运营后台这类平台产品中很常见。比如，当业务发展的 KPI 定为 GMV（Gross Merchandise Volume，常翻译为“成交总额”）时，我们不仅要告诉业务团队目前的 GMV 已经达到多少、与目标还差多少、按照以往的发展趋势要多久才能完成等这种笼统的数据情况，还应当对下一步的优化措施提供一些意见和建议。

再比如，通过总体 GMV 的核算，我们在投放搜索引擎关键词上与目标差距较远，存在较大优化空间；并且基于对现有交易情况的研究，以及目前还剩下的投放成本，我们找到了可以带来较大优化的特定用户群与关键词。基于这样的结论，我们就可以给业务团队提出具体建议：着重运营 25~30 岁女性用户，投放“减肥”“抗衰老”等关键词，每位用户的平均投放成本应当控制在一定范围内。

上文中提到的过程，在具体的企业内部环境中，可能由一个团队来完成，也可能由两个团队来分摊。但不管怎样，最终让看到绩效情况的人能够比较清楚下一步应当做什么，这才是绩效监控的意义所在。

那么接下来的问题就是上文中的案例太简单了，到了具体的业务当中大家应当按照什么标准进行拆分。

在上文中笔者已经提到了业务环节与运营模型的概念。其中业务环节，就是一个很好的拆分方式。每种业务都有自己的业务转化环节，这部分内容笔者已经探讨过。而且在实际的业务分析中，大家经常使用漏斗图来反映各个环节之间的转化关系。

但是我们换一个思路，其实用户的每一次转化环节，都是与我们的产品的一次交互。这一次次交互可能是点击了按钮、点击了链接、点击了 Banner 等。即使在支付的环节，从我们的 App 页面跳转到如支付宝、微信支付、京东支付等支付页面，最终也要回到我们的 App 页面，才能看到交易结果。所以理论上，在交易结果的页面上，用户同样会与我们的产品产生一次交互。整体过程如图 4.13 所示。

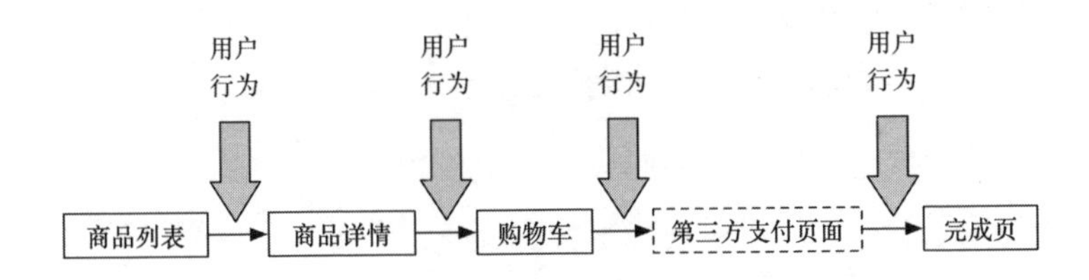


图 4.13　业务环节与用户、产品的交互

这样，用户与产品的这些交互过程，逐渐组成了我们想要的转化漏斗的样子。而为了让用户产生我们希望的行为，我们需要运用各种运营策略，提前对其进行引导。其过程如图 4.14 所示。

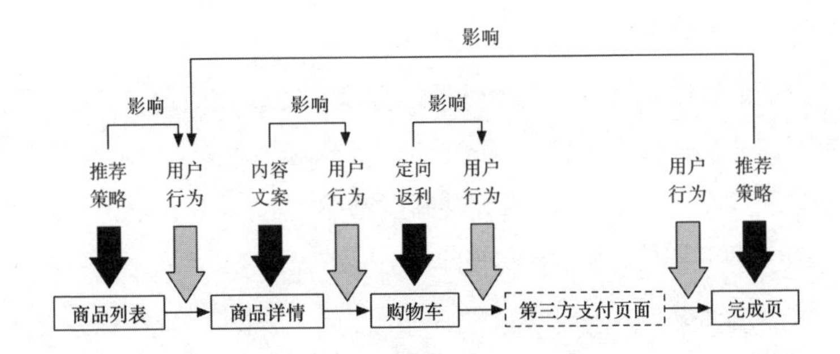


图 4.14　运营策略与用户、产品的交互

换言之，只有图 4.14 中标注出来的这些环节，才是真正可以改动的环节，并通过运营策略的调整，真正实现用户转化的优化。

因此，我们在对绩效指标进行拆分的时候，特别是要给业绩指标制订一个可实现的计划的时候，一定要将指标向着这些可以操作的环节进行拆分。之后，再对每个可以调整的环节的 KPI 完成情况进行监控。

比如，在图 4.14 所示的转化过程中，我们就可以将最终的 GMV 指标，拆解为点击进入商品列表页面的用户数与后续各个环节的转化率的乘积。由此，我们只要统计每个转化环节大致的范围，就可以知道需要重点提高哪个环节的效率了。这很像管理学中的 TOC（Theory of Constraints，常翻译为“瓶颈理论”或“约束理论”等），不断寻找影响整体效率的环节并优化它，完成了一个环节的优化再继续寻找下一个环节。

至此，笔者基本上把需要监控的方面全部列举出来了。

### 2. 关于“好”的定义

虽然我们已经了解究竟有哪些环节需要不断地进行监控和评价，但是还有一个令人头疼的问题会出现在所有的环节中，那就是如何定义“好”与“坏”的问题。

在实际的运营数据分析中，我们总是希望找到一些关键的运营环节，并通过一些后台功能设置报警。如果你是这些平台的产品经理，一定接受过类似的诉求。这些关键运营环节笔者在上文中已经举例介绍过了。但是报警的逻辑是，“如果出现异常，则触发报警”。所以，我们还是会遇到关于评价的问题。

如果区分“正常”与“异常”和“好”与“不好”的标准设置得不合理，则可能在报警时出现误报：设置得太宽泛了，就会收到一大堆意义不是很大的报警信息，变成“消息轰炸”；如果设置得太严格了，有可能错过一些之前没有遇到过的情况，失去了覆盖度和灵活性。

如果我们在设置区分“好”与“坏”的标准的时候，使用了算法模型（这类问题通常会使用“分类器”，即分出“正常”与“异常”两类情况），那么我们还需要考虑一些更加“专业”的指标来衡量这种分类算法本身是否足够好。比如，常见的灵敏度（Sensitivity）和特异度（Specificity）两个指标。

在约定将“系统或业务出现问题”的情况作为“正例”，而将“系统或业务未出现问题”的情况作为“负例”的前提下，笔者给出了灵敏度和特异度的定义。

- **灵敏度**指的是当系统中确实出现了一些问题时（尽管这些问题不能被我们直接察觉到），评价模型能检测到这一问题的统计概率。因此，在特定领域中也会有别的叫法，如医学领域的“真阳性率”。
- **特异度**指的是当系统中未出现问题时，评价模型也确实“认为”系统一切正常的统计概率。因此这个指标在医学领域中也被称作“真阴性率”。

可见，这两个指标中并没有“人为的经验判断”，而是完全根据历史结果进行统计计算得到的。而在评价指标的选择上，灵敏度和特异度都需要明确的正例和负例的定义。另外一对指标“准确率”（Accuracy）和“精确率”（Precision）则更关心是否判断正确，而没有那么依赖正例和负例的定义。

在关于算法模型的评价方面，还有很多更抽象、更复杂的指标。如果大家感兴趣，可以进一步深入了解关于算法模型方面的知识。笔者在这里不再赘述，继续展开关于评价定义与问题检查方面的话题。

在实际操作中，当需要评价或者需要报警的时候，如何设置一个比较合理的标准呢？大家可以采用以下两种常用的定义方法。

1）静态定义

静态定义是一种最简单的方法，这里的“静态”指的是阈值是一个确定的数字。比如，笔者在上文中探讨 KPI 的时候，就可以给 GMV 这个指标设定一个确定的数值，如 2000、50000。之后的评价就是比较数值的大小。如果大家已经制订了 KPI 的团队分工和时间计划，还可以不断地追踪 KPI 的完成情况。呈现出来的样子，如图 4.12 所示。

这种定义方法的优势是简单明了。在自上而下的管理中，这种方式尤为常见。各个部门和层级的指标可以通过对企业总目标的拆解而得到。上文中提到的基于 OKR 的管理，是从目标和任务的角度进行的拆解，而 KPI 则是在更确定的指标数值层面上的拆解。

从这个方面来讲，这种使用具体数值来定义阈值的方法，其确定性和简单明了的特性，决定了整个企业或团队在管理上的透明，并且目标清晰一致，方便团队协作。

当然，当环境发生变化时，这种确定性就变成了缺点，因为它并不能根据环境进行调整。下面笔者要介绍的两种动态定义的方式，相比静态定义，能够更好地响应环境和条件的变化，从而动态地计算出符合当前情况的阈值。

2）动态定义

顾名思义，动态定义中的评价不再由某个确定的数值来决定，而是需要通过预定义的计算方法，不断计算出当前情况下的阈值。当然，这种定义方法在前期需要投入更多人力、计算资源和时间，以便设计出合适的计算方法；但是在后续的维护中则可以相对地减少投入。

① 均值/基线法

这是动态定义这个分类中最简单的一种方法，我们可以统称为数据的统计特征。提到统计特征，大家首先想到的可能就是常说的“平均数”，在统计学中通常称为“期望”。这个平均的数值就成为所有历史情况的“代表”，我们可以认为越是接近它的情况，也就是越“正常”的情况。

比如，我们在考量新增用户数这个运营项目是否正常时，就可以选取历史上每天的新增用户数的平均值，并以此为衡量标准；如果今天的新增用户数低于这个标准，就判定今天的获得新用户的工作“不合格”，需要进一步分析其原因。

此案例中用到的是最普通的一种平均值的计算方法。其中的历史数据按天增加，每天只会多出一个数值，因此计算量也在缓慢增加，每天只要计算一次就够了。当然，这是一种很机械的计算平均数的方法，很容易受到异常波动的影响。比如，某天新增用户数激增或者骤降，都会导致平均值的波动；反之，如果强行去掉那些看上去“不太合理”的数值，不仅会增加工作量，还可能让我们错失一些需要关注的趋势。

那么应该怎么办呢？于是聪明的人们发明了“移动平均法”，也就是不再用全部的历史数据计算平均值，而是只用最近一段时间的数据计算平均值。这样随着时间的延续，我们的计算范围也在不断推进。大家在实际工作中很可能已经在用这种“移动平均”的思维方式了。

比如，依旧是上文中新增用户数的案例，我们可以选取过去 7 天左右的数据计算平均值，并由此研究新增用户数的趋势。过去 7 天内的情况相比历史上很长时间之前的情况，对下一步的工作更有指导性；同时，也兼顾了在计算平均值的过程中“抓主要、放次要”的整体思路。

除了均值，我们还可以使用分位数来了解历史数据的分布情况。比较常见的是四分位数。还有在第 2 章中提到的 TP50、TP90、TP99、TP999 这一组技术指标，也是利用分位数计算出来的。

需要强调的是，**计算四分位数的过程，需要先对所有数据进行排序。**这无形中增加了一些计算成本。将所有数据按照从小到大的顺序排列之后，分别取 25%、50% 和 75%位置的三个数据作为分位数；其中 50%位置的分位数，就是大家比较熟悉的“中位数”。这样，我们得到了五个具体的数值（包括最大值和最小值），就可以根据业务和产品的检测结果，制定出五种不同的报警或通知策略。

这种方式与计算均值的目标类似，都是希望找到一个数值，来“代表”所有数据。只不过分位数的方法相比均值，能更清晰地体现出数据在数值大小上的分布情况，而不是机械地进行计算。

② 同比/环比法

“同比”通常指的是与上一个时间周期内的相同时段的数据进行比较。比如，今年的 1 月份与去年的 1 月份比较。而“环比”通常指的是与上一个时间段的数据进行比较。比如，今年的 2 月份与今年的 1 月份比较。

同比和环比也是很常用的监控阈值的定义方法，特别是应用于那些周期性很明显的业务或者产品，或者面向那些生活周期性很明显的用户群体。比如，信用卡还款或与卡片管理相关的产品，每个月都会有特殊的还款日；工资及存款理财的产品，每个月都会有值得运营的发薪日；面向青少年和儿童课余教育的产品，每周都会有周末补习等。

即使是那些没有明显周期性的业务和产品，当业务本身相对平稳的时候，也可以采用同比和环比的方法来检查业务是否出现了问题。比如，对于一款相对成熟的产品而言，每天自然活跃用户的数量是一个基本恒定的数值；对于一些我们已经合作许久的获得新用户的渠道而言，每天从这个渠道产生的自然新增用户的数量也同样是一个基本恒定的数值。这里的“自然”指的就是我们没有使用任何特别的获得新用户或者促进用户活跃的手段。

在使用同比和环比的方法监控业务或者绩效时，需要特别注意“时间周期性”。问题往往出现在以下两个方面。

- 当我们的业务和产品具有很强的周期性时，我们的同比或者环比的周期，应当是业务和产品自身周期的倍数。如上文提到的课余教育产品。由于用户的生活作息基本以一周为一个周期，因此我们在进行同比或环比计算的时候，应当选择一周或者几周的时间间隔进行对比。
- 在选取对比的时段时，需要特别考虑对比时段的参考价值。这其中要考虑的因素会相对多一些，比如，在选取的时段里是否存在重要的运营策略、行业重要新闻事件、偶发的用户群体行为、节假日等。因此，上文在举例的时候，特别强调了“自然新增”和“自然活跃”。

当然，对于业务和产品与时间的关系，同比与环比只是最简单的分析手段。而在时间的分析方面，如果大家感兴趣可以特别地学习一种叫作“时间序列分析”（Time-Series Analysis）的分析方法。比如，其中的 Holt 双参数线性指数下滑模型、Holt-

Winters 三次指数平滑模型等，都可以实现对未来情况的预测，从而作为报警的阈值来使用。因此，这套方法可以很严谨地分析出业务与时间之间及产品与时间之间的关系。

### 4.2.2 业务转化与价值归因

在当下，“转化”是一个很吸引人的词。它不仅意味着来自用户的强烈需求，还意味着企业有掌控自己产品的能力。特别是对于那些可以直接获得收入的业务，转化意味着企业能够获得实际的收入，实现商业变现。

#### 1. 什么是转化

这是一个很简单的问题，但也是最重要的问题，尤其是在我们将转化情况作为目标来衡量一切运营活动的时候。而常见的“业务转化”的定义，一般与用户的行为有关，也就是当用户产生了某种行为的时候，我们才认为这位用户已经变为所谓的“转化用户”。同时，一个有意义的转化也要为产品带来价值。最简单的就是贡献了收入，还贡献了活跃度、用户基数、影响力等。

比如，对于那些包含交易环节的线上交易场景，用户实际完成了支付，通常就可以认为是一次有效的“转化”；对于内容社区，用户产生了 UGC 内容就可以认为实现了有效的“转化”。

由此我们可以得出结论，转化的定义与业务高度相关。一项比较简单的业务，可以只定义一种转化，如支付；而对于相对碎片化的业务，就要定义多种转化，如社交中的注册、加好友、点赞、评论等都可以被看作转化。

除了业务形态，产品生命周期和用户生命周期也会影响转化的定义。比如，在产品的引入期，我们关注的是快速扩充用户规模。此时用户在邀请新用户和扩大产品影响力方面的贡献更有价值。等到了产品的成熟期，就要求有稳定的收入。此时，我们更看重用户贡献的有价值的内容，或者直接关注用户与变现相关的行为。笔者在第 3 章中已经介绍过产品生命周期，而用户生命周期笔者会放在第 5 章中讨论。

向更深层次挖掘，转化其实意味着一种对供需关系的验证。虽然笔者在本章第 1 节中使用了 KANO 模型对分析出的需求进行了初步调研，但是用户的实际行为才是最好的验证需求的方法。如果转化情况并不理想，需要从需求分析的角度再次检查问题出在哪里。

### 2. 转化归因难题

归因是一个有趣的概念，许多领域都在研究。比如，心理学中就有与归因相关的“基本归因错误”（Fundamental Attribution Error，FAE）的概念。广告和金融领域更是对归因进行了深入研究，来辅助广告主和投资人获得更大的收益。

但是在业务分析的过程中，归因问题是怎样产生的呢？其实在简单的场景中，我们不需要使用归因方法。比如，我们能够明确地知道，从 A 渠道产生的新增用户要比 B 渠道多，这是由于我们给每一位新增用户做了标记，标记了用户所产生的渠道。

但是，如果我们发现用户带有多个这种标记应该如何处理？比如，在常见的电商交易流程中，用户通常都需要经过多个页面才能最终完成交易流程，也就是我们常说的“交易转化”。那么这样一笔“交易转化”，我们应当划分给用户经过的哪个页面呢？其实任何一种划分的思路，都隐含了对页面重要性的考量。也就是当用户经历了多个步骤并产生一笔交易时，究竟哪个步骤对最终产生交易的“贡献”更大呢？

在最近流行的增长理念中，我们同样能找到类似的案例。比如，LinkedIn 公司经典的“魔法数字”案例——“一周内增加五个社交好友的用户，更容易留存”。如果我们把这个分析场景放到实际的工作中去，很难得到这个结论。一周内发生的事情太多了，除了好友数量的变化，可能还有用户年龄段的改变、地理位置的改变、内容偏好的改变等。那么，我们如何将最终的留存率的变化，“归功于”社交好友的数量呢？如果我们再考虑更深一个层次，这五位社交好友的地位是否同等重要呢？而且“五个好友”的条件很可能是在没有运营干预的前提下得出的结论。如果我们有意识地强化“五个好友”的目标，是否还能得到“用户留存”这个结果呢？

这种无法明确拆分“贡献度”的问题，就属于归因问题。归因问题的表现，通常是我们找不到一种客观的拆分方法；但是将这些混在一起的东西区分开，对我们来说又十分有意义，因此我们需要优化对有限资源的分配方式。如上文中电商交易流程的案例，如果我们能区分出究竟哪个页面对用户产生交易的“贡献”更大，我们就应当考虑其他的页面是否应当重新设计，或者应当改变整个流程中页面的排列顺序等。

而从用户和市场研究的角度分析，归因要做的就是在完全没有与用户直接接触的情况下判断用户的行为动机。这种判断将作为后续优化工作的一种指引，并且需要时刻保证这种判断的正确性。

归因的正面作用表现在，当我们不了解用户时，归因应该是全部数据分析要解决的唯一问题——也就是解释“为什么”。其反面作用则表现在，归因不当将会摧毁整个分析的可信度。而且很可能我们在原始数据的收集和整理中，就已经表现出对“特定”归因结果的倾向性。比如，因为希望得到一个有益于自己的归因结果，于是只收集那些支撑有益归因结果的数据。这样，我们从一开始就已经定下了一个“大败局”。

下面笔者就来介绍归因究竟有哪些具体的方法。既然客观上没有明确的拆分依据，我们就需要人为地给出一些拆分的依据。为了解决这样的问题，一些常见的第三方数据分析平台都会提出一些归因的方案以供选择。常见的归因方案包括以下四种：

1）首次互动归因模型

首次互动归因模型，也就是我们认为某种结果是由于用户最先做的某件事而导致。在数据中“首次”通常表现为时间最早、顺序号最小等。

不过，与“首次”这个概念相关的数据，获取起来也并非一帆风顺。在现实中由于种种原因，我们无法从用户的最终转化一直向前追溯到真实的“首次互动”。遇到这种情况，我们只好采用能追溯到的、并且与业务相关的首次行为了。

比如，新增用户在最早的阶段，可能是一种线下的推荐行为，这样我们就不可能获取到“真实的首次行为”了。

再比如，对于用户的一次消费行为转化，我们想要追溯用户在转化之前还有过哪些行为。那么根据不同的数据情况，可选的追溯方案有以下五种。

- 最轻松的方式就是我们可以用订单号来追踪，也意味着此前所有的行为数据都被做了“订单号”的标记。
- 如果没有订单号，则可以使用用户的账号，相同账号产生的行为，并且发生在产生交易之前，就可以认为是前置行为。
- 如果用户的账号也没有，还可以用访问会话（通常命名为 Session ID），也就是相同会话 ID 的行为，并且发生时间在产生交易之前，也可认为是与交易相关的前置行为。

- 如果连会话也没有，只好用设备ID，逻辑也是类似的，要考虑时间顺序。
- 最后如果关于用户的任何信息都没有了，那么用户以前的行为，我们只好当它不存在，只把能得到的行为当作“首次行为”。

2）最终互动归因模型

最终互动归因模型，也就是我们认为用户产生的转化行为，完全归因于用户最后做的某件事。“最终”在数据中就表现为时间最近、顺序号最大等。

比如，如果用户一次浏览了五个页面才产生交易，那么我们认为用户最后查看的页面，是带来交易的“全部原因”。

虽然这个模型能够得到一些转化率上的支持，比如，在交易的交互流程中，我们通常会发现最后两个步骤相关页面之间的相对转化率很高；但我们同样很清楚，用户只要决定购买了，支付页面就变成了“必经之路”，其实没有太多可分析的价值。

同时，在最终互动归因模型中也存在“数据问题”，在广告投放的分析中，通常称之为“直接访问流量”（Direct Traffic），也就是那些找不到前置行为却完成了转化的流量。这些流量会影响转化率的大小，但是由于无法向前追溯，我们并不能对它进行优化。因此，为了排除它们的干扰，有时也采用“最终非直接互动归因”，也就是从直接导致转化的步骤再向前追溯一个步骤。这个方案其实就能够解决在上文中提到的支付页面的问题。

3）线性归因模型

线性归因模型，采用了最简单的“平均分”的思路。它认为用户经过的所有步骤都同样重要，并且用户的行为动机是在每一步中逐渐积累而来的。比如，在“LinkedIn 魔法数字”的案例中，如果用户添加了五个社交好友，并且这五个社交好友都留存下来，那么我们认为这五个社交好友“同等重要”，全都是促成最终结果的重要因素。

当然，讲到这里，大家肯定能想到，是否可以“强行”认为所有步骤的重要性相同，这与行业高度相关。在“LinkedIn 魔法数字”的案例中，要区分好友之间的轻重关系就比较难；但是对于电商平台，由于商品之间天然的差异性，区分起来就相对容易一些。

4）加权归因模型

加权归因模型，也就是给转化过程中的每个步骤分配一定的权重。所以对于线性归因，我们可以理解为其将所有的权重设为相同的值。比如，如果用户从某商城中浏览了许多商品才下单，在订单页面点击了提交按钮，在支付页面点击了支付按钮，在订单完成页面点击了查看订单详情按钮。这一套行为做下来，这笔订单应当归功于哪个按钮呢？笔者认为在随意浏览的过程中，点击行为没有那么重要。相比之下，后边的三个按钮就重要得多。因此，我们可以给后边的三个按钮各 30%的权重，给前边所有剩余的行为总共 10%的权重。

由此可见，权重的设置很灵活，可以根据需要任意调整。这就产生了另一个问题：权重“应当”怎样设置呢？有什么标准吗？线性归因是一个比较理想的状态，相当于所有环节等权；而首次互动归因和最终互动归因也是两种比较理想的状态，分别是给最初的行为和最终的行为设置 100%的权重，中间的过程行为都是 0%。但是现实可没有这么理想，因此，我们还可以根据时间衰减模型、U 型模型、W 型模型和 Z 型模型来设计权重。这四种权重设置方法，如图 4.15 所示。

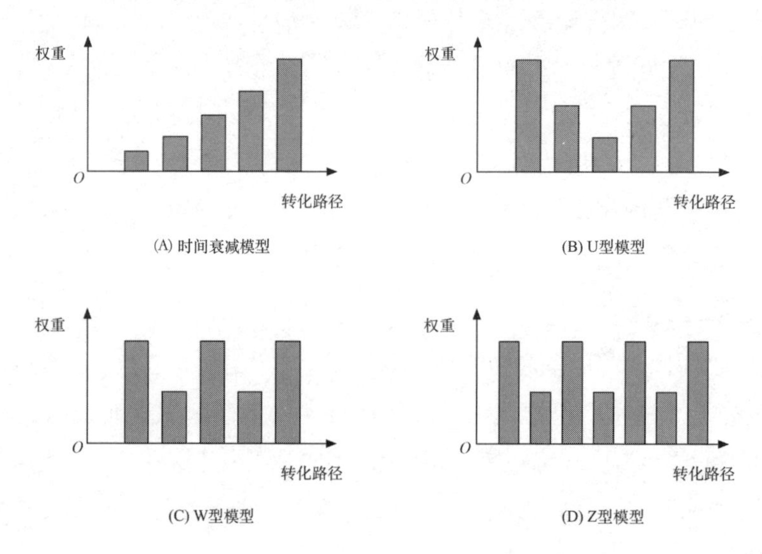


**图 4.15　加权归因中几种常见的权重设置方法**

笔者先来讲“时间衰减模型”。这个模型的基本假设是，越是与最终转化环节临近的行为，其对最终转化的影响也就越大；相反，距离最终转化环节越远的行为，其对最终转化的影响越小。笔者还用电商交易的案例，那么通常认知中的“最终转化”就是完成支付了。如果按这个顺序考虑，那么支付确认页面中的行为对最终转化的贡献最大，其次是订单生成页面上的行为；而最初的启动 App、浏览首页等行为，就是一些与最终转化“距离较远”的行为了，我们可以给它们设置很低的权重。

U 型归因模型更适合存在“多触点”场景的产品。这里的“触点”概念需要稍做解释。触点指的就是用户与产品接触的环节。这些环节不限于用户与产品本身直接地接触，还包括通过搜索引擎、通过应用市场、通过投放的广告内容等多种方式。通常在以 App 和 Web 为主的互联网产品中，用户的大多数行为始终局限在一个产品的范围内，可能对触点的概念接触不多。但是在做与产品外部相关的场景时，比如，在产品外部获得新用户，就会用到触点的概念。

因此，U 型归因模型的两边就代表两个触点，中间过程是用户与产品没有接触的过程。可想而知，与产品接触的过程对用户行为的影响更大，而那些没有接触产品的过程则对用户行为的影响比较小。因此，我们会给两个触点更高的权重，而给中间过程的权重较低。这样就自然地形成了“U”的形状。

“触点”这个概念在营销团队中更为常见。在互联网行业中，业务拓展团队和运营团队经常接触它。在这个体系中，用户的首次互动行为与最终互动行为也分别有自己的名称：首次触点和线索转化触点。

但是中间的过程果真毫不重要吗？日常的经验告诉我们，有一些中间环节同样需要关注，不然就得不到想要的最终结果。因此，在 U 型归因模型的基础上，如果再加一个需要关注的中间环节，就变成了下文要讲的 W 型归因模型。

W 型归因模型在 U 型归因模型的首次触点和线索转化触点的基础上，增加了中间的“机会建立”触点。这三个触点被分配到最高的权重，分别得到 30%的权重，剩余的触点则平均分摊剩下的 10%权重。中间环节的增加，等于在最初与最终触点之间建立了支撑，能够让用户转化连贯产生，减少中间环节的流失。

在了解了 U 型和 W 型归因模型的由来之后，笔者最后来介绍 Z 型归因模型。Z 型归因模型也称“全路径归因模型”。如果只看名字，很容易把它与线性归因模型混淆。“全路径”指的并不是把每个触点（也就是每一个用户与产品接触的环节）都考虑进来。U 型归因模型关注两个阶段，W 型归因模型关注三个阶段，Z 型归因模型在这个基础上新增了第四个阶段，即用户转化完成阶段。这个触点在互联网产品中，就是用户最终完成转化后的交互内容。比如，在电商场景中，用户转化完成阶段就是支付完成的环节，而非创建订单的环节。由于种种原因，用户可能在完成支付的前一秒放弃，这将导致我们此前的努力付之东流。

可见，U 型归因模型、W 型归因模型和 Z 型归因模型在关注的环节数量上有所不同，从而导致模型对现实情况做出不同程度的反映。不过在现实的工作中，不同的环节可能绑定了不同团队的绩效 KPI。换言之，这些权重的分配，可能本身就与某些团队的工作绩效息息相关。因此，我们在从 U 型、W 型和 Z 型归因模型中做选择的时候，要考虑自己所在团队的现实情况，包括团队现有的配合模式、团队的绩效考核方式等。

以上各种归因方法比较简单易懂，而且计算量与计算复杂度都不大。但是归因这件事也可以采用相对复杂的模型来评估，如马尔科夫归因。这种归因方法，是把用户的转化行为比作“马尔科夫链”，来计算各个状态之间的转化概率。简单来说，这个模型的基本假设是“明天只与今天有关，而与昨天无关”，换言之，后置的用户行为只与直接前置行为有关，与间接前置行为无关。这样，我们也就可以计算出用户转化路径中的各个步骤之间的概率，并最终计算出权重。

### 3．转化归因模型的选择

在上文中笔者提出了多种归因方法可以供大家选择，但是还要配合给出一些选择策略才算完整。其他给出了“N 种方法”的场景也是一样，需要有一个基本的选择策略。

首先，像很多类似的情况一样，既然存在多种方案，那么每种方案必定有自己的适用场景，否则只保留一套通用的模型就可以了。那么为什么我们不直接采用看上去就很复杂、很专业、很灵活的马尔科夫链，还是要用那些相对“简单粗暴”的归因方式呢？这里主要考量两个因素。

1）业务形态

“业务形态”这个词笔者一直在讲，但其实它是一个比较抽象的概念。如果将这个概念落实到数据上，就是我们究竟能拿到怎样的数据。不同的业务形态，我们能拿到的数据和数据之间的关系也是不同的。比如，关于电商业务，我们会拿到商品信息、订单信息、支付信息和用户信息等；关于网络社交，我们会拿到用户信息、社交网络、UGC 内容等；关于金融业务，我们能拿到用户信息、账户信息、产品信息、交易信息、合同信息等。

同时，行为数据是一类比较通用的数据，无论以上哪种业务都能拿到。关于

"能拿到什么数据"的问题，笔者在第 5 章中会提到"数据世界观"的概念。因此，对于存在关键环节的业务形态（如交易支付），我们可以使用"最终互动归因模型"；而对于社交这种比较碎片化的场景，最简单的就是"线性归因模型"了。

同时，我们还需要考虑 ToC 型和 ToB 型业务的差异。ToC 型业务的流程通常较短，并且在同一个 App 或者 Web 站点上就可以完成。但是对于 ToB 型业务，从销售推广到最终下单，可能要经历多个环节、多个部门、甚至多个子公司之间的业务流转，这就需要先重新评估每个流转环节对最终转化的重要程度，再裁定应当采用怎样的归因模型。

2）计算量

第二个要考虑的因素就是计算量。计算量主要来源于数据量与计算复杂度两个方面。

数据量比较好理解。比如，企业宣布的每日活跃用户的数据、留存数据、交易额及交易人数等数据，都是在浩如烟海的数据内容的基础上，经过大量计算才得出的。在海量数据的基础上，我们做任何一个很简单的操作，如计算去重的用户数，都会耗费很多资源。

那么什么是计算复杂度？这个问题主要来源于，我们拿到的数据如果处在未经加工的"原始状态"，就不能直接地满足计算需要。这就需要我们在实际计算这些指标之前，先对原始数据做一些基本的加工和变换，这就产生了额外的计算量。并且如果加工方式频繁变更，我们就不可能通过预计算的方式，在资源"空闲"的时候自动将数据准备好，而是每次都要等到使用时再计算。

或者，要计算的指标本身比较特殊，其算法很复杂，因此完成指标计算本身就包含了很大的计算量。比如，做数据表之间的级联、数据之间的拼接等。但这个过程不能像"数据清洗"那样通过标准化的流程进行周期性的自动加工，从而导致整体计算复杂度的提升。

在实际应用当中，我们总是能够想到"更完美"的归因策略，但是可以想象，那将需要十分庞大的计算量，早已超出我们能够掌控的计算资源的承受能力。因此，在实战当中，有些"接近完美"的方案，也会因为成本过高而被舍弃。

#### 4．转化的认知升级与迭代

上文讲到的基本都是归因模型的直接应用，也就是"给转化找原因"。既然归因是给转化找原因，而提到转化大家一定会想起漏斗模型，那么归因与漏斗模型之间是什么关系？还有上文提到的转化路径，难道不就是漏斗模型？

我们从各种数据采集中得到的信息很有限，它们不会超过我们预先能想到的那些指标，包括页面上元素的曝光、点击、页面滚动等基本行为，以及与业务相关的发布内容、拍摄视频、点赞、收藏、创建订单、完成支付等行为。即使是“无埋点”方案，能够采集到的内容也是预先设计好的，并且是更基础、更通用的指标。

很显然，这些基本的指标根本不能跟“用户行为”画等号，充其量是用户行为的“子集”，并且是极小的一个“子集”，因此并不能帮助我们完全还原出现实的情况。这其中有技术问题，也有认知问题，还有其他各种各样的问题。那么用户行为究竟是怎样的呢？这是一个数据采集需要特别关心的问题。但其实对于数据分析来讲，这个问题不重要，重要的是我们究竟关注哪些用户行为。这就是漏斗模型，如图 4.16（A）所示。

在当今的分析过程中，大多数人会使用转化漏斗来描绘一条对于业务和产品来讲最关键的路径。用户在这条路径上如何流动，决定了业务和产品是否存在问题、是否还有发展空间。而这个转化漏斗背后，则是一个价值产生的过程（消费、投资等），或者是用户的一个心理过程（认知、表达等）。

所以虽然都是行为，但漏斗模型与行为轨迹的出发点不同。漏斗模型是从业务和产品的角度出发的，行为轨迹是从用户的角度出发的。如果我们将两种分析结果放在一起对比，就能发现很有趣的现象：我们希望用户赶快买，但是用户就是转转悠悠地不下单。用户在做什么？这时我们就需要暂时放弃漏斗模型，将用户的真实交互路径绘制出来，以便发现其中的问题。

总结起来，漏斗模型是从业务和产品的角度出发的，在所有用户可能产生的行为路径中，寻找出真正重要的节点；归因则是将漏斗模型进行横向拆解，研究促成每一个节点的真正原因是什么，以及如何加强。

但是，如果我们发现一个漏斗模型表现不佳，就很难从漏斗模型本身找到解决的方法。漏斗模型本身不太具备“可操作性”，毕竟节点的选择在参考业务特性的同时，也存在一些“主观色彩”——可能在挑选的过程中，一些有价值的问题就已经被忽略了。

同时，漏斗模型也不能很好地呈现一些比较复杂的关系。比如，当下比较流行的裂变、病毒式传播这样的运营方案，虽然也能将漏斗模型与新增用户和活跃用户的分析挂钩，但是很难呈现出更重要的传播过程。根本问题在于，漏斗模型表现的是一维的关系。即使是桑基图，也只能表现出二维的关系。

其实，在转化漏斗以外，还有专门描述复杂传播情况的“波纹模型”。经典的波纹模型如图 4.16（B）所示，它描述了从一位用户开始，向周围相关用户进行网状扩散的过程。

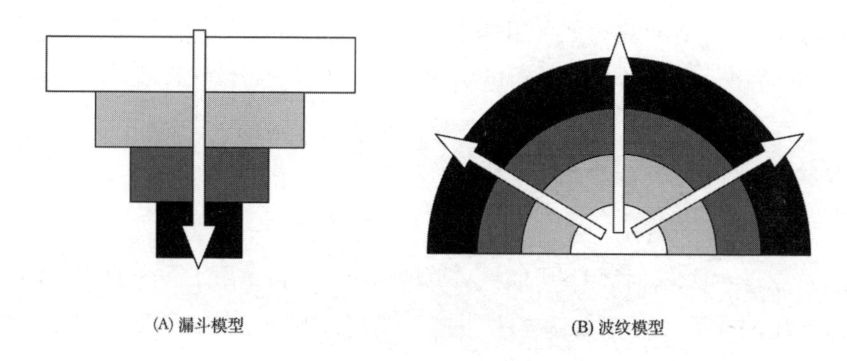


图 4.16　漏斗模型与波纹模型示意图

### 4.2.3　流量管理与实验框架

在 4.2.1 节和 4.2.2 节中，笔者讨论了比较抽象的业务评价标准，以及相对具体的业务转化归因的问题。这两个方面都对产品的设计产生了很强的影响。但这两种影响因素的思路完全不同，因而面临着不同的优化诉求。

“评价”通常是指在事情发生之后进行的“追加评价”，也就是“事后评价”。我们可以从这些评价当中找到优化业务和产品的关键因素，并在下一个阶段推动优化落地。可见，这种方式需要严格地按照顺序执行，即先分析再优化、再分析再优化。

因此，如果想要这个过程能够更高效，就需要不断缩短从分析到实际优化落地的周期，这可以通过优化工具软件来实现，如数据产品。不过，这种方法的局限表现在用于分析的样本量不足。也就是时间周期过短，导致我们收集到的数据量很有限，无法得到可信的分析结论。所以，这方面的诉求，就是根据有限的数据量，得到更多的有效分析结论。

而“转化归因”的部分，我们更多关注的是业务转化中的主要转化环节——

从未实名到实名、从未支付到支付、从首次支付到产生重复购买等。这些环节十分重要，但是在实际的产品设计中，还有一些更加细致的产品设计需要优化。比如，在完成用户的交易转化的过程中，页面上的许多元素都可能对用户是否转化产生影响。

按照目前比较常见的设计，页面上的内容“自上而下”可以分为许多“楼层”。如图 4.1 所示，对关键的转化起引导作用的按钮，通常被放在底层，不随页面内容滚动。在这样的产品设计中，如果用户在页面上“自上而下”地浏览整个页面提供的内容，那么靠近页面顶端的内容，就决定了用户是否愿意继续查看那些位置靠下的内容。还有一些页面采用只展示关键信息而将详情“隐藏”起来的设计，只有用户真正需要才会点击并查看详情。

类似这样的场景都是一些“微转化”。我们也需要相关的数据来分析细节内容的设计是否合理。但是，我们不可能针对每种内容的组合，研发一个独立的页面作为 A/B Test 中的一个“版本”，这样做的成本非常高。因此，我们需要更高效的办法，以更小的成本，得到各种版本组合的转化效果。这也是通常认识中的 A/B Test 方法无法解决的问题。

为了解决这样的问题，笔者将在下面的内容中介绍一种比较成体系的实验方案。

### 1. 实验设计思路

提到实验设计，很多人第一时间就会想到 A/B Test。在通常的认知中，对简单的问题进行分析，A/B Test 是一种很有效的方法。但对于分析复杂问题，A/B Test 方法的成本会急速提高。而如今的互联网产品，除了在初创甚至原型的阶段，已经基本上不存在“简单问题”了。为了得到有效的分析结论，我们在讨论具体的实践方法之前，先来了解 A/B Test 背后的“实验设计”是什么。

“实验设计”（Design of Experiment，DOE）是一个专有名词，源于 20 世纪 20 年代英国物理统计学家费舍尔（Ronald Aylmer Fisher）在育种方面的研究。其背后对应了一套严谨的设计、执行和分析过程。

1）DOE 中的基本概念

DOE 中要研究的问题称为“研究目的”，用来衡量的指标称为“实验指标”（Experiment Index）或“响应变量”（Response Variable），可能影响结果的因素称为“实验因素”（Experiment Factor）或“实验因子”，“因素”的不同状态或取值称为“水平”（Level），所有因素的“水平”的各种组合方式称作“水平组合”（Level Combination）。根据这些概念，为了让实验高效进行而对整个研究过程进行合理的安排，这个过程就是“实验设计”。

这与我们已知的 A/B Test 基本一致。A/B Test 就是首先找到要比较的指标，如 PV、UV、点击率、转化率、新增用户数或用户留存率等；之后设定一个或多个可能影响这一指标的因素，设计成多个“版本”。通过一段时间的数据收集，比较不同版本的效果。

讲到这里，大家可能会联想到原来在学校学过的“控制变量法”。也就是在一组实验当中，只改变其中的一个因素，而保持其他的因素不变。这样，实验结果的变化就可以认为由这个因素的改变而造成。这种“只改变一个方面”的 A/B Test，在 DOE 中称作“单因素实验”；相应的，要研究多种因素影响的实验方法称作“多因素实验”。

2）实验设计中的原则

- “**重复**”（Replication）：“重复”原则的主要作用在于降低估计误差。“重复”在互联网行业中比较容易实现，只要我们向更多用户提供产品，并且产品中已经包含了设计好的实验，那么自然能够收集到许多实验结果。
- “**随机化**”（Randomization）：这不仅是实验设计的原则，也是进行统计分析的基本原则，以便确保结果无偏差。
- “**局部控制**”（Local Control）：也称“区组”（Block），主要用来减少不可控因素对实验的影响。比如，我们在分析 A/B Test 结果的时候，很容易想到将用户再进行细分，如按照用户的偏好、地理位置等维度细分，用来进一步减少这些因素对我们想要研究的目标的影响。

3）实验分析方法

在收集到关于实验的数据之后，接下来就要讨论分析方法了。

一个比较常用的分析方法是“方差分析法”。方差分析法研究的是在许多因素中哪个因素对实验结果有“显著”影响。

通过 Excel 软件或者其他统计软件，我们可以很轻松地得到需要的统计量，包括各因素的 $F$ 值、组内自由度和组间自由度。再通过组内自由度和组间自由度在 $F$ 分布表中得到$F_{0.01}$和$F_{0.05}$两个值。当$F > F_{0.01}$时，可以判定这个因素对实验结果有“非常显著的影响”；如果$F > F_{0.05}$则可以判定这个因素对实验结果有“显著的影响”；除此之外，都判定这个因素对实验结果“无显著影响”。

除了方差分析，当我们想通过实验得到因素与实验指标之间的函数关系时，也可以采用回归分析的方法。由于计算量较大，回归分析一般也通过 Excel 等软件完成。在统计方面，除了上文提到的 $F$ 值，回归分析还特别关注“拟合优度”（Goodness of Fit）指标$R^2$，它代表了我们的回归方程与真实情况的贴近程度。因此，$R^2$的值理论上越大越好，说明回归方程能够很好地反映实际情况。但大家一定听说过一类问题叫作“过拟合”，通常的表现是回归方程过分贴近于现有数据，而对未来发展的预测能力比较差。

关于如何避免“过拟合”的问题，这是一个“庞大”的话题，有兴趣的朋友可以参考计量经济学或机器学习方面关于“过拟合”问题的处理办法。

4）正交试验设计

满足实验设计中的原则并非困难，但是在实战当中会遇到实验次数过多的问题。如果大家对数字足够敏感，可想而知，这样做试验是一个庞大的工程。

比如，用户画像中通常包括了用户的基本特征，如性别、年龄段、居住省份、国籍、手机号段等。如果在“实验对象”中性别有 3 个分类（“男”“女”和“未知”）、年龄段有 5 个、居住省份有 10 个、国籍有 5 个、手机号段有 10 个，那么在单一变量的思路下，大家需要做 7500 次实验，才能最终找出与产品相匹配的用户。

在互联网领域中做实验，7500 次似乎数量不大。但是在原来的工业生产领域中，每一次实验都有“实实在在”的成本投入，而且数额不小。为了解决这个问题，在 20 世纪 50 年代，日本统计学家田口玄一创立了“**正交试验设计**”（Orthogonal Experimental Design），使用正交表$L_n\left(r^m\right)$来安排实验过程，从而有效地减少了实验次数。

关于“正交实验设计”及正交表的由来，这又是一个“庞大”的话题。笔者当作延伸阅读部分，有兴趣的朋友可以做深入的研究。

在互联网领域中，实验次数多带来的麻烦其实并不在成本上。已经有大量方法来通过计算机实现整个实验过程，并且每次实验的边际成本很低。同时，为了减少时间因素对实验结果的影响，最理想的方式就是让 A/B Test 中的所有版本（也就是实验设计中的几种水平组合）同时上线，并将每位用户分配到不同的版本上，来比较不同版本的效果。

但是这种方法对那些用户体量比较小的产品，特别是处在“引入期”的产品来讲，每个版本收集到的样本量就太小了，无法在随后的数据分析中得到足够的“显著性”，也就无法下结论。比较“简单粗暴”的办法就是适当延长实验周期，直到搜集到足够多的实验样本为止。但这种方法“治标不治本”，而且互联网产品本身就有很多值得做实验的地方。如何在用户流量有限的情况下，尽可能多地进行各种实验呢？这就是下文中的“重叠实验框架”存在的目的了。

### 2. 重叠实验框架

提到“重叠实验框架”，必须要提 Google 公司的经典论文《*Overlapping Experiment Infrastructure: More, Better, Faster Experimentation*》（重叠实验框架：更多、更好、更快地实验）。其中“重叠实验框架”也可以称作“层次试验框架”“分层实验框架”等。

在重叠实验框架中，大家需要理解四个概念来更好地进行实验操作。

- **域**（Domain）：用户流量被分成许多“份”之后，每一“份”就称作一个“域”。
- **层**（Layer）：用户流量从“请求页面内容”到“实际看到内容”这个过程中可能受到多个“层”的影响，这与产品的技术架构和业务模式有关。在学术上，一个“层”是“系统参数的一个子集”。形象地理解，就是用户流量“穿过”了多个“层”，并且在“穿过”每个“层”的时候都可能改变行进方向，就像中学物理课讲的光穿过棱镜一样。因此，流量每经过一层，都会被加上一些来自这个层和来自层中实验的参数。
- **实验**（Experiment）：“实验”被包含在“层”中；完全不相干的两个“实验”可以分别放在不同的“层”，而相互影响的“实验”必须放在同一个“层”中（下文会讲到这样做的用意）。
- **桶**（Bucket）：在实验中还要进行流量划分，比如，可以分为实验组和对照组。这个时候的实验组和对照组就对应了不同的“桶”。

因此，名称中的“重叠”（Overlapping）指的就是多个“层”。重叠实验框架之所以能够做到“节省流量”，是因为流量在穿过每一层之后，都会在下一层被整合并重新分配，这样流量就不会越分越少了。同时，为了切分流量，“域”和“层”之间可以相互嵌套，也就是一个域中分多个层（这样的域称为“重叠域”）。

经典的重叠实验框架如图 4.17 所示。在这张图中，域代表了横向的划分，层代表了纵向的划分。因此，整张图的“总宽度”就代表了 100%的用户流量。左右并列的方块就是域的概念，代表把“总宽度”的 100%的用户流量分成了几个域。

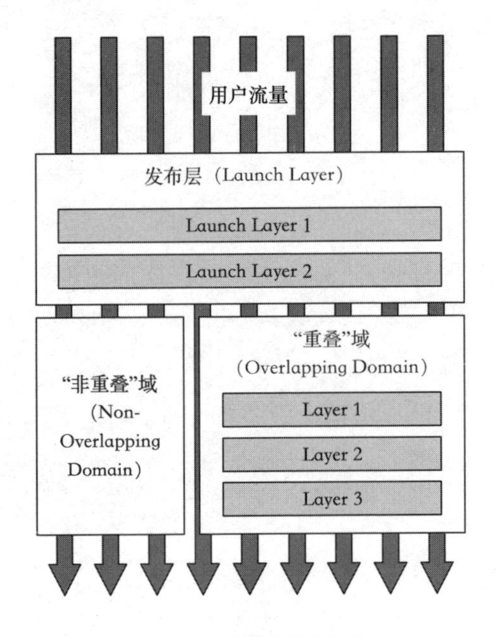


图 4.17　重叠实验框架图

根据图 4.17，笔者来解释一些常见的 A/B Test 中的操作如何在重叠实验框架下实现。

**给实验分配流量**：要做 A/B Test，必须先做流量切分和分配。在图 4.17 中，流量切分就是把一个整块横向切分成几个小块即可。图中左下方的“非重叠”域，就是被切分出来的一块。

在实际操作中，通常使用可以标识用户的 ID 字段取值对某个正整数求模。这个正整数可以简单地被设定为域的个数或桶的个数，如大家想将用户流量分成两份，那么就用用户 ID 对 2 求模，来决定每一位具体的用户会被分到哪个域或桶中。当流量规模较大之后，也可以设定一个更大的整数，如 1000，然后再按照求模的结果分为两组——0~499 为一组，500~999 为一组。

因为用户流量在经过不同层时会被重新分配到不同的域（充分利用流量），为了保证同一位用户在每次访问时看到的是相同的实验版本（保证用户体验一致），所以我们在求模的时候会使用用户 ID 加上层的 ID 再求模。用户 ID 可以使用用户在注册时获得的 ID，也可以使用用户在当前会话（Session）中的 Cookie。

**多实验并行**：这是重叠实验框架要重点解决的问题，主要的解决办法就是分层，并将多个实验安排在不同的层。这样，当用户流量穿过每个层的时候，用户就能参与来自不同层的多个实验了。

需要注意的是，只有满足“正交性”的实验才能被放到不同的层当中。如果两个实验之间相互依赖，那么只能放在相同的层中。比如，在一个关于用户的电影偏好的实验当中，如果用户已经被分配到了“动作电影”下面，那么就只能选择动作电影下面的导演和演员了。这样的两个实验就只能放在同一个层中，使用分“桶”的方式来组合实现，而不能放到不同的层中。

在设置好实验之后，重要的是检查用户流量在经过各个层之后，是否确实被标记上了域 ID、层 ID、实验 ID、实验中的分组 ID 等一系列信息。这些信息保证了对实验数据进行分析的质量。至于分析的过程，与上文中 DOE 的分析过程类似。

**实验结果发布**：我们通过各种实验得到了有意义的优化建议，下一步就是将那个“最好”的方式推广给所有用户。当然，这中间还包含一个逐渐放大用户流量的过程，不过这个可以使用重叠实验框架轻松实现。

如图 4.17 所示，当我们想要把实验结果推广给所有用户时，就要用到图中的“发布层”（有时也称作“加载层”）。比如，我们已经确定了效果最好的图片或者页面样式，这个时候，我们只需要将这个版本“合并”到现有的“发布层”或者新建一个“发布层”，那么当所有用户访问的时候，就都能看到这个最好的版本了。

至此，重叠实验框架就完成了自己的使命。更多关于数据计算等偏向技术层面的问题，笔者放到后面关于技术的章节再讨论。

## 4.3 综合能力升级

在 4.1 节、4.2 节中笔者介绍了业务对数据应用的两种诉求，分别是在研究用户和市场的过程中对数据的诉求，以及在优化业务自身的过程中对数据的诉求。在本节中，笔者将继续介绍第三种诉求，即为了提升综合业务能力而对数据产生的诉求。

针对第三种诉求，本节的内容将围绕三个重要的关键词展开，即“提效”“整合”和“赋能”。其中，“提效”是手段，“整合”是形式，“赋能”是最终目的。

因此，首先笔者从最基础、最常用的数据分析方法论入手，介绍一种能够覆盖大多数数据分析场景的“五步分析法”。同时随着综合能力的提升，在这个基本的方法论之上，笔者还会拓展介绍几种优化方式，以便进一步提高数据分析的效率和数据分析结果的质量。

其次，笔者将进入常用应用系统的部分。在这部分中，笔者会着重介绍四种已经被提炼出来的应用系统。它们通常会独立于一般的业务系统，独立地运转并完成一系列高度相关的数据应用和运营工作。

最后，笔者将从团队的角度出发，讲解团队自身能力提高和团队之间合作对数据应用的诉求。

### 4.3.1 分析方法论及其优化

当我们在学习数据分析的理论和方法，或者需要实际地去完成一项数据分析工作的时候，是否听到过这样的观点：数据分析过程是一个见仁见智的过程，根本不可能按照一个统一的流程完成全部分析，特别是在互联网领域的高速变化当中，业务和产品的形态瞬息万变，更不可能找到“一定之法”了。那么数据分析的过程，究竟是一个只有零散技巧而无章法可循的过程，还是一个有明确的步骤并可以严格依照执行的过程？

其实，数据分析过程是一个有据可循的过程，我们可以找到一个相对通用的方法论。当然我们无法否认，如果非要关注那些极少见的场景，那么确实存在着大量“与众不同”的关注因素，甚至可能存在很多的运气成分。但就像《孙子兵法》所讲：“凡战者，以正合，以奇胜。”我们不可以在没有找到常规方法之前，就一味地追求特殊情况。

因此，笔者接下来就来介绍一种通用的数据分析方法论：数据分析五步法。之所以要研究这个数据分析框架，是因为它具有以下四个方面的特点。

- 这个分析框架不与具体业务绑定，从做业务和运营决策的必要信息和结果的角度出发；

- 这个分析框架具有开放性，既可以按部就班地执行，也可以融入个人经验和前沿技术，让整个框架运转得更高效；
- 这个分析框架不仅是一种概念上的模型，而且是一种可以从人力转向自动化的流程，可结合大数据技术排除人工环节；
- 这个框架最具吸引力的一点，就是步骤少、逻辑清晰、容易学习。

#### 1. 分析五步法

这个简单的数据分析五步法，基本能够应对日常工作中至少 80%的常见数据分析问题。而剩下的 20%的场景，可以在这个分析方法论的基础上扩展出来，笔者会在下文中探讨。

首先，笔者来依次讲解这五个基本步骤，分别是汇总、细分、评价、归因、决策。

1）汇总

汇总这一步是针对指标提出的，指标不仅包括要计算的人数、金额、次数等简单指标，还包括一些稍微复杂的指标，如比较常见的 DNU、DAU、GMV、ROI 等。在通用的数据分析平台中，这个概念也被称为“度量”。当然，这里笔者要特别拿出一个指标。在整个数据分析的过程中，这个指标的值是全部工作的目的，也就是分析的目标。

做数据分析，一定要明确目标。关于目标的重要性笔者不需要过度强调，只是在一些场景中我们容易遗忘它的存在。比如，马上就要进行艰难抉择的时候、当我们的分析工作遇到极大的外部压力的时候，或者出现了一些看似能够更快地得到结果的“捷径”的时候等。这些阻力或诱惑都容易让我们偏离原本的目标，而开始关注其他一些无关紧要的指标。

被当作目标的指标当然是所有指标中最重要的，但只有目标还不够。在通常情况下，我们不能直接让那个目标变好，还需要其他的辅助指标才行。比如，ROI 是根据投入和产出两项指标计算出的结果，GMV 也可以用用户数乘以平均每个用户的 GMV 计算出来。

这样，我们就把对一个目标的计算，拆分成了更多相关指标的组合。并且，这些指标更基础，我们可以通过一些运营手段影响这些指标的变化趋势。这才是重点！我们既需要那个自己真正关心的目标指标，也需要一些能够帮助自己“做事”、并且能够改变的辅助指标，这样我们的工作才能进行下去。

接下来就是计算口径的问题了，也就是我们这个目标究竟应当如何计算更合适、更能反映真实的业务状况。笔者在 2.2.1 节中探讨过关于数据口径的问题。到了这一步，它应当只是一个“已知条件”而已。

总而言之，在汇总这一步骤中，我们要做的是要明确作为目标的指标，以及一些我们能够通过运营手段影响的辅助指标，并了解目标指标与辅助指标之间的关系。

有趣的是，在现在的互联网产品管理和产品运营当中，只要大家想看，从来不会缺少“需要看”的指标，并且已经多到了眼花缭乱的地步。但只有那些跟目标相关的指标，我们才需要关心。

2）细分

这一步就是将指标按照不同的方式进行细分。比如，我们按天看 UV 的变化趋势、看不同页面带来的 GMV 是多少、看不同用户群中的 GMV 分别是多少等。

这种拆分的方式，在数据分析中通常称为“维度”，这是数据分析过程中的一个重要概念。最简单的维度就是时间，比如，我们按天看 UV 的变化趋势，就是将 UV 这个指标按照日期拆开，变成每天的 UV。

在数据查询的过程中，如果我们只是查询一个指标，而不增加任何维度，得到的结果就只是一个数字。而当我们将指标按照一个或者若干个维度进行拆分之后，得到的就是一个表（如典型的关系型数据库中的数据表的概念）或者一个复杂的结构（如 NoSQL 中的 JSON 格式）。

在实际的数据分析中，我们可以轻松找到许多用来拆分指标的维度。在数量这一点上，维度与指标很类似。比如，上文中提到的日期和用户群就是不同的维度，常见的维度还有获得新用户方面的来源渠道、用户活跃方面的转化来源、用户行为分析方面的页面和转化路径等。再将这些维度进行排列组合，就能产生一大批庞杂的拆分维度，令人目不暇接。

因此，与指标类似，我们也需要区分维度的重要程度。那么如何区分呢？我们也要按照“可操作性”来区分这些维度的轻重缓急，也就是能不能通过影响它，使得指标在这个维度上产生变化。

比如，我们在进行数据分析的时候，很容易想到要看 App 中的不同页面带来的 GMV。但是，如果我们没有必要的技术手段或者运营工具，来给那些 GMV 更高的页面分配更多流量，也不能减少分给那些 GMV 较低的页面的流量，那么对于我们来说，按照页面拆分这种方法就是一个可操作性很差的维度，更不要说评估后续的优化空间了。这样我们就可以认为“来源页面”这个维度，只是一个“看看就好”的维度，而非关键维度。

另一个重要的案例是用户分群。用户作为互联网行业中的一个重要概念，我们总是希望围绕用户做点儿什么。而在数据分析变得越来越重要时，我们自然也就希望将更多的数据指标和维度与用户关联起来，如在不同的维度上计算用户数。

典型场景就是在获得新用户的环节，我们可能会在企业外部进行投放引流（如广告联盟、线下地推渠道等），通过获得更多高质量的新增用户，来拉动业务增长。在这种时候，我们总是希望首先对现有的高质量用户进行分析（常见的分析方法如“用户画像”），并确定一些能够标识高质量用户的特征，再通过这些特征在投放的时候筛选出高质量的用户。

这个方法在理论上能讲得通。但遗憾的是，外投的获得新用户的渠道通常都不能提供十分精准的人群定位，最多只能提供人口统计学和内容偏好等粗粒度的划分。比如，我们能够拿到用户的性别，或者用户对哪些电影和音乐类型更感兴趣等信息。其实这其中还隐含着一个假设，就是这些用户标签本身必须精准。换言之，我们在使用这些用户标签的时候，并没有考虑这些标记有可能是“错”的。这个“错误”不仅包括由于工作人员的失误造成的数据偏差，以及数据源错误而导致的异常情况，还包括与我们的数据计算口径不一致的情况。

因此可以看出，在获得新用户这件事上，我们对用户分群的操作十分受限。如果上文描述的场景与大家正在面临的场景十分类似，那么请不要再将用户分群作为一个“高级”的维度来使用，它并不能带来想要的分析结果。要解决这个问题，我们可以从验证渠道的用户分群质量开始。比如，我们可以将获得新用户的渠道标记的“用户性别”与我们自己标记的“用户性别”进行比较，评估重合度，以此来大致了解渠道的用户标签与自己的用户标签之间的差异。

反之，如果我们已经得到了高质量的用户分群标准，那么用户分群更大的利用空间在于促进用户活跃。因为促进用户活跃不会像获得新用户那样，是从“别人”的用户群体中切一块，划分到自己的用户群体中；促进用户活跃只是让我们自己的用户群体中的一部分用户活跃起来，也就是在自己掌控的用户群体中进行切分。

比如，在一些增长案例中，在相同页面的相同位置放置不同的文案或者图片素材进行版本间的 A/B Test，那么 A/B Test 中的每个版本应当展示什么，以及针对特定用户具体应当展示哪个版本，这就是一个可以自由操作的维度。并且一旦发现哪个版本更好，我们可以很快采取行动，替换掉其他表现不好的版本。因此，A/B Test 中的展示版本这个维度就是一个可操作性很强的维度，很适合用来切分指标。

现在笔者将细分步骤与上文中的汇总步骤进行比较，找出它们之间的不同。

汇总步骤在实战中更像一个数据监控。如果我们将每天的 GMV 看作一个总数，那么我们就在监控每日 GMV 这样一个指标，观察它是否出现异常。

而在细分步骤中，我们已经能体会到一些数据分析的“感觉”，因为我们在做更多“评价”的事情——要根据实际可以采取的行动，来评价不同维度的可操作性。在细分步骤中，我们需要找到那些真实可操作的拆分维度，以便让我们的分析结论能够对实际的工作有所指引。

但在实战中，总是存在多个“可操作”的拆分维度，并且我们自己能感受到它们之间的优劣之分。比如，在上文的案例中为了提高用户的活跃度，我们可以“简单地”替换页面上的图片和文案，也可以煞费苦心地给产品迭代一个主版本，并且这样做能够带来用户活跃度的大幅提升，但是这样做相当复杂，成本很高。

如何在选择维度进行数据分析的过程中，更清晰地体现并衡量这种操作的复杂度和成本呢？这就涉及下文中的评价步骤了。

3）评价

在评价的步骤中，我们要用到汇总步骤中的目标指标，并把它作为评价的唯一标准。当然，这一切可能并没有我们想象得那么复杂。比如，可能在一些初步的分析中，我们的目标就是简单的 GMV，甚至更简单的页面 PV、UV，那么在经过了细分之后，我们基本就可以下结论了——因为我们已经找到了如何通过具体的运营手段，来影响关键目标的变化。

但是在实战中，更多情况并非如此。我们的目标可能是一个复合的目标。比如，我们要在提高 GMV 的同时控制成本、要在提高 PV 的同时提高 GMV，或者我们的目标就是由多个指标构成的复合指标，如 ROI。

在这个时候，我们就不能只关注目标这一个指标了，因为它只是一个计算结果，我们应该更关心计算过程中用到的那些辅助性的指标，因为我们确实可以通过一些运营手段来影响这些辅助指标。比如，我们的目标是在拉高 GMV 的同时控制成本。为了进一步简化问题，我们可以把成本拆分为具体的促进现有用户产生 GMV 的成本和获得新用户产生 GMV 的成本。

这样拆分的理由在于，在常见的运营工作中，获得新用户与促进用户活跃的手段不同。这个评判标准与细分步骤中选择维度的原则对应，即是否存在操作空间以及操作空间的大小。此外，如果辅助指标与目标指标之间呈线性关系，我们可以直接采用运筹学中的线性规划来计算。

然后，我们就可以分别按照获得新用户和促进用户活跃的运营手段来确定拆分维度，对产生的 GMV 和投入的成本这两个指标进行细分。比如，在获得新用户方面，我们有外投搜索引擎关键词、广告联盟和与其他 App 合作“换量”这三种手段。在促进用户活跃方面，我们可以在 App 上的 A、B、C、D 四个 Banner 位置上设置 A/B Test 用来检验不同的版本。

那么对于新用户的部分，我们就可以针对外投搜索引擎关键词、广告联盟和合作 App 这三种方式，分别计算投入单位成本能够产生的新增 GMV。通过这种计算和评价，我们就能简单地从不同的获得新用户方式中选择更好的方式，并在已有的方式中调整更好的成本投入分配比例。而对于现有用户的部分，我们同样可以针对四个 Banner 位置各自的 A/B Test，评价不同的展示版本中单位成本投入能够产生的 GMV。

简单来说，在评价这个步骤中，我们需要把汇总步骤的指标分成两类——作为最终目标的关键指标，以及作为实现目标的辅助指标。比如，在上文中笔者指出，投入成本就是提高 GMV 的手段。因此，每一单位的成本投入，我们都需要用产生的 GMV 来评价它。

这时，要实现 GMV 提高的目标，可选择的手段就比较多了。比如，为了提升现有用户的活跃度，我们可以像下面这样做。

- 保持单位成本投入带来的 GMV 不变，（在限制范围内）追加成本投入（扩大规模）。
- 保持成本总投入不变，更换更容易带来 GMV 的图片和文案，来提高单位成本投入带来的 GMV（优化效率）。

当然，笔者在讲解案例的时候，将问题进行了简化。比如，上文提到的针对新用户和现有用户的两种运营方案，在计算评价的时候都“有意识地”忽略了 GMV 可能带来的价值，如通过交易而产生的毛利。如果我们将这部分价值考虑进来，它就能抵消掉一部分成本，也就是说我们有了“更多的”成本可以投入，那么备选方案还会更多。

总之，在上文的案例中，由于拆分维度比较简单，只考虑了一款 App 中的 Banner 位置和外部获得新用户的方式，因此比较容易通过数据中的一些标记进行细分。

当然，汇总、细分、评价这三个步骤也不用“全靠想象力”，有一些可以借鉴的概念模型，如 OGSM 模型。OGSM 由四个单词 Objective（目的）、Goal（目标）、Strategy（策略）和 Measurement（测量）的首字母组成。

- Objective（目的）和 Goal（目标）：这两个单词对应的是上文讲到的“汇总”部分。其中 Objective 指的是更宏观、更终极的目的，而 Goal 指的是支撑最终目的实现的阶段性目标或者局部目标。
- Strategy（策略）：Strategy 就是实现间接目标和终极目标的手段和路径。比如，我们为了让用户轻松地购买到喜欢的商品，会采取推荐的方式。这些 Strategy 会变为细分步骤中用到的维度。
- Measurement（衡量）：Measurement 指的就是衡量，对应评价这一步骤。

但是在实战中，还有些情况我们无法明确地拆分。比如，在用户行为中，一个 GMV 产生之后，我们可以向前追溯并得到一个很长的转化路径，或者就像上文案例中的 A、B、C、D 四个 Banner 位置，如果用户点击了其中的两个或三个 Banner，那么我们如何拆解呢?

这个问题就是下一个步骤要解决的问题了。

4）归因

在上文中我们已经通过汇总、细分和评价三个步骤，给大多数常见的问题找到了客观的答案，也就是我们常说的剖析“为什么”的过程。之后，便可以轻松地得出结论并进行最终决策了。

在汇总、细分和评价三个步骤中，通过案例分析，我们已经得到了一些可以直接对比的量化指标。在这种情况下，我们不需要在归因步骤中进行特殊的操作，就可以通过数值的比较直接下结论。

但是如果我们在细分步骤中遇到了问题，如在多个环节或者多个方案之间无法进行明确的拆分，这时应当怎么办呢？

笔者在 4.2.2 节中已经为大家列举了许多常见的归因方法，这里笔者就针对其中的一些方法举例说明。假设我们面对的场景是这样的：用户依次点击了 A、B、C、D 四个 Banner 位置才产生了 GMV。在这时，以下四种归因方法分别会将产生的 GMV 按照不同的比例，拆分给 A、B、C、D 四个 Banner 位置。

- 首次互动归因模型：也就是用户第一次做某件事，在数据中通常表现为时间最早、顺序号最小等。那么我们给 A 记 100%，给 B、C 和 D 各记 0%。
- 最终互动归因模型：也就是用户最后一次做某件事，对应地在数据中就表现为时间最近、顺序号最大等。那么我们给 D 记 100%，给 A、B 和 C 各记 0%。
- 线性归因模型：也就是平均分。那么我们给 A、B、C、D 分别记 25%。
- 加权归因模型：也就是给多个促成因素分配一定的权重，如给 A 和 B 各记 30%，给 C 和 D 各记 20%。正因为多出来一个权重的维度，需要一定的设计；并且计算权重也可以作为一种分析的过程。关于权重也有一些常见的设置办法，如首末两项最重要而其他项向中间递减，或者按时递减等。

当然，这里笔者举的是一个比较简单的案例。在实际要选择归因方式的时候，也会结合具体业务的特征，来考虑多种用户行为之间的先后顺序、停留时间长短等方面对分析目标的贡献或影响，并选择更能反映业务实际情况的归因方式。

5）决策

在完成了上文中的四个步骤之后，最后一步就是做决策了。并且在前面的四个步骤中，分析中的“不确定性”已经逐渐被消除，这使得决策变成了最简单的一步——找出那个表现最好的版本、表现最好的位置、表现最好的获得新用户的方式。而当我们有一些新的想法时，同样可以将其作为 A/B Test 中的一个版本，并纳入这套评价体系中，进行综合评价。

但是，有时我们确实会发现“决策困难”。比如，我们已经拿到了许多看上去很不错的方案。但是究竟应该选择哪个呢？好像还是不能从数据分析当中，得到一个令人信服的答案。

如果大家也遇到过这样的问题，不妨从前面四个步骤中反复提到的一些原则入手，再来检查一遍。

- 大家用来衡量不同方案的指标，是不是那个重要的关键指标，或是关键指标的计算拆解？这个关键指标通常指的是业务层面的 KPI，应当很容易识别。
- 大家用来切分指标的维度，是否与一些切实可行的运营手段相关联，从而具备了“可操作性”？相比“选错指标”，现实中出现的问题更有可能是由“选错维度”导致的，这涉及多方面的原因。
- 最后，如果仍旧无法下结论，大家就要借助笔者在上文中讲解的关于投入成本和产出价值的分析思路，从成本和价值的角度来对方案进行排序。

### 2. 应用案例

这套方法论不仅可以应用于日常工作中的临时性专项分析，在一些大家耳熟能详的经典方法论中，也可以找到这套基础方法论的影子。笔者来介绍三个已经成型的方法论案例。

1）A/B Test 实验

首先笔者要介绍的案例就是 A/B Test。做实验对于大家来说，可能是一件觉得没有困难，但做起来又会困难重重的事情。其中一部分原因来自分析思路的问题；而另一部分原因，笔者在 4.2.3 中讲解实验框架的时候已经提过。

大家可以再来回顾一遍“做实验”的过程。在 A/B Test 的过程中，首先要确定实验的目的，也就是要明确通过实验提高和优化的是哪个指标。之后，将实验中的不同版本作为细分维度，以指标是否实现作为评价标准，对实验结果进行评价。如果在实验的过程中确实遇到了需要归因的问题，则还需要考虑如何进行归因。

当然，随着业务的复杂度不断加大，A/B Test 的难点除了在于比较和得出结论的过程，还在于如何设计实验才能在更短的时间内耗费更少的用户流量、进行更多的实验并得出有效的结论。

2）用户分群

接下来笔者要讨论一个大家更“喜闻乐见”的工具——用户分群。用户分群是一种常见的运营手段，但如何确定分群的准确度，以及如何在后续使用用户分群的过程中持续地维持准确度，就是一个数据分析问题。

在基于特征的用户分群过程中，首先要确认的是，我们希望获得具备怎样特征的用户群体。之后，当我们想找到符合这个特征的用户群体时，就可以使用 TGI（Target Group Index，目标群体指数）来衡量其是否对这个特征有“倾向性”。

比如，如果我们想找到喜欢搞笑短视频的用户，并且以“产生点赞行为”作为“喜欢”的定义，就可以使用 TGI 指数的大小来评价我们找到的用户群体是否确实对搞笑短视频有所偏好。

在具备了这种分析机制之后，我们就可以通过各种手段来对用户进行分群了，之后针对不同的分群方式就可以计算出多组 TGI 指标值，我们需要的就是那个 TGI 指标值最大的子群，并选择那个得到这个子群的分群方式。

比如，我们可能会发现，按照人口统计学中的“男”和“女”来区分，其中被贴上“男性”标签的用户群体，其 TGI 指标更大，那么人口统计学中的“性别”就是我们要的分群标准，而分出来的男性群体就是我们的目标用户。

关于用户分群还有另外一种场景：我们已经得到了一个用户群体，并想要研究这个群体具备怎样的特征。这时，同样可以使用 TGI 作为目标，以 TGI 的大小来衡量分群对各种特征的倾向性。

3）经典管理模型：BCG 矩阵

笔者在 3.3.1 节中曾经为大家介绍了一些管理模型，其中就包括在这里要被当作案例的 BCG 矩阵模型。在经典的 BCG 矩阵中，同样隐含着一个重点关注的目标——利益能力，而手段是资源的优化配置，也就是要将企业中有限的资源，投给更具潜力的业务，以便获得企业层面的整体利益最大化。

为了对这个目标进行深入研究，在 BCG 矩阵中，按照两个维度对这个指标进行了拆分，形成了一个二维矩阵。笔者在 3.3.1 节中已经介绍过，在通常的画法中，横向代表相对市场占有率的高低，纵向代表了市场增长率的高低。

相对市场占有率和市场增长率，就是创造利益的手段。相对市场占有率高且增长迅速，自然能更多获利；而利益正好是最终目标。因此，由于不同的业务单元带来的利益是不同的，在拆分出的四个象限中，不同的业务就有了自己的“宿命”——有的维持，有的追加资源，有的减少资源，有的直接放弃。

### 2. 方法论的优化

根据上文对方法论的整体描述，相信大家已经对这个方法论的思路和逻辑有所了解。但是这个模型并不是“死”的。如果是一成不变的模型，那么终将会被时代所淘汰。对于由五个步骤构成的分析方法论，大家可以从三点入手，对其进行优化。

1）汇总的优化

对汇总步骤进行优化，在于发现更新、更合适的辅助指标，来计算出最终的目标指标。比如，在财务领域中，相比于按照收入和支出汇总的计算方式，杜邦分析法（DuPont Analysis）给出了基于销售利率、资金运作和负债程度三个方面的拆解方式，更容易理解并采取行动。

更多关于财务领域的内容，笔者将会在5.2.4节中进行深入探讨。

2）细分的优化

在上文中讲解细分步骤的时候，笔者侧重的主要是一些客观维度，如时间、人口统计学的标注、已经客观存在的获得新用户的方式和 Banner 等。随着分析经验的积累和算法能力的提升，我们会逐渐在分析和应用过程中加入一些偏主观的细分维度，如根据用户偏好制作的用户标签。

随着我们对用户和行业本身的认知不断加深，这些标签也会不断优化。因此，在制作和使用这些用户标签的时候，我们需要时刻警觉，对用户标签自身的质量进行不断的验证和优化。因此，这些维度虽然提供了新的视角，但同时也有自己的“玩法”。

3）归因的优化

归因步骤是对那些不能客观确定的拆分逻辑，给出人为定义的拆分方法。正因为有了人为操作的加入，而且客观情况处在不断的变化中，这其中就产生了优化空间，需要对拆分方式不断调整优化，以便适应业务的发展和环境的变化。

通过对上文提到的五个步骤和三个方面的优化，大家就能够逐渐建立起针对自己业务的分析方法论，并不断对方法论进行优化，让方法论更加贴近业务现实，高效地发现业务中的问题和提出相应的解决方案。

### 4.3.2 固化应用系统与赋能业务

在上文中，笔者分别讨论了几种业务对数据的诉求，包括比较宏观的用户市场研究、业务形态研究，以及在本节中提到的分析方法论。而这些内容都是比较零散的、临时性的需求。只有在确实发现了问题，或者在业务有相关的意愿时，才会根据此时此地的具体情况，临时指定执行方案，并在得到相应的结果之后，就宣告结束。

但是，在完成了一些与业务相关的分析工作之后，大家不难发现其中的规律性。比如，在互联网业务中，一定会有对用户分析的诉求，并且诉求的类型也是类似的——通常包括了解用户、细分用户等。在对用户分析的基础上，稍微结合一些业务场景，就会开始考虑给用户提供符合其特性的产品、利益点，或者其他一些与产品运营相关的东西，以促进用户完成转化。并且，在业务的生命周期中，大多数业务的发展“大阶段”相类似，并且在不同的阶段中也需要类似的支撑。

因此，接下来笔者就来介绍一些已经被单独抽离出来的、相对聚焦的数据产品。它们对赋能业务发展起着重要作用。

#### 1. 用户标签与用户分群

对于业务运营人员来说，用户标签和用户分群是很好用的工具。它在保证效果的同时还节约了运营成本。用户标签的本质是用户特征，或者几个用户特征的组合。笔者下面列举一些常见的用户特征。

- 基本的人口统计学标签：“男性”“30～35岁”“上海市”等。
- 基于业务属性的标签：“活跃用户”“高价值用户”“已流失用户”等。
- 基于算法或模型的标签：“高转化概率”“高流失概率”等。

类似这样的特征，在理论上我们可以找到无数个——任何特征和特征的组合，都可以成为用户标签。从用户标签本身来讲，这没有任何问题。但问题出在用户标签对运营和其他工作的指导意义上。

比如，人口统计学中容易被拿来举例的标签就是年龄、性别这些特征。对于有些业务类型，不同性别、不同年龄段的用户之间确实能够表现出明显的差异；但是对于另一些业务，不同性别、不同年龄段的用户之间就没有那么大的差异了。在上文中笔者已经讨论过“显著性”和 TGI 的概念。当我们发现，用户分群在 TGI 上达不到要求，或者用户在某些特征上的差异性不会对其业务行为有“显著”的影响时，这个分群或标签对于业务运营来说也就只能是一个“摆设”，而没有实际的作用。

可见，用户标签并不是越多越好，用户分群也不是分得越细越好。我们需要从对运营效果的影响方面来评价标签的质量：对于基本的人口统计标签，从指导意义上考虑取舍；对于带有主观判断的业务属性标签，采取不断考量和迭代优化的方式；对于算法或模型标签，则可以依照算法或模型自身的优化进程来同步优化。

### 2. 用户画像

用户画像是另一个经常被单独拿出来讲的、已经相对独立的分析工具。通常在提到用户画像的时候，我们都会立即联想到数据可视化，并自然而然地将用户画像与一个“看上去很炫”的数据看板联系起来。

用户标签和用户分群，从用户的某一方面的特性出发，关注某个用户标签或者几个用户标签的组合，关注被分到同一个群中的用户等。而用户画像则从具体某一位用户或者某一类用户出发，综合考虑各方面的特性，将命中的各种用户标签放到一起，来比较究竟哪种特征对完成业务目标的贡献更大。同时，通过综合考虑各个方面的特征，我们也能够发现用户之间的共性和差异，这对给用户推荐他们“可能”感兴趣的内容有很大的帮助。

虽然用户画像是一个很容易陷入“形式化”陷阱的工具，但是一个足够强大的用户画像引擎，能为更多精细化的运营工作提供支撑。

### 3. 推荐系统

随着产品中的内容越来越多、产品服务的用户规模越来越大，对推荐系统的诉求也就越来越强烈。并且推荐系统已经开始在各种与“用户和内容匹配”相关的场景中得到应用。从页面上展示的元素，到商品、文章和利益点等内容，再到应用市场中的应用，乃至搜索引擎中的结果，大大小小的场景都与推荐系统有关。

推荐系统的核心就在于找到用户与内容之间的联系的强弱程度，其中掺杂了纯粹的算法部分和基于生活常识的规则部分。如今的推荐系统不再纯粹由算法实现，或者说我们应当将一些生活中的常识或者行业规则转变为算法能够利用的形式，加入算法当中。单纯的算法只能保证刚性的成本控制和转化率等指标，而规则的补充则帮助推荐系统提升其人性化的一面，提升整体的用户体验。

作为推荐系统常用的核心算法，基于用户的 UserCF 和基于内容的 ItemCF 这两个协同过滤算法经常在介绍推荐系统的文章或书籍中被提及。这两个算法同样依赖于“相似性”的定义。在这个定义之上，UserCF 是“给类似的用户推荐类似的东西”，也就是如果用户 $U_A$ 与 $U_B$ 类似，同时用户 $U_B$ 喜欢 I 这个东西，那么就将 I 推荐给 $U_A$。而 ItemCF 是“将类似的东西推荐给同一位用户”，也就是如果用户 U 喜欢 $I_A$ 这个东西，同时 $I_A$ 与 $I_B$ 相似，那么就给用户 U 推荐 $I_B$。不过，在这种基本算法之上，还要加上一些常识性的“过滤”规则，才不会出现“匪夷所思”的推荐结果。

同时，上文提到的转化定义、用户标签、用户分群和用户画像，都可以为推荐过程提供基础数据，帮助提高推荐的质量。

### 4. 广告系统

接入广告系统已经成为许多产品走向变现的选择。如果我们将广告系统拆开来看，除了 RTB（Real-Time Bid，常翻译为“实时出价”或“实时竞价”）的部分，它与笔者上文提到的用户标签、用户画像和推荐系统都有关系，甚至可以跟流量管理和实验框架结合起来，组成一个复杂的综合体。

刚开始接触广告系统时，最容易被各种与广告系统相关的英文缩写所困扰。上文中提到的 RTB 就是其中的一个。比较常见的还有很多，如下所示。

- 用来服务那些想要投广告的广告主们的 DSP（Demand Side Platform，需求方平台）。
- 用来服务那些提供了广告位的媒体的 SSP（Supply Side Platform，供给方平台）。
- 用来完成广告交易的 ADX（Ad Exchange，广告交易平台）。
- 用于支持数据管理和数据分析的 DMP（Data Management Platform，数

据管理平台）。

以上这些都是组成整个广告系统的各种平台。下面这些英文缩写，是关于广告定价和收费方式的缩写。

- CPM（Cost per Mille），每千次展现收费。
- CPC（Cost per Click），每次点击收费。
- CPA（Cost per Action），每次动作收费，动作可以包括注册、交易、下载、留言等。
- CPS（Cost per Sale），每次成功交易计费。
- CPT（Cost Per Time），每时间段计费，也就是以“包月”“包天”这类方式占用广告位。
- CPL（Cost per Lead)，每条用户数据计费，如引导用户注册。
- CPR（Cost per Response），每次回应计费，如用户发布了有效回复。

### 4.3.3 赋能团队合作

本章的内容讲了许多业务层面的诉求，从用户需求方面的研究，到用户转化和行为方面的研究，再到通用的分析方法论等。如果一个规模相对较小的企业或团队实施这些分析过程，可能不会进行细致分工；如果一个规模较大的企业或团队实施这些分析过程，在分析工作上会有明确的分工，再通过个人之间的配合甚至跨部门的合作来完成整体的运作。

每家企业或团队都有适合自身的组织方法，不过“应当怎样组织”不是本书的重点，大家应当将企业或团队的分工合作方式当作一种“内部环境”，在设计和迭代数据产品的时候需要加以考虑，并顺应这种组织方式。最终，数据产品的“提升数据应用效率”的优点，不仅会落地到个人工作效率中，也会辅助团队合作效率的提升。

因此，在设计数据产品的时候，大家需要考虑以下三点。

#### 1. 职能划分与合作

数据产品自身覆盖了数据收集、数据存储、数据加工、数据可视化、数据分析、数据洞察和业务赋能等多方面的功能。而在企业内部，相关工作很可能交由不同的部门完成。比如，数据的收集、存储和初步的清洗等工作，由专门的产研团队负责；贴近业务的数据加工、可视化和分析过程，由数据分析师团队或数据产品经理团队负责；将已经成型的数据分析、洞察和赋能业务的过程转变为平台型产品，这个过程由产研团队负责。

由此我们不难发现，数据产品中各模块之间的关系，与实际负责相关工作的团队及其职能划分方式有很紧密的联系。表面上看是将处理好的基础数据接入分析引擎的纯技术过程，在实际工作中可能就是一次团队之间的合作——操作数据分析引擎的数据分析师或者运营人员，需要时刻关注自己需要的数据是否准备好了；反过来，技术人员也需要根据业务层面的实际需求来考虑存储、计算的性能等相关的技术问题，还要响应业务层面传递下来的新需求，比如，有一些数据没有收集到，需要补充。

像这样的团队配合，在每家企业可能都不一样，不能强行规范化或者套用别的企业的方法。因此，作为数据产品经理，在设计数据平台的时候，就需要考虑自己企业中不同职能的角色在完成各自的工作时，需要从别人那里获得哪些信息，以及完成工作后能够给别人提供哪些信息。

比如，在上文中提到的数据分析师，在开始分析之前需要从数据底层（如数据仓库或者数据集市的相关团队）了解到数据的处理进度，在实际工作中需要了解数据表中各个字段的含义，需要追查某个数据表的血缘关系等。而数据仓库方面的人员需要了解数据被使用的情况，合理分配资源并管理数据的生命周期，同时还要收集来自数据应用层面的反馈和新需求等。

这些信息传递的过程，都需要通过数据产品中的相应功能或模块来实现。只有这样，才能真正提高团队之间的合作效率。

#### 2. 梳理工作流程

在明确了各团队的职能和团队之间的配合方式之后，紧接着要考虑的就是工作流程。在工作流程方面，不仅要围绕数据来考虑，还要深入了解一线人员的真实工作状态。

比如，运营人员的主要运营手段有哪些，主要运营工作的周期和节奏是什么，关注的指标有哪些；再比如，数据分析师对于临时性的主题分析，从什么地方接收需求，需求中应当包括什么信息，如何选取数据，加工到什么程度，通过什么形式反馈分析报告；对于主动发现问题的数据分析，从什么地方得到分析对象，如何识别问题，问题反馈给谁，如何控制落地过程；再比如，研发人员如果接收到了业务层面反馈的系统问题，从什么地方查起，需要哪些数据支持，如何与项目管理打通等。

对于这些工作流程的研究，就类似于对 C 端业务的个人用户的行为进行研究，都要通过产品来覆盖原来的整体流程。能否真正提高效率还在其次，至少不要因为一款数据产品，反而拖累大家的工作效率，让整体效率变得更低。

### 3. 识别效率瓶颈

在了解了职能划分，并明确了核心工作的工作流程之后，我们就可以通过一些数据的支持，发现其中的效率瓶颈。比如，是不是有的环节经常出现“停工待料”的问题——得不到需要的信息，或者没有足够的人力来处理大量的反馈信息等。

在识别出效率瓶颈之后，我们就可以提出相应的解决办法。可以在现有的数据平台上补充或者优化功能，补充缺失的数据内容；也可以在工作方式上提出新的改进方法，如从原来的单一层级反馈机制变为多级反馈机制。

通过这样的办法，才能让数据产品带动团队间的合作，提高效率。

## 4.4 工具、模型与业务、产品的“日常”

在前三节中，笔者探讨了业务工作的三个重要方面：用户市场研究、业务及产品形态研究和综合能力升级。在本节中，笔者要讨论的是关于业务工作和具体的支撑工具之间的问题。如果说上述三个方面对产品运营和产品同样适用，甚至更偏向产品运营一些，那么笔者在本节中要讨论的问题主要表现在负责业务或产品线的产品经理身上。

目前，我们的日常工作已经得到了很多功能或工具的支持。它们几乎覆盖了产品工作的方方面面。

- 当我们与实际用户接触、沟通并需要维护关系时，可以借用 CRM 客户管理系统。
- 在优化产品内容和运营活动配置等方面，我们可以搭建 CMS 系统。
- 在项目管理方面，各种项目管理软件和团队协作工具，能够很好地帮助我们管理必要的工作信息，并且进行方便的信息同步与协作。
- 在个人工作和时间管理方面，我们又有了类似于 ToDoList 这样的时间管理工具。
- 在原型设计方面，我们有大名鼎鼎的跨平台工具 Axure RP，以及针对 Apple 公司的 macOS 平台设计的 Sketch 等工具。
- 在数据分析方面，我们可以使用许多优秀的第三方工具和平台，如友盟、TalkingData、GrowingIO、神策数据、七麦数据等。
- 即使在管理、营销模型等方面，我们也可以通过更通用的 Microsoft Excel、Tableau、R 等工具来完成数据处理和可视化的过程。

当然，我们仍然在一些环节上得不到工具的支撑。

比如，在安排个人任务管理的时候，我们通常需要来自项目管理的支持。换言之，哪些任务的优先级更高，哪些任务的优先级较低，这些要从更宏观的层面定义好。但是在目前的项目管理工具软件中，事项一层已经是最细粒度的内容了；而在个人任务管理软件中，常见的结构关系是，个人具体的工作直接与某个项目挂钩，并且工作任务之间无法设立优先级和依赖关系。换言之，项目管理与个人工作管理，在工具软件的层面呈现出割裂开的状态，只能在我们的头脑中连接在一起。

那么怎么办呢？通常的解决办法有两种。第一种是将更细粒度的个人工作，全部输入项目管理中进行管理。这样做的好处，就是我们可以通过一些称作“透视”的功能，从所有项目任务中筛选出今天或者未来短期内需要完成的任务，这样也就变相地完成了个人的工作和时间管理。

不过麻烦的是，这样会导致整个项目管理“臃肿不堪”，其中容纳了大量的具体执行过程。这些执行过程严格按照顺序执行，没有分支，也没有依赖，甚至起止时间已经非常明确，没有太多管理的意义。正因为我们把它们放到了项目管理当中，才给项目管理工作带来了相当多的工作量。

另一种解决办法是，我们通过在个人时间管理中建立简化的项目管理，来保证自己做的事情与项目一致。但是可惜的是，现有的工具软件在这件事情上只能胜任60%。也就是我们暂且能通过类似“项目—任务—检查点”这样的三级关系，模拟出完整的项目工作，但是绝大多数软件都不支持配置任务之间的依赖关系。换言之，任务之间可以随意组合，完全看工作者的个人精力和时间。但凡经历过复杂项目或跨部门项目的朋友都了解，这种简单的情况在这类项目中根本不存在。

那么问题出在哪里？问题的根本在于个人工作与项目管理之间无法进行信息同步——项目管理中的变动，不能反映在个人的时间管理之上；而个人工作的调整，也不能在项目管理的层面得到保证和指引。这就导致了我们仍然要在头脑中维护与整件事情相关的所有信息，才能在不同的“管理场景”中实施对应的管理——在进行个人的时间管理时，需要时刻紧盯是否与项目管理的进度之间存在冲突；在进行项目管理时，需要考虑团队中个人是否有资源来按照项目管理的计划进行实际工作的落地。

当然，究其本质，这是由“产品经理”这个职位的特殊性导致的。在大量的职位招聘中，对产品经理这个职位大多有以下三个方面的要求。

- 具备所在的行业所必需的能力和经验。
- 具备团队合作及沟通协调方面的能力。
- 具备对项目进行管理与推进落地的能力。

由此可见，无论是业务产品经理职位还是数据产品经理职位，或者其他细分领域的产品经理职位，对产品经理的要求都表现在执行与管理两个方面，既要“自己能做”，又要能“推动别人做”。这种角色在传统行业中相对少见。这也是工具层面缺少这种“兼顾执行与管理”的工具的重要原因之一。

当然这是问题，也是机遇，并且与本书想要介绍的数据应用高度相关。许多工具或者功能的缺失，其本质都表现为数据上的“信息孤岛”，也就是本来在现实世界中高度相关的事情，在数据层面反而表现为不关联、不共享、不交互的孤立状态。

要应对这种问题，一方面，如果我们已经发现了问题，就要通过开发新的数据应用产品或功能，来应对这些问题；另一方面，在我们设计、维护产品，以及在帮助其他业务部门做数据咨询的时候，也需要特别关注这方面的问题，不要给未来留下隐患。

比如，如果我们基于对行业、对产品经理职位与对数据应用的基本认知，来设计一类专门针对产品经理职位的项目管理工具，这种信息的传递就应当是确保产品经理工作质量的重要因素之一，需要通过一定的数据应用来支撑。

## 4.5 本章小结

本章内容从业务层面对数据的诉求出发，介绍了业务借助数据研究用户需求，借助数据优化业务和产品形态，以及借助数据实现综合能力升级三大部分。可见，本章的内容是业务与数据之间的结合点。通过结合点，业务层面的诉求开始逐渐转化为数据层面的诉求，并推动着数据产品和其他配套系统的建设。

数据产品是一个“很新”但也“很老”的领域，其中不少人来源于纯粹的业务层面，或者来源于数据技术层面，尤其缺少能将两个方面的信息和知识结合起来、做到融会贯通的人。而这个环节对业务和数据层面的作用都至关重要。只有将这个环节做好，才能让业务层面真正得到支撑，让数据层面找到发展的方向。

# 第5章

# 用数据抽象业务

在第 4 章中，笔者从业务的数据诉求的角度，分析了大家在搭建一款数据产品的时候应当考量哪些业务层面的实际需要。与其他的业务产品不同的是，大家在搭建数据产品的时候，不仅要考虑能否匹配使用者的实际诉求，还要兼顾技术实现方案的优劣，注意由此带来的数据产品在用户体验上的差异，以及未来发展空间的大小等重要问题。

因此，为了帮助大家找到最优的方案，来满足业务层面的诉求，本章介绍了一些常用的抽象模型和工具，使业务层面与技术层面之间建立起信息互通，实现对话。

这样，借助这些模型和工具，大家就能够在同一个标准下，对业务层面的诉求和技术层面的设计、性能等问题进行权衡，从而搭建出既能满足需求，又能长远发展的数据产品。

本章承接前一章的内容，首先从需求研究的数据支持讲起。关于需求研究的数据支持，笔者主要从两个方面讨论。一方面是如何挖掘新需求，也就是研究那些还不是用户的人的需要；另一方面是需求的鉴别，也就是验证大家是否确实知道了用户需要的是什么。这两个抽象的问题，将会转变为大家工作中更实际的两项内容——获得新用户与促进用户活跃。

在拿到以数据方式呈现的需求之后，笔者就要开始讨论对业务进行抽象的工具了。笔者围绕业务中的实体关系、业务流程、信息流动和资金流动四个方面，分别介绍了用于抽象的工具。

之后，笔者向着技术层面更进一步，介绍了几种对用户信息和用户行为进行收集的工具。同时它们也是技术层面对于用户的抽象模型，是技术层面认为的围绕用户发生的所有事情及其逻辑。因此，这些模型又被称为“数据世界观”。

最后，笔者讲解了在数据仓库中存储业务数据的问题，并借此介绍几种针对特定行业的通用数据仓库模型。这些模型久经考验，经过了多个版本的迭代和优化，能够全面并准确地反映特定行业中发生的事情及其逻辑关系。

## 5.1 需求研究的数据抽象

对于业务的正常运转与发展，用户需求是重中之重，相应地也会在需求研究方面产生对数据的诉求。因此，笔者在介绍关于业务自身的数据抽象之前，先来讨论如何帮助业务使用数据对需求进行抽象。

在这部分内容中，我们需要应对挖掘需求和鉴别需求这两个方面的问题。挖掘需求代表了用户市场这个“大蛋糕”上是否还存在未被占领的一块；而鉴别需求则代表了我们经过分析和评估得出的用户需求，是否与用户的真实需求一致，以及我们在这些需求上投入的成本是否合适。通过解决这两个问题，我们就实现了需求方面的“开源节流”——尽可能全面地获得需求，并尽可能优先满足更有价值的需求。

将这两个抽象的问题结合到我们的实际工作中，对应的就是获得新用户与促进用户活跃的问题——需求的挖掘，主要关注那些非用户人群对产品有怎样的需求，并最终表现为是否能够获得更多新用户。需求的鉴别，则主要关注我们是否获得了用户的真实需求，最终表现为用户的后续行为是否与我们的预期一致。

这样，我们就从获得新用户与促进用户活跃的角度，完成了抽象的需求挖掘和需求鉴别的过程。

因此在本节中，笔者首先从挖掘用户的需求讲起，也就是笔者将会关注如何用数据支持获取新用户及其相关工作。之后笔者再来讨论如何鉴别用户的需求，以促进用户活跃。

其次，基于需求挖掘和需求鉴别两个方面，笔者介绍了经典的用户运营“蓄水池”模型。其中就需要同时考量通过挖掘需求获得新用户从而带来“流入”增加，以及通过不断鉴别真实需求而留住用户来减少“流出”，还要做好蓄水池内部的分层及优化。

最后，基于在 4.1 节中讨论用户需求的时候特别强调了竞争性，笔者将会把“如何通过数据来支撑关于竞争性的研究”作为本节的收尾和延伸。

### 5.1.1 需求挖掘——投放与获得新用户

挖掘需求是一个不断发现需求的过程。在我们真正了解用户的需求之前，用户对我们来说只是一个模糊而笼统的概念。而挖掘需求的过程就是要让用户的概念越来越清晰。在第 4 章中笔者探讨过，业务需要对用户和市场进行研究，其目的之一就是通过不断挖掘未被满足的用户需求，从而拓展自己的市场份额和用户规模。

想听到一些用户的声音，其实并非难事。只要你的产品还有人在用，你就会不时地从各种渠道收集到关于产品的信息，如赞许、质疑、建议、批评等。只不过，我们要将这些“具体的”需求推广到更多用户身上，特别是那些新用户的身上。

可见，用户需求的挖掘过程，是一个从具体到抽象、从现象到本质、从结果到原因的过程。我们不断地从一个需求出发，发现更多相关联的需求。

最终的结果就是，挖掘需求在业务层面就会表现为不断获得新用户。因此，我们可以将对新增用户的考量，作为挖掘用户新需求这个过程的评价方法。换言之，当我们确实“成功地”通过挖掘而得到了新的用户需求时，即使只是其中的一个侧面，我们仍然可以获得新增用户。

比如，各种 App 和网站类产品，通过发放优惠券、直接小额返利的方式，在短时间内可以获得大量用户。但是，可以预见的问题就是，这些用户中的相当一部分，可能并非因为需要所提供的产品而来，而是专门来领取利益的“羊毛党”。

因此，对于这样一个案例，我们可以从更狭义的角度考虑，当新用户得到了发放的利益点，在那个时间点他们“获得利益”的需求确实被满足了。只不过，当我们把这个场景推广到我们的产品上时，就不成立了——那些用户并不是因为所提供的产品能满足他们的某种需求而成为新用户的。

特别是在工作分工明确的企业内部，可能存在一个专门负责获得新用户的部门或团队。对于这样的分工方式，只要在特定的时间点满足了用户的某种需求，并使得用户成为产品的新用户，那么就已经满足了这样的部门获得新用户的需求，在一种极短期的目标上实现了“双赢”。但这种“双赢”的局面并不能推广到整个产品，因为在更大的范围内它是不成立的。当然，按照这种方式设置部门目标的情况已经很少见，大多数企业仍然会在获得新用户的团队的目标中，设置一些体现用户质量的考核指标。

那么用什么来衡量用户质量呢？对于以“防羊毛党”为目的的用户质量评价，用户注册之后的 D+1 日的留存率，就可以作为一个衡量用户质量的参考指标。

接下来，笔者就介绍四种获得新用户的方式。这些方式都隐藏了对未知用户的需求的挖掘过程。同时，由于业务的层面存在这些获得新用户的方式，我们在数据产品的层面需要对这些获得方式提供相应的支持。提供相应的数据只是最基本的支持方式。必要的时候，我们还需要与具备这些能力的工具平台相结合，以便提高业务线人员的工作效率。

### 1．自然新增

自然新增，指的是没有运用任何针对性的运营手段，仅通过产品或者服务本身吸引新增用户的方法。当然，从实战的角度讲，这里的“没有运用任何针对性的运营手段”，只是一种一厢情愿的想法罢了。当笔者介绍到后边的投放时大家就会意识到，可能并不存在真正的“没有受到任何运营手段影响”的用户了。

自然新增用户是自发的，对我们有两个重要意义。

一方面，自然新增用户的多少，是对产品自身质量的一种验证。当我们有能力、有成本做一些定向的推广时，这种新用户的增长已经不能代表产品本身的质量如何，而运营活动和推广手段对用户的影响相对更大。

同时，自然流量的多少，恰恰反映了产品本身对用户的吸引力有多强，以及产品是否选对了目标用户群。这种用户群的选择，是在最开始研究需求的过程中选择目标用户群，而不是那种在运营活动中临时选定用户群。

另一方面是产品生命周期方面的价值。如果是一家刚刚起步的创业公司，或者所负责的产品是一款新产品，那么自然新增用户将会在所有新增用户中占到相当大的比例。这就意味着，在产品或者服务的早期阶段，产品质量本身的好坏对长远发展来说更重要，而不是那些天花乱坠的运营技巧或者高额的成本投入。

### 2．活动新增

接下来要介绍的活动新增与投放方式，都可以归类为“推广新增”，也就是我们有意识地选择用户群体，选择呈现给用户的内容，以达到业务目标。

这些呈献给用户的内容，可能与产品结合在一起，比如，新用户安装了我们的 App，我们在用户第一次打开 App 的时候就可以提供一些引导注册的弹框，通过这种方式来获得新增注册用户。当然，这些呈现给用户的内容也可以与产品自身毫无关系，如通过外部的广告联盟购买流量并获得新安装用户。

总结起来，推广新增这种方式，总是通过实施一些运营手段，从而对用户的某些行为产生影响，而且关注的主要是新用户的下载、安装、注册和转化。这些内容对于运营人员来说一定不陌生，甚至应该说是“家常便饭”，每天的具体工作也逃不出这些内容。

对于数据产品经理来说，虽然不一定需要实际地做这些工作，但必须要对这个过程的目标、实现路径、可能遇到的困难，以及一线运营人员给出的解决办法有比较深入的了解，才能让呈现出的功能和数据内容能够支撑一线运营人员的工作。

当然，数据产品经理是否需要具体去做数据分析，这个根据企业内部团队分工的不同而不同。在有的团队中，数据产品经理兼任数据分析师的职能，就需要关心数据分析工作应当如何做、做得怎么样等问题。

先来讨论活动新增，并以此代表那些通过与产品自身深度结合的方式来获得新用户的运营手段。上文提到的返利，就可以作为一种活动类型。并且由于活动运营与产品自身高度相关，好的方面就是有现成的产品可以做参考，能够为活动的设计提供很多思路；而坏的方面则表现为，由于不是所有活动都与金钱直接挂钩，很可能出现投入和效果不容易衡量的情况。

比如，如果企业或团队通过某种运营活动，获得了一部分用户，并且是通过返利的形式完成的。那么投入方面很容易量化衡量，只需要计算投入的总金额，并且按时间、按用户数进行拆分就可以了。但是在产出方面就不容易衡量，具体到本案例，产出方面主要指新增用户的质量，那应该怎样来衡量用户质量呢？

在上文中笔者提到了一种方式，就是根据 D+1 日的用户留存率来衡量用户的质量。这种方式简单有效，并且成本不高，只需要多等一天就能知道结果。对于一个想要长久发展的产品来说，一天的成本并不算高，而获得的收益是显著的。

而另一种情况是，运营活动通常都不只做一天，而要延续一段时间。那么我们可以对活动期间每一天新增的用户进行“分层研究”，也就是分别考量每天新增用户在 D+1 日的留存情况。只不过这样“有失公正”，因为前几天参与活动的用户，在后几天仍然可能受到活动的影响。我们可以采取拉长观察周期的办法，尽量避免活动对已经新增的用户的留存情况产生影响。

### 3．投放方式

相比于通过活动获得新用户，通过投放获得新用户是一种更加“简单”的方式。企业或团队只需要从各种广告联盟或者搜索引擎挑选并购买流量，就可以达到获得新用户的目的。并且，这种获得新用户的方式比较容易衡量。在投入方面，这些平台都有完善的计价机制和清晰的资金流水报表，能够看到具体的花费情况。在产出方面，虽然同样面临着没有直接有效的数据能够衡量新用户质量的问题，但是在经过了平台之间的竞争之后，能为需求方提供更优质的用户流量的平台，总是在价格上“领先一步”，变得更昂贵。换言之，价格可能就变成了衡量一切的标准。

但是这个因果关系反过来则不成立。因此，对于外部平台带来的用户流量，企业或团队同样要有一定的机制来保证其质量。虽然从表面上看，整个流程运营就是一笔简单的交易，但是在实际操作中还是会遇到一些具体的问题，常见的问题有以下 3 个。

1）数据缺失

虽然各种广告联盟平台和搜索引擎平台都在玩“数据的艺术”，但是很多这类平台的使用者处在缺少数据的状态。其实这个情况并不难理解，毕竟很多更细粒度的数据直接关系到平台的核心利益，并且这些数据也是这些平台的核心资产，要考虑其安全性和使用的妥当性。因此，这样的平台通常都会搭建自己的管理后台供用户使用，而不是直接将数据输出到用户的服务器上，任由用户使用。

2）流量作弊

这在本质上是一种优化策略，只不过过度重视眼前的利益。比如，在获得了新增用户之后，为了考量新用户的质量，我们会考核新用户的次日留存率。而在与外部平台合作的过程中，通常都会预先商定结算方式，如按照曝光计价、按照点击计价、按用户产生了特定行为才计价等。

在这个过程中，我们只向外部平台传递了一个短期目标，如只关注新增用户的数量，那么平台就会针对这个目标进行优化。这其中的问题可想而知，获得的新用户虽然在数量上能够达到要求，但是在质量上就无法保障了。

因此，企业或团队需要给出一些指标来考核短期目标的实现效果，并且通常采用的是更长期的指标。比如，与外部平台合作的方式如果按照内容曝光计价，那么就采用从应用市场下载 App 的转化率来考核；如果按照用户安装 App 的行为来计价，那么就采用用户的注册转化率来考核；如果按照用户首日活跃行为来计价，那么就采用次日留存率来考核。通过这样的方式，企业或团队就能避免获得偏离预期的用户流量。

3）渠道瓶颈

相对于上文中的两个问题，这个问题很难理解，甚至不容易遇到。这个问题通常出现在企业或团队对某个平台带来的流量有明确要求的时候。设定的要求可能是为了满足某些特殊时段的需要，如需要紧急完成 KPI 的时候。

这其中的问题就在于，第三方平台虽然“神通广大”，能提供大量的优质流量，但并不是“取之不尽、用之不竭”的。换言之，并不是我们设定的目标，这些平台都能满足。随着对新用户流量的需求的增加，平台上的竞争也在加剧。这个阶段尚且可以通过追加一些预算提高竞价上限，以便获得更多优质的用户流量。但是在达到一定水平之后，这些平台就开始走向“枯竭”，不能再提供更多的用户流量了。

当然，这种“枯竭”通常是暂时性的。换言之，虽然在短期内不能再获得更多的用户流量，但是只要我们将时间周期拉长，耐心等一等，还能从平台中稳定地获得更多用户流量。只是在短时间内这个渠道会触及自己的瓶颈，即使花费再多的钱也无法获得更多的新增用户。

这就引出另一个概念，叫作“获得新用户的节奏”。关于这点笔者放在四种获得新用户的方式的后面集中讨论。

#### 4．裂变方式

通过裂变方式在社会关系中不断获得新用户，已成为互联网领域获得新用户的行之有效的重要手段之一。除了“裂变”这个名字，这种方式有时还被称为 MGM（Member Get Member）。在营销学的理论中，这种方式行之有效的原因就在于终端促销能力的提升。

比如，在互联网领域中，企业或团队可以通过手机上的 App，或者向用户提供一套工具，使得每位用户都有能力向身边的其他人推广产品或者服务。在实际的案例中，通常这种赋能的过程可能需要借助一张简单的图片、一些简单的转发链接等来实现。

鉴于本书的内容并不是探讨各种运营方式，因此笔者将关注点放在了裂变这种方式的数据分析层面。在关于裂变的研究中，“$K$ 值”这个概念一定绕不开。$K$ 值是从结果分析的角度，计算每个用户能够带来多少个新用户。

从严格意义上讲，当 $K$ 值不等于 0 的时候，裂变就已经开始了。只不过这个时候的裂变还达不到大家心目中的那种“病毒式”的疯狂程度。当 $K$ 值为 1 甚至大于 1 时，“好戏”才刚刚开始。因此很容易明白，$K$ 值越大越“好”。

不过在实际的运营当中，很少有一些手段能够直接衡量其对 $K$ 值的影响，如利诱、攀比、塑造形象、乐于助人等，这些手段虽然有效，但并不容易衡量。因此，在对裂变的分析中，更稳妥的手段是从 $K$ 值本身出发，将用户群切分为更小的子群，并在不同的子群上进行对比实验，观察哪个子群的 $K$ 值增长更快。

因此，从结果的角度看，裂变方式创造了十分优秀的成果；从数据分析的角度看，我们依然要以 $K$ 值为目标，以不同的促进裂变的手段为切分维度，并在不同的小用户群体上做实验，来研究哪种手段更容易促进用户产生裂变行为。同时还要注意，在小群体上试验成功的办法，在应用到更大的群体上时，未必能够产生更大的效果。

### 5. 获得新用户的节奏

在上文中，笔者已经提到了“获得新用户的节奏”这个概念，在这里专门对其展开讨论。概念提出的背景是这样的：虽然我们在一些时候不会受到成本或者运营手段的限制，能够在短时间内追加资源投入，并期望获得更多新用户，但是外部的渠道无法支撑这种短时间、大规模的临时性的用户获取方式，可能很快就遇到了瓶颈。

当然，即使抛开外部渠道的瓶颈不管，在实际中也会受到企业或团队本身的资源的限制——经常需要面对所剩无几的市场费用，或者受制于产品自身的特性等，而无法在任何时候获得任何量级的新增用户。

反言之，这种情况也在推动着我们培养规划能力。“规划能力”在这里主要指对获得新用户这件事的规划能力。

当企业或团队制定了年底或月末的获得新用户的目标时，就需要开始“从后向前”反推，安排每个月或每周的工作计划；甚至在一些数据模型的支持下，能够对每天的获得新用户的工作有所预期（关于这个话题，笔者将在下文中的“蓄水池”模型部分继续深入探讨）。基于这种预期，就能够有效避免整体目标被压缩到一个很短的时间段内集中完成。如果确实到了这种时刻，从客观条件上看，完不成的概率很高。

另外，除了对获得新用户的工作节奏有所规划，还需要对新增用户的来源渠道有所了解，了解其瓶颈的大概位置，同时也了解一些可能对其造成影响的因素。当然，这种了解可以是直观感性的区间范围，也可以是基于数据模型的理性预测，两种了解方式各有利弊，分别适用于不同的企业或团队。

通过这种“知己知彼”的过程，我们才真正对获得新用户工作有了把控，能够真正预测一些可能出现的问题，并提前规避它们。

### 5.1.2 需求鉴别——留存与促进用户活跃

需求鉴别正好与上文提到的需求挖掘对应，要关注的对象是那些已经成产品的用户的人。对于那些已经经历了“新增”过程的老用户，大家已经对他们有所了解。或者从另一个角度说，既然大家已经通过一些手段让这些人成为产品的用户，那么至少在某个方面，我们的产品或者运营活动已经满足了他们的需求。当然，我们满足的可能仅仅是“羊毛党”想要获得利益的需求。如果我们确实只是满足了“羊毛党”的需求，而没有得到有价值的用户，这种情况会给接下来的工作制造很大的麻烦。

接下来的工作，就是对用户需求的鉴别。笔者在上文中讲解新增用户的时候，提到了四种获得新用户的方式。每一种获得新用户的方式，其实都只满足了用户需求的一个侧面。上文提到的“羊毛党”，在任何以返利为主要手段的运营活动中，都可能有“羊毛党”的存在，只是数量多少而已——那些设计得不够严谨的活动，更容易吸引“羊毛党”。

通过投放方式得到的新增用户，与企业或团队中间多了一个层级，就是投放的平台。而在投放的过程中，平台会提供很多针对投放用户的定向工具，大家可以通过这些工具，相对准确地定位到每一位新增用户。至于这里为什么要强调“相对准确”，主要原因是这种定向本身可能不够准确。但有得用总比没有好，在四种拉取新用户的方式中，活动新增和投放方式都应该是相对准确的了。

裂变新增这种方式，更偏向于满足用户的社交需要，也就是其主要动机来源于维系某种社交关系。比如，好友关系、圈子内互动等。当然在一次成功的裂变中，不会只包括社交的动机，产品自身也会对用户产生一定的吸引力，只是究竟在多大程度上与产品自身相关，这个度不容易把控。因此，大家要在日常的产品和用户运营中不断进行鉴别。

可见，如果我们把目光集中在具体某位用户的层面，就是对用户需求的鉴别，也就是我们的产品究竟能否满足用户的需求，以及满足了哪些需求等问题。如果我们稍微转移一下关注点，从产品整体的宏观角度来看，那么就是如何不断促进用户在产品上的活跃行为的问题了。在这个点上，就将需求鉴别这个抽象的概念与日常的实际工作联系了起来。

当成功地通过一次次的运营活动带来了更多的活跃用户时，我们也就越来越确信，自己已经对用户需要什么越来越了解。并且通过这种互动，我们也能够对促进用户活跃的方式进行一个“能力范围”的评估，了解每种促进用户活跃的方式能对用户产生怎样的影响。还能从需求层面了解到，每种促进用户活跃的方式为什么有效，它们究竟与用户需求之间有着怎样的联系。

因此，鉴别需求就是一个从抽象到具体、从本质到现象、从原因到结果的过程。只有通过用户不断地使用、与用户进行不断的交互，我们才会对自己的产品有信心。因为提供的产品确实满足了用户的需求，并且已得到客观事实的验证。

接下来，笔者主要介绍两种促进用户活跃的方式。

#### 1. 自然方式

自然方式是最简单的方式，也就是用户自然产生的活跃行为。这部分自然产生活跃行为的用户通常被看作产品活跃的“基石”，换言之，提供的产品对于这部分用户来说，已经有足够的吸引力，因此可以在不借助外力的情况下，这部分用户仍然能够不断产生活跃行为，与产品产生互动。

在这些不断主动使用产品的用户中，包含着大量的高价值、高黏性的忠诚用户。他们对于一款产品来说至关重要，是产品延续的基本保证。因此，我们在制定一些可能影响到这部分用户的策略或者进行迭代的时候，需要特别小心。

首先要考虑的就是这部分高价值用户的用户体验。正因为用户在不断地主动使用我们的产品，他们对产品的交互设计已经了如指掌，甚至已经养成了习惯。如果对产品的交互设计和产品结构进行重大调整，很可能就会伤害到这部分用户。

对于那些面向 C 端用户的 App 产品，可能影响相对小一些——不过也只是相对，毕竟都损害了用户体验。而对于那些面向 B 端用户的产品，以及平台型、工具型的产品，这种问题的产生可能是致命的，可能会直接导致忠诚用户流失。这种损失对于一款产品或一家企业来说，都是不可估量的。

为了维系和巩固与这部分高价值忠诚用户之间的关系，除了顾忌他们的体验效果，比较好的做法就是为他们提供更多的互动机会，使他们获得更多的参与感。比如，在一些重要变更前征集他们的意见和建议，向他们开放一些抢先版或者内部测试版本的 App，通过其他社交渠道建立更紧密的联系等。这些方法都能不断增强这部分用户的心理满足感，同时也能为产品的发展收集更多的宝贵信息。

### 2. 活动方式

既然有的人能够成为我们的用户，并且愿意留下来，就说明提供的产品在某种程度上满足了这部分用户的需求。那么，以活动的方式促进用户活跃，其实就是在不断地放大这部分用户对活动平台的诉求。

其中一个比较有趣的点在于，这部分用户自身的特点可能与活动形式高度相关。继续以“活动返利”为案例。如果我们在最开始通过直接返利的方式获得了用户，那么在后续促进用户活跃的时候，这部分用户可能对相同类型的返利活动同样感兴趣。

这就涉及了一种大家在运营活动中经常使用的思路——根据历史上用户对不同类型活动的反应，总是给用户推荐那些他们反应“比较好”的活动类型。这里衡量活动类型的标准，与业务层面的定义高度相关。

比如，如果业务已经逐渐走向成熟阶段，我们更关注获得的利润，那么评价好坏的标准就是在不同的活动类型中，哪种活动类型能促使某位用户为我们创造更多的利润。通过这种方式，可以使产品变得“千人千面”，每位用户看到的都是更容易帮助我们达到目标的内容。

如果在业务发展的早期，我们比较看重快速扩大用户规模，那么对活动类型进行评价的标准就会变为哪种活动方式更容易带来新用户。如上文所讲，对新增用户的处理办法，应与对待老用户的方法略有不同，因为我们对这些新增用户不够了解。所以，一种比较简单的办法就是，我们在新增用户方面并不需要关注每一位新增用户，而应关注这些新增用户的来源，如获得新用户的渠道。

整体的分析思路，是找到能够从某个获得新用户的渠道获得更多用户的活动类型。对每位用户的关注，则彻底交给渠道来完成，大家只是通过用户标签或者类似的方式来间接控制。

1）用户定位

针对老用户的活动运营，我们可以做的事情比新用户运营就多了很多。因为我们已经得到了关于老用户的更多数据。那么在活动开始之前，首先表现出来的区别就是，我们能够通过很多方式，把全部老用户分成小群体。

比如，我们在了解了用户的基本信息之后，就可以进行人口统计学的拆分，常见的拆分标准有年龄、地域、性别等标签。并且这些标签比在获得新用户时使用的外部渠道标签，在质量方面更可控。至少大家还可以通过一些其他数据进行相互交验，来判断这些用户标签和用户画像的质量。

同时，我们对用户的使用习惯也有了一些了解，可以从用户活跃的时间段、喜欢使用的手机品牌、当前系统版本等角度，将用户群拆分得更细。而在实战中，我们还会考虑根据用户以往对产品产生的价值贡献，或者其他更贴近业务目标的方式，将用户群再进行细分。

通过这些方法，我们就能获得更加精准的用户群体，这对于活动运营来说绝对是一件好事。

2）活动形式

获得新用户的活动由于得不到用户信息的支持，同时受限于外部获取新用户的渠道，只有确定的几种方法可以获得新用户。而对于以用户产生活跃行为为目的的运营活动，我们可以在已经掌握的用户信息的基础上拓展出更丰富的活动类型。

只不过，本书的关注点并不是“如何创办一个吸引人的运营活动”这种偏向运营的问题，而是应当从哪些角度来评价这个活动究竟是好还是不好。

3）活动分析：对比

在面向老用户的运营活动中，我们的第一分析思路应当从活动的目标出发。如果是用来带动老用户产生 UGC 内容或者通过交易创造利润的运营活动，那么我们就应当直接将最终目标的变化情况，作为衡量活动的标准。然后，就需要使用笔者在第 4 章中介绍的数据分析方法，将这个最终目标逐渐拆分到那些大家有“操作空间”的运营手段上，再通过这些运营手段反过来影响本次的运营活动。

还有另一种比较常见的分析方式，它是将本次活动的效果，与上一次表面上看似类似的活动的效果进行对比。比如，本月做了促进用户活跃的活动，上个月同样做了一个以促进用户活跃为目的的活动，那么我们就可以通过比较这两个活动的相关结果数据，来证明本月举办的活动确实比上个月的效果好。因此，这是一种活动之间的比较分析，目的是从不同的活动中进行选择。

在进行活动筛选的时候，我们很容易想到的一个原则就是，应该选取那些“相似”的活动进行比较。针对这种相似性，首先应当考虑的是目标上的相似性，也就是找到更容易帮我们实现某个目标的活动；其次应当从成本的角度考虑，也就是同样分配一个团队去做，或者投入同样的成本，哪种活动更容易带来实际的运营效果。

4）活动对比的“隐患”

不过在实战中，“不合理的比较”时而发生。造成这种问题的原因，可能是活动本身的目标制定得过于模糊，也可能是目标涉及一些复杂的公式之类的东西，导致了“非专业人士”的误判。因此，对活动目标的反复沟通和确认，在一家工作节奏较快的互联网企业里，是相当重要的工作。

同时，环境的改变也是导致比较不合理的重要因素。这不仅是在分析的阶段要考虑的因素，在活动设计的阶段就要提前考虑，因为外部环境总是在高速变化之中。如果我们只从活动目标、活动形式等方面来观察它们，就很可能会忽略环境的变化。

比如，一个在“双 11”、春节等特殊期间上线运转的促进用户活跃的运营活动，与平日里进行的促进用户活跃的运营活动之间就没有可比性。因为在对比之外，整个环境已经改变了，并且这种环境的波动很有可能成为影响活动结果的关键因素。比如，在所谓的“大促”期间，人们很可能突破自己原有的偏好，受价格的影响更明显；当然，一些“早就想要”的东西，只是等到价格下降的时候再买。所以各种运营手段可能都不会对用户的交易行为产生太大的影响——喜欢的总是要买的，不喜欢的也不会轻易购买。

最后，通过用户的自然留存，以及通过活动的形式促进用户留存，我们也在不断探究和明确用户的需求究竟是什么。针对这个问题，每位用户会给出不同的答案。与这个过程相比，常说的用户画像正好是一个相反的过程，它是在更大的用户群体上“总结”其规律，而忽略了每位用户的个性化需求。

### 5.1.3 用户生命周期与“蓄水池”模型

在上文中笔者讲了关于用户的新增和活跃，它们分别可以看作是对新用户需求的挖掘过程，以及对现有用户的需求进行不断验证的过程。

在实际的用户运营工作中，我们应关注用户从“新增”到最终“流失”的整个生命周期。

新增与活跃这两个方面只是用户生命周期的两个环节。这其中的“活跃”与大家时常提到的“留存”“转化”的概念经常被放在一起——用“是否转化”来判定“是否活跃”，再用“是否活跃”来判定“是否留存”。

可见，在用户生命周期中，我们最希望用户能够一直停留在“活跃”这个环节，而“新增”这个环节在大家的心目中排第二，只有新增环节发生作用才能不断地扩大用户规模。那么在实际工作中，我们如何在某一个时间点判断活跃环节和新增环节是否正常运转呢？这就是“蓄水池”模型要解决的问题。

接下来笔者就分别介绍用户生命周期与“蓄水池”模型。

#### 1. 用户生命周期

用户生命周期模型是一种关注用户价值的模型，常见的样子如图 5.1 所示。同属一类的还有 RFM 模型（由 Recency、Frequency、Monetary 三个维度构成）和用户社交价值（这个概念在当今有一个更流行的叫法——“裂变”，其量化工具主要是上文提到的 $K$ 值）。

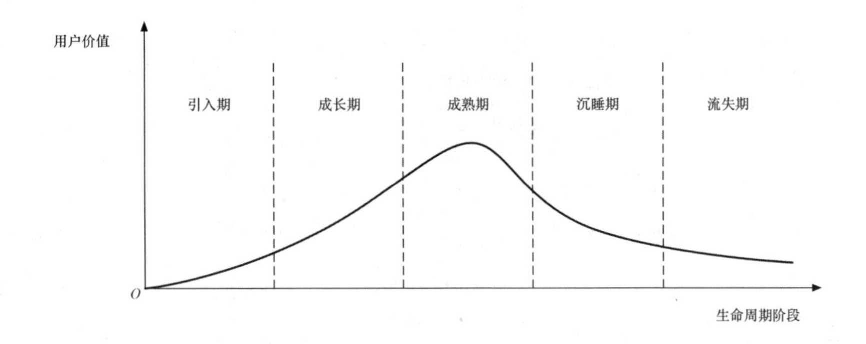


图 5.1　经典的用户生命周期模型

上文提到，用户生命周期模型关注的是用户的价值。这也就给出了一些疑问的答案。比如，用户本来“好好的”，为什么要给他们定义生命周期，并且应当依据什么指标来给用户定义生命周期更加合适呢？答案就是价值。

1）拆分的意义

“价值”这个概念，笔者已经提过很多次了。在许多与数据分析相关的过程中，价值都会被当作唯一的衡量标准，用来衡量我们的运营手段和优化设计是否有效。并且在面临多个备选项的时候，价值也会指导我们应当如何选择。同样地，我们在对用户群体进行拆分的时候，也根据用户产生的价值，将用户群拆分成更小的用户群。

通过这样的拆分，我们就能更轻松地针对不同价值的用户群提供差异化服务。这样我们就可以投入更多成本服务那些带来更多价值的用户；反过来，这些高价值的用户也会继续为我们带来更多的价值。这样就形成了产品与用户之间的一个良性循环。并且从整体上看，企业或团队的资源配置效率更高了，那些高价值的用户也得到了合理的“照顾”。这就是用价值来拆分用户群的意义。

2）什么是价值

什么是价值呢？这个问题并没有想象中那么好回答。

比如，上文提到的 RFM 模型，这个模型关注的三个维度分别是“最近一次交易”“交易的频次”和“交易的金额”。由此可见，这个模型主要关注的是在交易行为当中产生的价值。因此这个模型的基本假设是在“最近一次交易”距今的间隔、“交易的频次”和“交易的金额”上，如果两个用户的表现是不同的，那么这两位用户给我们带来的价值也是不同的。

在实际的工作当中，由于产品或业务的自身特性存在差异，这种假设不一定总成立。因此在实际应用 RFM 模型之前，我们需要一些数据来对这个假设进行验证。验证的内容其实也不难理解，就是将用户按照“最近一次购买”“购买频次”和“购买金额”这三个维度进行拆分。

我们可以将三个维度分别按照从低到高的顺序分为 5 个档次，这样拆分并交叉之后，就得到了一共 125 个用户子群，并计算每一个子群在交易当中创造的价值。然后就可以评估拆分出的用户子群之间在创造价值方面是否存在明显的差异。这个步骤通常使用统计学中的显著性检验来实现。如果答案是肯定的，也就是拆分后的用户子群之间确实存在明显差异，那么我们就可以使用 RFM 模型来区分用户的差异。

在实际应用的过程当中，我们主要通过经过验证的 RFM 模型来将用户群拆分成用户子群，并根据运营的需要选择那些想要的用户子群，而不再直接面向整个用户群做运营。通过这样的方法，我们就能尽可能地提升运营活动想要达到的效果，同时又能降低投入的成本总量，从而提高活动的效率。

另一种应用场景是使用经过验证的 RFM 模型进行预测。因为在构建 RFM 模型的过程中，我们可以轻松地计算出属于各个子群的用户在历史上的转化率。假定各个子群的转化率在未来是恒定不变的，那么就可以预测出在投入了确定的运营成本之后，不同用户子群将产生多少价值。通过这样的方式，我们就能更加合理地规划每一次的成本投入。

当然，相比于其他模型，RFM 模型对价值的定义比较简单。这种价值主要指金钱上的价值（或者是业务上的转化），可以通过成本和收入计算得出。

而在整个用户生命周期当中，交易这个行为更偏向于留存的环节。换言之，从用户生命周期的角度来看，RFM 模型更适用于其中的活跃、留存阶段，而不是在整个生命周期中都可以应用。那么整个用户生命周期的价值应当如何衡量呢？这就涉及笔者接下来要介绍的 LTV（Life Time Value，生命周期总价值）了。

不同于 RFM，LTV 着眼于用户从新增到流失的整个生命周期过程，在传统的营销学中也经常被称作“客户生命周期价值”（Customer Lifetime Value，CLV）。LTV 虽然在计算过程上比 RFM 复杂得多，但是最终得到的仍然是用户的“货币价值”，也就是仍然要折算到“钱”的层面。

LTV同样关注在每位用户上的“投入”和“产出”。其中投入包括以下几个方面。

- 最开始的获得新用户的成本。
- 每一次促进用户活跃的成本。
- 用户成为“沉睡用户”之后每一次的“唤醒”成本。
- 用户成为“流失用户”之后每一次的“召回”成本。
- 渠道成本、人力成本等其他成本。

而另一边，产出项则主要包括了用户带来的利润。当然，如果计算得更严谨一些，还需要考虑到金钱随着时间的流逝产生的价值的变化。因此，大家还应当选择适当的贴现率，将计算得到的价值产出折算到决策的时间点，才能根据这个折算后的价值决定用户的价值究竟是多少。

在得到了用户的“生命周期总价值”之后，我们仍然可以做一些与RFM类似的事情——将用户按照价值的高低分成若干子群，并在真正需要决策的时候，选择合适的子群的价值做参考。至于用什么维度进行切分，这个与业务和产品的自身特点，以及需要进行的决策都有关系。

当然，这是一个典型的“分析过程”，可以采用在4.3.1节中介绍过的“分析五步法”来进行分析。选择维度的关键点之一仍然是可操作性。比如，如果是一个通过投放外部渠道来获取新用户的场景（选择这个场景主要是因为外投在价值计算上更方便，有现成的报表可以参考），我们需要在投放时根据用户的LTV来决定应当花费多少成本。

这时我们就可以按照新增渠道的不同，将现有用户进行细分，并计算细分后的用户子群的LTV；之后，在投放的时候选择来自相同渠道的老用户的LTV做参考。当然，这里仍然涉及统计检验，也就是不同渠道的用户在LTV上的差异是否足够明显。如果仅用渠道一个维度且表现出的差异不够明显，就要考虑再加入其他维度。

总之，对于用户生命周期，不管关注的是生命周期中的某个环节的价值，还是整个生命周期的价值，我们的关注点都是**个体用户**，需要考量的是**个体用户随着生命周期的演进而产生的变化**。

上文中讲到的RFM和LTV两个模型，关注的主要是用户在“货币价值”上的变化。而原本的用户生命周期模型不仅关注这些直接跟金钱有关的“货币价值”，还认为用户不断地使用我们的产品，也可以被看作一种价值。这种价值通常被称作“用户参与度”，并且通过流量和行为数据做辅助，很容易量化计算。

## 2. “蓄水池”模型

除了用户生命周期模型，在用户运营上还有一个常用的模型，因其分析角度和关注点的独特，常被称作“蓄水池”模型。常见的“蓄水池”模型如图 5.2 所示。相比于用户生命周期模型，“蓄水池”模型更关注时间和各个用户子群之间的“流动”情况。因此，“蓄水池”模型关注的是用户群体的变化，同用户生命周期模型不一样，用户生命周期模型关注个体的变化。

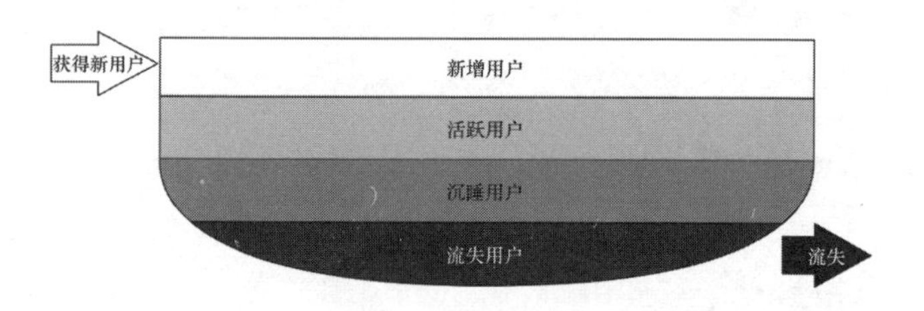


图 5.2　经典的用户运营“蓄水池”模型

图 5.2 展示的是一个完整的用户运营“蓄水池”。其中将整个“存续”的用户群体按照常见的用户生命周期阶段分解为四个层次：新增用户、活跃用户、沉睡用户和流失用户。其中活跃用户部分包含了在生命周期中处在成长期和成熟期的用户。如果要纯粹地分析用户，那么这张图更加适合，因为它囊括了各种状态的用户，方便研究各个状态之间的用户的流转情况。

而在实际的业务和产品运营中，我们不仅要关心用户的情况，还要关心用户对业务和产品发展的影响。在图 5.2 所示的四个层次中，新增用户和活跃用户是对日常业务影响比较大的层次，而沉睡用户和流失用户对业务的影响相对小一些。因为当我们成功地“唤醒”了沉睡用户，或者成功地“召回”了流失用户之后，他们也就变成了活跃用户，可以沿用活跃用户的运营方案。对此，我们可以换一个角度理解：我们希望每一位已知的用户“活跃”，只是在使用不同类别的手段，包括“获得新用户”“唤醒”和“召回”。

因此，如果我们更关注用户对业务的影响，而不是纯粹地研究用户群体本身，那么就将图 5.2 中的活跃用户和新增用户拿出来，再根据用户的留存情况进行细分，并重新构建一个面向业务分析的“蓄水池”模型。如图 5.3 所示。

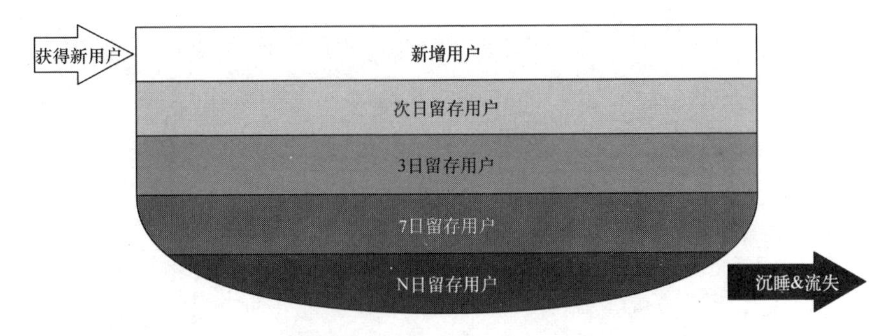


图 5.3 针对新增用户和活跃用户的“蓄水池”模型

在这个新构建的“蓄水池”当中，大家就能清晰地看到，每天的业务增长都是哪些用户贡献的。如果能够确保用户的留存本身有规律可循，那么每天的交易就能够按照一个比较确定的比例拆分到新增用户、次日留存用户、3 日留存用户等这些用户子群之中。这样，我们就能够通过“结果”来反推“原因”——也就是能够通过某日的留存情况，来反推此前某一天的新增情况。

关于这一点，笔者已经在 4.2.1 节中用图 4.9 和图 4.10 呈现过了。只不过，在 4.2.1 节中，我们关注的是整个时间线，而在这里我们关注的是某个具体的时间点。在图 4.10 中，每一列都可以看作是一个“蓄水池”。

结合 4.2.1 节与 5.1.3 节这两部分的内容，我们就可以把每日的运营工作、时间线上的用户留存变化，以及最终的运营目标三方面结合在一起了。我们从“蓄水池”的单日视角出发，按照图 5.4 所示的画法，就可以得到一个每日用户运营工作计划表。

（制表时间：2019-01-15）

| 目标：5000 | 昨日-实际 | | 昨日-Baseline | | 昨日-偏差 | |
|---|---|---|---|---|---|---|
| 用户分层 | 数量 | 占比 | 数量 | 占比 | 数量 | 占比 |
| 新增用户 | 2010 | 53.34% | 2000 | 51.75% | 10 | 1.59% |
| 3日留存 | 1000 | 26.54% | 1000 | 25.87% | 0 | 0.67% |
| 5日留存 | 450 | 11.94% | 500 | 12.94% | -50 | -1.00% |
| 7日留存 | 220 | 5.84% | 200 | 5.17% | 20 | 0.67% |
| 15日留存 | 50 | 1.33% | 100 | 2.59% | -50 | -1.26% |
| 30日留存 | 20 | 0.53% | 50 | 1.29% | -30 | -0.76% |
| 60日留存 | 15 | 0.40% | 10 | 0.26% | 5 | 0.14% |
| 90日留存 | 3 | 0.08% | 5 | 0.13% | -2 | -0.05% |
| 汇总 | | 3768 | | 3865 | | -97 |

图 5.4 每日用户运营工作计划表的画法

在图 5.4 中，我们可以看到对目标的拆解和预测。其中 Baseline 中的指标，就是根据要达到的目标而拆解出来的昨日目标。如果我们发现昨日的实际与 Baseline 之间存在着差距，那么今日就需要在特定的用户子群上加强运营、立即上线新的运营活动或者更换文案等。这部分需要配合进一步的数据分析（分析思路仍然参考 4.3.1 节中的分析步骤）。

而目标一栏，展示的就是昨日已经发生的情况到了本期末能达到怎样的结果。这个预测结果如果与实际目标之间有偏差，我们同样需要在此时此刻就采取措施，否则到了最后阶段想改变但是已经没有机会了。

通过“蓄水池”这个模型，我们就进一步将留存分析推向了每天的运营工作的实战战场。这些模型并不是一个个无法落地的概念模型，我们需要将它们应用到日常的工作中，才能获得最大的效益。这也是业务层面对数据产品的诉求，通过这些模型的构建，我们才得以通过数据对业务的发展进行监控，并在业务出现问题时，通过数据指导运营和产品团队有效地解决问题。

### 5.1.4 竞争性抽象与建模

在 5.1.1 节、5.1.2 节和 5.1.3 节中，笔者已经将日常的关于用户和业务的运营工作进行了拆解，一直拆解到我们的目标就是业务发展或者产品迭代的 KPI 目标，而我们要衡量的东西就是我们有能力实际影响的那些方面。在第 4 章中，笔者提到了竞争的概念。接下来笔者就讲解竞争这个概念在本章中的应用。

#### 1. “一元分析”与“多元分析”

竞争是一个很重要的概念，相信在今天——在互联网行业经过了高速发展之后而逐渐走向精细化的今天——大家对竞争这样的理念一定不陌生。前面做的一切分析即使再完美，也只能称作“一元分析”。因为这些分析只考虑了一款产品、一项业务、一家企业、一个团队等。

现实绝不是这样的。比如，在获得新用户的环节中，在如今的市场环境中，想找到一个完全没有涉及互联网产品的“纯新用户”，要么根本不可能，要么成本极高，毕竟互联网是近几年降低“找人”成本的主要途径。那么结果是什么呢？结果就是找到的所谓“新用户”，可能已经不知道用过多少种其他的互联网产品了，其中不乏我们的竞争对手提供的产品或服务。也就是说，所谓的“获得新用户”更可能是在互相抢用户。

如果我们再细分，不把每个自然人看作市场的最小单位，而将每个用户的每一分、每一秒的时间作为市场的最小单位。那么我们抢夺的，就是用户的时间，或者说是用户的注意力。如果用户在一天当中所有清醒时段的注意力都被瓜分殆尽了，那么我们也就没有生存的空间了，或者考虑转型去占领用户睡眠状态下的时间。

可见，竞争对产品与服务的设计和运营过程都有极大的影响，在一些场景中甚至是决定性因素。这样的因素，居然被我们“选择性”地忽略了。当然我们也不能“草木皆兵”。在一些竞品分析中，常看到随便抓过来一个产品就当作竞品。诚然，这些产品在交互形态、核心功能、甚至风格方面，确实“看着就像竞品”。但是如今的产品都在有意识地强调差异化，我们需要十分明确，这些产品究竟在哪些方面与自己的产品能够构成竞品。这也就是上文中提到的用户重叠或者需求重叠。

### 2. 谁是竞品

随着市场规模的扩大，同质产品层出不穷，这类“竞品扫描”的工作也是非数据产品莫属了。那么在数据抽象的过程中，大家应当如何将这种竞争关系抽象为数据上的指标呢?

笔者要从需求层面谈起。在 4.1.3 节中，笔者关于竞争中的需求定位提出了“灵魂三问”。

- 用户需要什么。
- 我们能满足什么。
- 市场上还剩什么。

这三个问题需要每个做需求分析的人思考，而且要针对自己的产品或服务进行思考。同时，在 4.1.3 节中笔者也提到了，各种模型会将需求不断地“切碎”。这样的分析思路，能够有效地避免多个产品或服务瞄准了同一类需求，从而避免了不必要的竞争。

换言之，当我们想要满足的目标用户的需求，与某款产品或某个服务项目想要满足的目标用户的需求存在重叠时，那么竞争就产生了。而且重叠的部分越多，竞争也就越激烈。

1）按照行业细分

抛开上文那些概念化的表述，选择竞品的最直接而简单的方法，就是将同一行业中的所有产品或者服务全部圈定出来。

如今的互联网行业的划分已经越来越精细了，如社交、电商、金融科技、大数据、人工智能等几个耳熟能详的领域，也都在各自进行细分。同时，每个细分行业内都不断地有新成员加入，有些是独立的创业团队，有些则是其他领域的企业开始对新领域进行渗透。这就制造出了行业的层级，比如，同属一个“社交”领域下的产品，有些面向熟人之间，有些面向陌生人之间，又有下一级的细分。因此，大家在寻找竞品的时候，至少要选择那些同属一个细分层级的产品。

至于数据来源，如果通过行业划分来寻找竞品，那么搜索引擎将是一个好帮手。关于行业中的每种产品或者服务，我们都希望它们能够获得更多的曝光机会，因此会专门对搜索引擎进行优化，也就是所谓的“SEO”（Search Engine Optimization，搜索引擎优化）。

优化的目的是让那些核心的关键词在排名上更靠前或让产品在排名相同的情况下占领更多的关键词等。这也就解释了为什么我们经常在 App Store 或者其他应用市场上，偶尔会看到一款社交产品挂到了其他的分类下并且排名进入了 TOP5 这样的“不按常理出牌”的上架方式。

除了搜索引擎，还有应用市场和第三方的数据分析工具会帮助我们整理。比如，第三方平台会将同属一个行业的产品放到一个分类下。这样，我们只需要从自己的产品所属的分类里查找竞品就可以了。另一些第三方平台则结合了一些数据分析功能，可以为我们更准确地定位到那些新出现的竞品。

同时在数据分析方面，这样的平台也能够提供一些关于行业的情况介绍。比如，友盟平台在用户分析的模块中，就提供了关于用户分析常用指标的行业水平，包括每日新增用户数、每日活跃用户数等。同时还根据各自平台的现状，提供了不同范围的排名，以便我们分析自己的竞争地位。

2）按照用户划分

如果上文中按照行业划分的简单方法能够解决所有问题，那么也就不需要笔者接下来要讲解的内容了。不过按照行业划分的方式无法解决一类新的问题，就是**“跨行业竞争”**。笔者在第 3 章中已经提到一次跨行业竞争，现代的企业已经不仅只能被自己行业内的企业打败，还受到越来越多的跨行业竞争者的威胁。

电信业的竞争对手已经变成了各种通过互联网提供即时通信能力的 App，如微信的语音通话和视频通话。除此之外，还有在线支付对线下银行体系的冲击、网约车对出租车行业的冲击等。可以想象，如果将当年经典的“啤酒与纸尿裤”的案例拿到今天，可能最大的问题就是人们的视线已经更多地被手机屏幕吸引了，而购买决策也在受着各种线上消息的左右，商品的摆放方式已经不再像原来那样成为影响购买的重要因素了。

这些跨行业的竞争，不仅提供了类似的服务、解决了类似的问题，更重要的是它们还服务了同样的用户，并且在类似的场景中，占用了用户的同一段时间。这样，我们就可以把跨行业竞争的问题，转化为用户重叠（更准确地说是需求重叠）的问题来研究了。其实，在评估用户重叠时，有专门的指标可用。比如，笔者在数据分析五步法中提到了评估用户倾向性的 TGI 指标。我们同样可以通过 TGI 来研究用户对产品的倾向性，以此确定竞品。

不过好在这些不容易看清的跨行业竞争属于大趋势，不会在一两天内产生很大的变化，甚至能延续几年都不会改变。只不过，每天都有新的产品在不断探索这些行业的边界，期望为用户提供更好的服务。因此，在这个大趋势尚未改变的时间段里，我们也就有些许喘息的时间，可以深入地研究现状和应对办法。

而实际中可能遇到的问题，当属数据来源了。首先，即使我们已经嗅探到了一些可能成为竞争对手的产品或服务，在没有确信之前，想收集到它们的信息并不是一件容易的事情。比如，我们并不能直接获取竞争对手的数据。一些号称能够获得数据的途径，也涉及正当性的问题，有些甚至是非法的，同时也违背职业道德，都不可取。因此，我们只能通过一些关于行业的公开数据，从侧面进行评估。关于这些公开数据，可以参考相关部门公布的报告，以及一些咨询机构公布的报告。

其次，我们并不清楚这种跨行业的竞争会在哪两个行业之间形成。换言之，我们并不能提前知道应当去了解哪个行业的信息。并且这种竞争关系是逐渐产生的，并不是在一夜之间就变得明朗了。有些数据还是定性的数据，很难通过量化的方式来衡量。因此，我们只能根据第 4 章中介绍的方法，给那些评估用户重叠和市场竞争的指标设置一个合理的阈值，通过这种办法来提醒自己应当关注哪些行业和产品。

通过这样的方法，我们就能暂时采取一些措施，监控行业内和跨行业的产品之间的竞争。

## 5.2 业务的数据模型

在 5.1 节中，笔者主要关注的是用户需求。为了避免过于抽象，笔者就获得新用户和促进用户活跃这两个具体工作环节来讲解对用户需求的把握。而本节主要关注业务本身。

早在第 3 章中，笔者就已经讨论过关于业务形态的问题，也就是业务希望达到怎样的目标，并且希望通过怎样的手段实现目标。而本节的内容，则是将这种目标和实现手段，通过一些建模工具进行标准化和可视化。通过这个过程，那些抽象的业务过程和关系将会变成一张张清晰直观的图。

比如，笔者在第 3 章提到了利润，并且这种利润可以通过减少投入、增加产出来简单实现。那么，在本节中讲解对现金流的建模时，这些抽象的投入和产出，就会变成类似财务报表的表格，或者类似流程图的资金流图。

采用这种方式不仅为了让大家更直观地理解其中的含义并发现问题，也为了在后续的步骤中，能够更轻松地将这些复杂的业务过程变成系统功能。

在本节中，笔者将会介绍几种经常用到的建模工具，包括 E-R 图、流程图、时序图等。

### 5.2.1 用 E-R 图抽象实体关系

笔者首先来介绍一个强大的工具——实体关系图（Entity-Relationship Diagram，即 E-R 图）。其背后用来分析的思维方法被称作“实体关系法”（Entity-Relationship Approach，或翻译成“实体联系法”），有时也会被称作“实体关系模型”（Entity-Relationship Model）。这种方法由美籍华裔计算机科学家陈品山（Peter Pin-Shan Chen）于 1976 年发明。

发明这个工具的本意，是希望通过一种统一的图示的方式，来描述现实世界中的实体、实体的属性，以及实体之间的关系。在问世之后，这个工具被广泛应用于数据库设计中的较高层次的概念设计中。

在对互联网产品和运营过程进行分析的时候，可以使用 E-R 图来发现所有的参与者和他们之间的关系；在设计产品的时候，也可以使用 E-R 图来了解和设计产品内部各个模块之间的关系。通过这种方式，大家既能发现现有关系中存在的问题，又能使用这个工具设计出更适合的模型。可见，这是一个十分强大的工具。

虽然笔者至此讲的都是抽象的概念，但是还是要用一个形象的案例来说明。比如，在电商交易的过程中，比较常见的场景就是用户使用优惠券来下订单购买一些商品。在这个交易过程中，用户、订单、优惠券和商品之间的实体关系，如图 5.5 所示。

在这张图中，我们可以发现，用户、订单、优惠券、商品这四个方面都被一个长方形框起来了，代表四个“实体”；每个“实体”都与几个椭圆形相连，这些椭圆形就是实体的“属性”，为了举例方便，笔者只列举了一些常见的属性；最后，长方形之间也通过一些菱形连接了起来，在菱形中标明了各实体之间的关系，在连线上也标注了数字 1、字母 N 或 M，这就表示两个实体之间存在着某种联系。图 5.5 就是最普通的 E-R 图了。

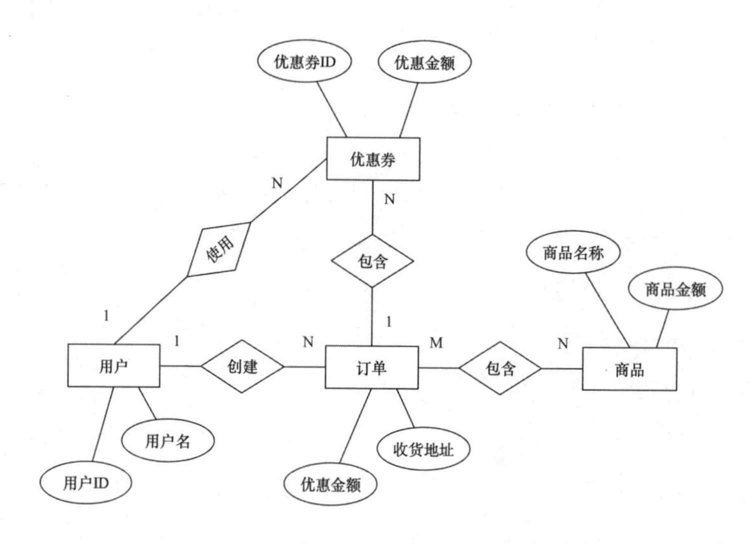


图 5.5　电商交易中的简单 E-R 图

### 1．E-R 图中的元素

图 5.5 已经让大家对 E-R 图有了一个直观的认识，接下来笔者就详细介绍图中的这些“元素”是怎样来的。

1）实体

首先笔者要讨论的是“实体”（Entity）。在上文提到的案例中，笔者将用户、订单、优惠券和商品都称作实体。实体的概念其实表述得比较宽泛，只要是一个客观上**“可以相互区分并独立存在的事物”**就可以被当作一个实体看待。这是实体原本的定义。

因此，一份合同、一份文档、一个 App，以及一个具体的版本等，这些都可以被当作实体看待。

2）属性

属性（Attribute）是实体在某一方面的特性。比如，苹果是一个实体（能吃的那种），那么苹果的属性就包括了与其自身相关的颜色、形状、糖分、品种、产地，以及与交易相关的价格、供货商和一些额外的抽象属性，如是否是热销产品、是否有很多人喜欢等。再比如，对于笔者在文中提到的运营活动这个实体，它的属性就包括开始时间、结束时间、活动形式、触达手段、面向的用户群体、可用成本等。

将实体与属性放到一起之后，就产生了一个重要的原则——如果两个实体的所有属性都相同，那么这两个实体就是同一个事物。这个原则在通过计算机来处理客观世界的数据时是必须要考虑的，因为我们不可能将一个实体的所有属性都存储下来。

比如，在现实世界中，即使两个苹果在外观、口感等各个方面都极其相似，我们仍然“知道”它们是两个苹果，只是因为我们能够很容易地感知到它们之间仍然存在着某些其他的区别。但是，如果只把关于这两个苹果的有限的属性存储到计算机系统中，那么计算机根据记录下来的有限的数据，就只能判定它们是同一个苹果了。

属性这个概念看起来是一个“限制”，其实也是一个“善意的提醒”。在我们做数据采集的时候，很有可能就遗漏了一些“重要”的属性，这些属性将帮助我们判定活动质量的好坏、用户价值的高低、竞争能力的强弱等。笔者在自己的工作中，就曾经遇到过只采集优惠券类型而没有采集具体的每个优惠券的 ID，导致了无法追踪用户的使用行为的案例。通过这个简单的原则进行判断，我们就不再容易遗漏东西了。

值得庆幸的是，在互联网的世界中，我们遇到的那些纯粹属于互联网世界的事物，通常没有现实世界中的事物那么复杂，并且通常都会有意识地给每个事物分配一个唯一的 ID 用来区别。为了能够清晰地区别互联网世界中的每个实体，我们至少要在一定范围内给每个实体一个唯一的 ID。

但如果在业务中需要线上和线下结合，就要特别注意这一点。因为这样做，就会把一部分现实世界中物品属性的复杂度，带到了线上的产品之中。在这种情况下，我们需要清楚究竟哪些属性才是重要的。如上文中提到的合同这个实体，签订双方、签订时间等这些才是重要的属性，打印所用的纸张、合同中的文字字体等这些属性则没有那么重要。

除此之外，聪明的人类还设计了另外一些概念可以避免那些现实世界才有的细微差异出来捣乱。比如，一件放在线上出售的衣服，我们就可以通过“款式”这个属性，来概括一大堆细节的差异，同样能达到适度的区分效果。

3）关系

最后笔者来介绍“关系”（Relationship），“关系”有时也被称为“联系”。这种关系产生于两个实体之间。比如，用户购买了苹果，那么“购买”就是一种关系。

用户参加运营活动，那么“参加”也是一种关系。同样地，用户领取利益点、用户安装 App、用户关注公众号、用户给视频点赞等，这些都是“用户”这个实体与不同实体之间产生的关系。

常见的关系，根据每个“实体”概念中的数量多少，可以分为三种类型（也被称为三种“数量约束”）：

第一种关系是“1 对 1”，在 E-R 图中可以表示为“1:1”。比如，用户进行实名认证，在正常情况下，每位用户应当只对应一个身份证号。那么在“实名认证”这个关系中，“用户”实体与“身份证号”实体之间就是“1 对 1”的关系。

第二种关系是“1 对多”，在 E-R 图中可以表示为“1:N”。比如，用户通过一笔订单同时购买了多个商品。那么在“购买”这个关系中，“订单”实体与“商品”实体之间就是“1 对多”的关系。而一张优惠券通常只能使用一次，一位用户（如果允许）可以在一笔订单中使用多张优惠券，那么用户与优惠券、订单与优惠券之间，都是“1 对多”的关系。

第三种关系是“多对多”，在 E-R 图中可以表示为“M:N”。比如，多个用户可以参与一个运营活动，而一个用户也可以同时参加多个运营互动（只要活动规则允许）。因此，用户与运营活动之间就是一组“多对多”的关系了。

这三种关系帮助大家厘清了各个实体之间的“依存关系”。特别是在做分析的时候，实体之间的依存关系就是重要的线索，能够帮助大家找到分析思路和解决问题的方案。

比如，在第 4 章中笔者介绍了可以通用的数据分析五步法。其中的第二步“细分”就利用了这种依存关系。如果把运营人员做运营工作这件事用 E-R 图来表示，大家就会发现每项“运营工作任务”必定与一个可以落实的“操作”实体之间有依存关系，而且应当是多对多的关系。

所以笔者在讲解五步分析法中“细分”这个步骤的时候，总是在强调“可操作性”。其实这种强调，就是要大家在概念层面维系这个从工作任务到操作之间的依存关系。否则，如果这个关系断裂了，即使说得“天花乱坠”，也都是一些无法落地的空谈。

### 2. 绘制 E-R 图的步骤

图 5.5 只是一个比较简单的 E-R 图。说它简单主要基于以下三个原因。

- 第一，是因为涉及的实体比较少，大家很容易将它们找全，不容易遗漏。
- 第二，是因为实体之间的关系并不复杂，很容易厘清。这也得益于这个场景本身没有涉及太多实体。
- 第三，是因为牵扯到的实体属性比较少。针对每个实体，大家也很容易发现究竟哪些属性才是重要的属性。

但是，当大家实际深入业务当中时，要面临的情况可能要复杂得多。那么针对这些现实中的复杂业务和复杂产品，大家应该怎样画出正确的 E-R 图呢？前辈们已经整理了比较通用的绘制 E-R 图的步骤。本书在这方面也不打算“特立独行”，就按照比较公认的方式来介绍绘制 E-R 图的步骤。

1）确定所有实体

这一步需要大家思考在一项业务或者一款产品中，究竟有哪些属性是“可以相互区分并独立存在的”。这些概念性的东西就会成为全部实体。在初步梳理的时候，大家没有必要一次性把所有相关的实体——哪怕是仅有脆弱的关系的实体——都一起找出来。那些不很重要的实体对产品或业务没有太大的影响，大家可以暂时不考虑。

比较有趣的情况是，有一些概念随着业务和产品形态的不断深耕，以及随着对用户使用习惯的不断深入了解，也逐渐变成了一个实体。

比如，在图 5.5 中，关于订单有一个属性叫作“收货地址”。但是大家都知道，在如今的电商平台中，我们已经能够轻松地创建、存储和管理收货地址了。用户在下订单的时候，只要从已经编辑好的收货地址中选择一个即可。这几乎已经成了“标配”，没有类似功能的平台一定会被用户“吐槽”。这就是一个原来的简单属性演变为实体的案例，目的还是为了方便用户。

2）确定实体的属性

每个实体都会有很多属性，尤其是那些与现实世界中的事物对应的实体。但是这些实体的属性并非都是关键的属性，大家只需要找到那些真正能影响到业务和产品正常运转的关键属性就可以了。

对于那些来自互联网范畴的实体来说，其关键属性比较容易找到。比如，App都是通过技术研发才产生的，最关键的属性就是代码。但是像用户这种实体，就可能与实际的自然人联系起来，可以找到一大堆“没什么用”的属性。

而随着产品和业务的发展，有一些属性可能会独立出来变成实体，如上文提到的收货地址的案例，这里不再赘述。

因此，寻找属性与寻找实体一样，都需要“适度”。最好在开始之前能有一个明确可衡量的标准，来确定究竟哪些属性应当纳入考虑的范围。这样就能有效地避免在真正需要辨析的时候拿捏不好分寸。

另外，属性的寻找和明确，是随着业务流程逐渐确定下来的，不是一蹴而就的。关于这一点笔者在介绍流程图的时候还会提到。

3）确定实体之间的关系

这一步比较简单，大家只需要从业务正常运转的角度，考虑哪些实体之间可能产生联系就可以了。当然，对于那些接触业务时间不长或者一直专注于整个业务链条中的某个环节的人员来说，想一次想到所有可能存在的联系就不那么容易了，最好采用几个人配合的方式。

在这一步中，大家就可以将两个实体用菱形和实线连接起来了，并且需要在菱形里给这个关系起一个名字。如图5.5所示。

与实体的属性一样，实体之间的关系也是随着业务流程的发展而逐渐显现出来的。只有看清业务或产品的整个流程，才能从中提取出实体之间的完整联系。

4）从每个实体的所有属性中确定关键字

关于关键字，笔者在上文中介绍E-R图的时候没有特别提到，主要因为这个概念更偏向数据库。

从概念层面理解，关键字就是为了唯一标识某一个具体的实体。比如，在“优惠券”这个概念下，可能有很多具体的优惠券。如在电商中常见的“满100减10”“满50减5”等。如果大家只是设计了“优惠券”这个整体的概念，而没有给每个具体的优惠券设计关键字，那么这些具体的优惠券就不能被准确地找到。

如果要从技术层面理解，在E-R图这一层的概念设计之后，还有逻辑设计和物理设计两层设计，至此数据系统才真正设计完成。那么在逻辑设计这一层，对于关系型数据库，大家就要在每个数据表中选择一些字段作为主键（Primary Key）。而 E-R 图中的关键字，在逻辑设计中就会变为主键。数据表中每一条记录的主键字段都是不同的数值，这样就达到了定位到唯一一条记录的目的。

而在 E-R 图中，如果大家认为某个实体的一个属性可以作为关键字，那么只需要给椭圆形中的文字加上下画线就可以了。比如，对于用户这个实体，用户的 ID 大家就可以加上这样的下画线，表示它是用户这个实体的关键字，也就代表了大家通过用户 ID 可以准确地找到一位具体的用户。值得注意的是，关键字不一定只有一个，也可以是多个属性的组合。

5）确定关系的类型

在第三步中，大家只确定了两个实体之间的关系，还没有设计数量约束。在明确了实体、实体属性和实体之间的关系类型之后，再来确定数量约束就比较容易了。

大家需要在实体之间的菱形两边的实线上，标记出数量约束，如“1”“N”或“M”。

经过了以上五个步骤，大家就能画出一个完整的 E-R 图了。

### 3．E-R 图的应用

关于 E-R 图的应用场景，笔者在上文中简单提到过，在这里再次明确一下。

第一，在快速学习业务逻辑和产品逻辑的时候。

当大家遇到了一个之前不太了解的业务或产品时，一种办法是用下文将要提到的流程图，来绘制整个业务流程，或者产品的交互和功能。但是，E-R 图要解决的是概念层次的问题。如果缺少了概念层面的指导，直接就开始了解流程，那么一些分支流程的判定、不符合常理的流程设计等问题，将会始终困扰着大家。

因此，在这种情况下，最好的办法就是先用 E-R 图来框定一项业务或者一款产品涉及的所有实体，并确定好实体之间的关系。并且当大家遇到一些特殊的业务逻辑或者产品设计的时候，很容易从 E-R 图中发现这样设计的用意。这样，通过 E-R 图，大家就能够更快地了解其他业务和产品了。

第二，在设计产品的时候。

当大家只了解业务的逻辑，而不知道如何把业务逻辑落实到一个具体的产品形态时，E-R 图也是一个好帮手。首先，E-R 图帮助大家梳理出了一些重要的参与者。这些参与者可能是人，也可能是系统模块。其次，由于这些参与者之间有关系，就会产生互动，并且在关系限定的范围内互动。如果发现了超出限定范围的互动，要么因为大家的 E-R 图画得有问题，要么因为那根本不是一个通过互联网产品能解决的问题。

通过这种方式，大家就用 E-R 图中的关系，映射出了一些产品应当服务的用户、应当配合的系统，以及应当实现的功能。这些信息都为设计一款新的产品铺平了道路。

### 5.2.2 用流程图抽象业务过程

流程图可以用来描述一件事情的发展过程。而在 UML（Unified Modeling Language，常翻译为“统一建模语言”）的定义中，还有一种与流程图看起来十分类似的“活动图”（Activity Diagram）。它们之间的区别主要在于：流程图更关注整件事情的各个处理过程之间的逻辑和时间顺序，主要的控制结构包括顺序、分支和循环；活动图更关注一件事情中所有参与者的活动和顺序关系，关注不同系统模块对用户操作的反应等。结合在第 7 章中笔者关于面向对象和面向过程的区别的介绍，大家会更容易理解流程图和活动图的区别。

同时，流程图与 E-R 图之间有很密切的关系。在绘制 E-R 图步骤的第三步中，笔者曾经讲过需要根据业务逻辑确定实体之间有哪些关系。如果大家这样去做，很可能会遇到一个麻烦，就是无法一次将所有关系想清楚，总是会遗漏一些表面上并不存在、但是实际上确实存在的关系。这是为什么呢?

因为 E-R 图表现的是一种很“完备”的状态，考虑到了系统中所有重要的实体、所有必要的实体属性和所有实体之间应有的关系。但是，这只是一种“最终状态”。比如，在不同的业务环节会出现不同的实体，实体的属性究竟是什么，也是随着业务流程的发展而逐渐确定下来的。

如订单的金额这个属性，大家根本无法在最开始就确定下来。一方面，用户在不断地向购物车中加入自己想要买的商品；另一方面，用户也在不断地尝试各种优惠活动的组合，以便尽可能地享受优惠价格。

在这个过程中，订单的金额受到了商品数量增减的影响，也受到了不同优惠政策与商品的共同影响。只有用户最后成功创建了订单，大家才最终知道订单的金额这个属性的取值应该是多少。

那么，业务的流程是如何变化的呢？这就涉及笔者接下来要介绍的“主角”——流程图了。

流程图能够帮助大家很好地将整个业务的发展变化过程可视化。当然，为了对业务或者产品中那些“看不见”的变化也能实现清晰掌控，大家最好在绘制流程图的时候，对照着之前的 E-R 图，在流程图上标记出每个业务环节究竟影响了哪些属性的变化。

既然笔者在上文中介绍 E-R 图用的是用户购买商品的案例，那么流程图依然按照用户购买商品的案例来画。图 5.6 就是根据图 5.5 所示的 E-R 图画出来的流程图。当然，实际的交易流程比这个交易流程图所示的流程要复杂得多。

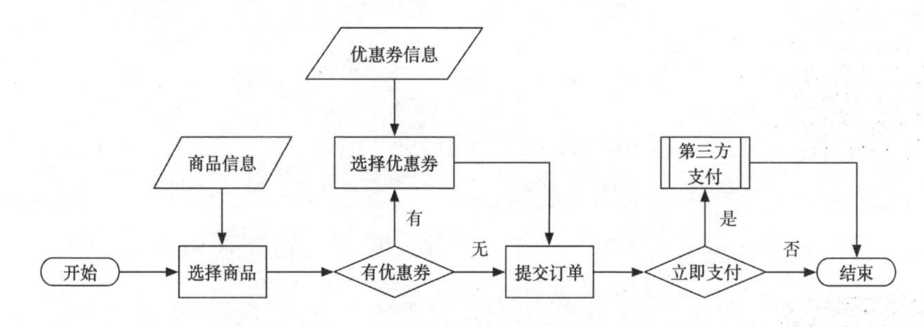


图 5.6　一个简单的线上交易流程图

相信大多数数据产品经理一定不会对流程图感到陌生。因此，关于流程图的画法，并不需要特别强调什么。而且流程图作为一种方便的传递信息的形式，能够更高效地达到传递信息的目的即可，大家不必苛求细节的形式。不过，为了保证这种信息传递的效率，大家要先了解流程图究竟表达了什么。

### 1．流程的六要素

流程图是一张可视化的图，其背后对应了一些业务流程。所以，大家在绘制流程图的时候，就要先关注流程图要呈现的业务流程。这样才能帮助大家更轻松地画出正确的流程图。

根据行业经验，前辈们已经为大家总结好了关于流程的六个重要因素，分别是参与者、活动、次序、输入、输出和标准化。接下来笔者分别来做解释。

1）参与者

参与者一般指的是发起某个流程的角色，可能是一个自然人，也可能是计算机系统中的定时任务等。笔者关注这个角色，主要针对现实中存在的多个参与者，在绘制流程图的时候是需要将他们作为不同的参与者来考虑，还是可以当作相同的参与者来考虑。

比如，如果流程中有两个部门参与，并且这两个部门做的事情完全不一样，那么大家就应当将这两个部门当作两个参与者来考虑，分别针对这两个部门要做的事情绘制流程图。但是对于那些参与到流程中的计算机系统，特别是那些通过集群统一管理的服务器节点，大家可以认为它们都在做相同的事情。因此，在流程图中，大家只要把它们统一归为一个集群就可以了，不需要单独考虑每个服务器节点都在做什么。

2）活动

活动比较好理解，也就是做了什么。这个正是流程图要重点呈现的信息。

3）次序

次序也是流程图传达出来的重要信息之一。在流程图中，整个过程通过箭头连接起来。这种箭头指向就代表了一种先后顺序。其实先后顺序本身并不是很重要，重要的是在实际工作中，后置的任务往往依赖于前置的任务。

比如，在类似流水线的工作方式中，如果前一个流程没有完成，那么后一个流程就无法开始。这种依赖关系在前置任务出现延后和异常情况的时候显得尤其重要。大家需要考虑任何一个任务的偏差可能对其后面的任务的影响，乃至对整件事情、整个项目的影响。

次序的一种特殊情况就是并行。如果彻底拆分开而不需要再做同步，就是分头执行，这是一种比较简单的情况。但是，如果在并行之后，还需要在某个环节上进行信息同步，并且会合并为一个流程然后开始后续的流程，那么这种并行就等同于上文提到的依赖关系。并行中的多个任务，有任何一个任务出现了异常情况，都会影响到其他并行中的任务。因为即使其他任务正常完成了，也需要在同步的节点等待延后未完成的任务。直到所有并行的任务都到达了同步的环节，才能继续进行后续的流程。

4）输入

次序指的是活动对活动的依赖，输入指的是活动对信息的依赖。比如，为用户计算优惠之后的商品金额，就依赖于知道用户持有哪些优惠券。再比如，为用户推荐他们可能喜欢看的内容，就依赖于知道用户历史上都看过什么、看了多少次等信息。这些信息就是输入项。

如果输入项刚好由前一个活动给出，如前一个活动就是用户来领取优惠券，那么就可以当作活动对活动的依赖来处理。但是更多时候，出于提高软硬件资源利用效率的目的，大家并不会随着活动的进行对这些必要的输入数据进行处理，而是有计划地提前将数据准备好。比如，上文中为用户做内容推荐的案例，关于用户偏好的数据就可以按照实时和离线两种方式进行处理，其中实时计算能够更及时地捕捉用户偏好的变化，但也对软硬件资源和模型研发的能力提出了更高的要求。

关于计算的时效性问题，笔者在下文中还会提到。

5）输出

每个流程都会有输出，就像大家每做一件事都要有一个结果一样。当前流程的输出，很可能会成为下一个流程的输入。

需要注意的是，输出可能面向不止一个流程。比如，在常见的集群中，通过计算引擎得到的计算结果，会自动备份到其他节点。在这样的流程中，输出内容就输出到了多个地方。其实输入也一样，信息可能从多个渠道得来，需要特别考虑这其中的信息同步和依赖关系问题。

6）标准化

为了使流程图本身更高效地传递信息，让看到图的人能够快速了解一个流程的基本情况，这就需要一套经过标准化的通用“语言”来描述流程图的所有内容。比如，对于活动过程，统一采用矩形表示；对于活动之间的次序，统一使用有箭头指向的连线表示，并且从前置任务指向后置任务。

除此之外，在下文中大家还会看到其他经过了标准化的常用的流程图元素。在这些标准化表达方式的协助下，看到流程图的人，才能快速理解流程图描述的是什么内容。

### 2. 流程图中的常用元素

流程图由一些基本元素构成。在实际使用流程图的时候，比较常见的一种情况是所有的步骤都使用了方框来表示。其实流程图的元素还有圆角矩形、菱形、矩形，以及一些不规则图形，它们分别代表了不同的含义。图 5.7 展示了几种常用的流程图元素。

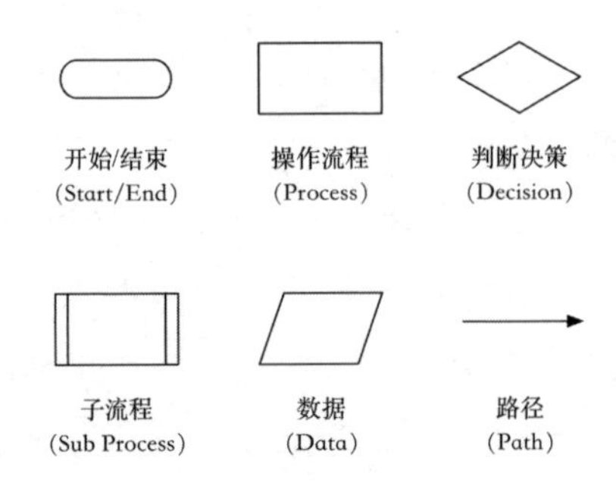


图 5.7 流程图的常用基本元素

当然，大家可以使用更复杂的元素，来描绘更加复杂的过程。不过，这六个基本的元素，就已经能够覆盖日常比较常见的流程了。

1） 开始/结束

这是每个流程的起点和终点，相当于划定了一个流程图要表现的流程范围。在现实当中，在“开始”节点之前，可能还有其他前置流程；在“结束”节点之后，也可能还有后置流程。这些大家都不必在意，只要关注在“开始”与“结束”之间的流程就可以了。

2）操作流程

这是流程图中的“主角”。它表示做了某件事情，或者完成了一些操作，再或者是一个步骤等。需要注意的是，这里的“操作”表示某一个具体步骤或者操作，不能模糊地表示完成了多个步骤。

3）判断决策

这是流程图的重要基本元素。它表示的是在这里出现了逻辑分支，并且根据条件不同，可能后续的流程也会不同。通常，在这种决策节点上，会是一个给定的判断条件，其结果就是“是”或“否”。

同时，通常会从这个决策步骤引出两个系列的后续流程，一个对应判断结果为“是”的情况，另一个对应判断结果为“否”的情况。为了能让看图的人明白不同分支的含义，通常会在不同的分支路径上标注，这条路径是满足条件的分支，还是不满足条件的分支。

4）子流程

有一些情况，大家确实不想过分深究一些具体过程，如下所示。

- 这些过程的输入和输出比较固定，并且已经发展得比较完善，不会轻易改变。

- 这些过程的内部逻辑很复杂，并且与流程图表达的主干流程相关度不高，完全展开容易让看图的人理不清思路，反而忽略了主要内容。
- 这些过程并非由自己来完成，而是由企业内部的其他部门，或者由企业外部的合作伙伴来完成。

如果出现了以上三种情况，大家就没有必要把这些具体的中间流程表现出来了。这个时候就要用到子流程这个元素。它代表了一系列存在于流程之中、但是又不需要大家深究的流程。

与上文中的普通流程相比，子流程的特点就是其内部可能包含了多个步骤、分支逻辑或者输入输出等流程，只是大家不太关心而已。当然，为了让看图的人能够理解子流程究竟做了些什么，大家可以在子流程这个元素内部，对子流程的处理逻辑、必要的输入和提供的输出结果进行说明。

5）数据

这应该是与本书的主题最契合的元素了。几乎所有的处理流程，都离不开数据的参与和支持。特别是上文中提到的逻辑分支，要进行逻辑判断，很可能就需要提前准备好一些数据，才能完成逻辑运算。这个时候，大家就需要在图中加上这样的数据元素，并明确地标识出输入的数据是什么。

6）路径

路径通常是一条带箭头的折线，在比较复杂的流程图中，也会画成带箭头的弧线。因此，路径是有方向的，从前一个流程或步骤指向后续的流程或步骤。

在比较复杂的流程图中，路径的交叉是不可避免的情况。因此，在路径交叉时又希望看图的人能够分清两条交叉在一起的路径，大家就需要在交叉点上做一些处理。比如，较为常见的处理办法是在交叉点上的一条路径上稍做改动，如图 5.8 所示。

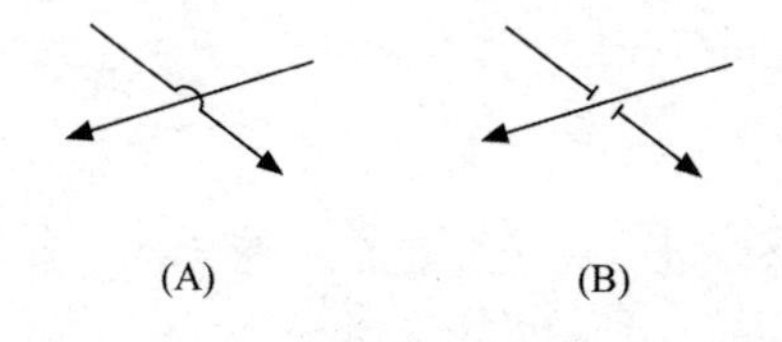


**图 5.8　路径交叉的处理办法**

### 3．带泳道与阶段的流程图

当流程图涉及多个部门协作、多人协作，并且大家希望从流程图上看清每个参与者具体负责哪些步骤的时候，就用到了带有泳道的流程图。

同时，大家想用流程图表现的，也不只是一个“平铺直叙”的流程。比如，上文中的子流程，就是预先将一些具体流程“封装”成一个大家都能理解的集合。而相对于子流程，有一些预定义的流程大家希望知道其中发生了什么，并且整个流程有时可以分成几个阶段。

笔者接下来就要介绍这种比较复杂的流程图了，其样式如图 5.9 所示。首先，它使用了“泳道”这种表现方式，如图中纵向的 A、B 和 C 部门，就可以被称作三个“泳道”。

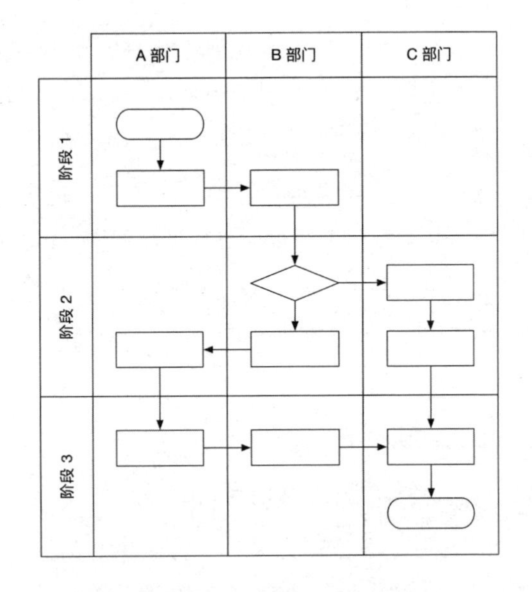


图 5.9　常见的带泳道的流程图样例

但是横向看，整个流程被分成了 1、2 和 3 这三个阶段。通过这种比较复杂的流程图，大家就可以发现 A、B 和 C 部门之间如何配合，在哪些环节需要几个部门同步进度，在哪些点部门之间存在相互依赖等。

这些信息对于一个跨部门的项目来说，都是至关重要的信息。一旦将这些依赖关系弄错，不但延误了整体进度，还可能造成合作部门此前的部分工作全部废弃、必须补充额外的资源重做的严重后果。

通过这样的方法，大家就能用流程图将工作中常见的业务流程和产品流程可视化出来，方便设计和发现其中的问题。

### 5.2.3 用时序图抽象处理过程

在上文中，笔者介绍了流程图。通过流程图，我们将业务流程和产品流程转换成了一种标准化的线框图，可以通过图中标准化的元素，来了解和检查流程的正确性和合理性，并且通过可视化的方式，我们也更容易、更直观地发现现有流程中的问题。

不过，在流程图中仍然缺少一些信息，而且这些信息在指导我们实际工作的过程中十分重要。比如，上文提到的依赖关系，如果 B 部门依赖于 A 部门的某项工作，并且是一种“FS”（Finish-to-Start，“完成—开始”，项目管理中常见的四种依赖关系之一）的关系，那么在 A 部门没有完成这项工作之前，B 部门在这件事情上就是在“等待”。

而且在实际工作中，如果遇到了这种情况，作为产品经理，大家并不应该仅仅“等待”，还要了解对方的进度和大致的执行方案，因为这些都有可能使得大家的后续工作发生改变。

这已经不再是单纯的逻辑上的依赖关系了，单纯从表面上看不出所以然来。大家需要更深入地了解这种依赖关系在更深层究竟影响了什么。在实际工作中，这种依赖关系会直接转化为对未来时间计划的调整。

比如，被依赖的工作提前完成了，那么后续的工作计划就要考虑是否能够提前。更常见的是被依赖的工作延后了，那么就要重新考虑后续工作的开始时间，以及再往后一系列工作的时间计划。

因此，时序图更适合从技术实现的角度来描述一个流程究竟是怎样实现的，而且时序图在梳理时间关系方面比流程图更具优势。比如，大家会在下文的实际案例中看到，时序图可以方便地表示时间上的“并行”“延续”等概念，流程图却很难做到。尤其在本书关注的数据产品领域中，涉及计算机系统中高速的计算和处理过程时，使用时序图更容易梳理清楚各个模块之间的配合是怎样进行的。

一张简单的时序图如图 5.10 所示。为了帮助大家理解，笔者仍然采用上文提到的电商的案例。这样，E-R 图、流程图与时序图都在描述同一件事情，大家就能更清晰地比较它们之间的区别了。需要提示的是，时序图一定要“从上至下”画，表示时间的流逝；而流程图一般没有特别要求，“横着画”也可以。

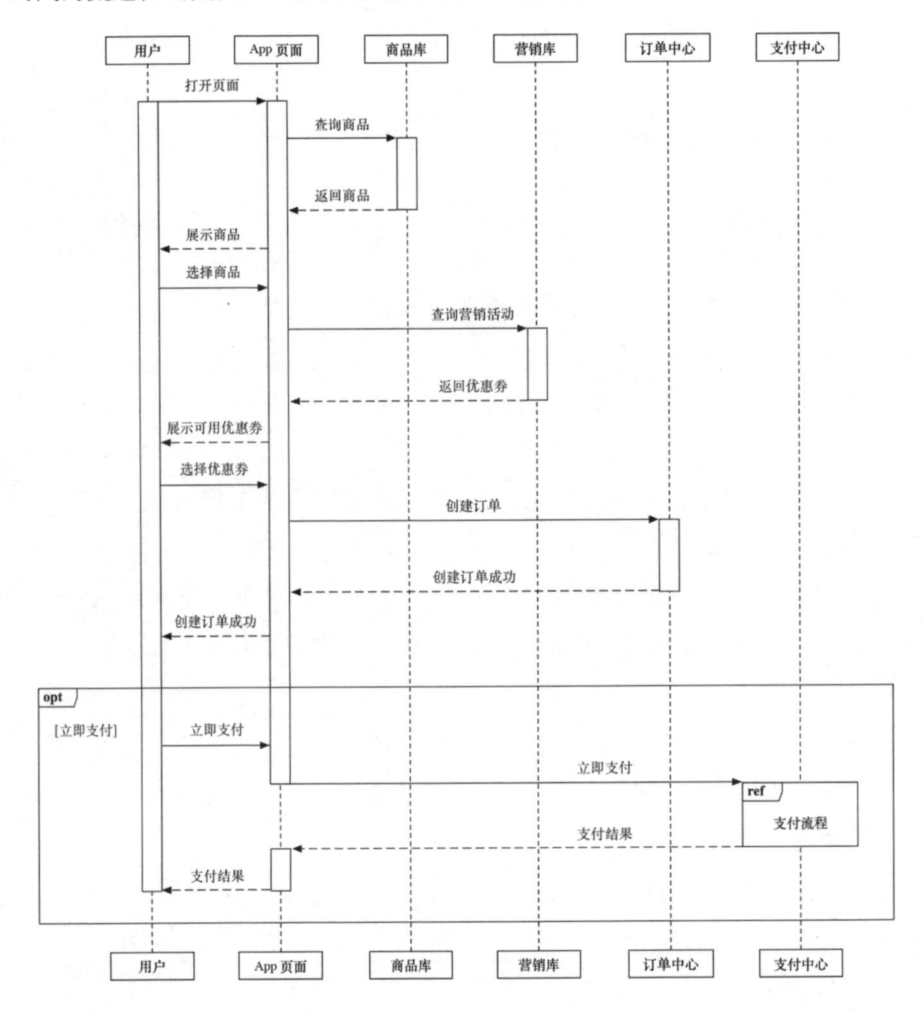


图 5.10　一个简单的线上交易时序图

从图 5.10 可以看出，虽然呈现出来的逻辑与流程图大致相同，但是时序图采用了一套与流程图完全不同的元素。时序图常用到的元素包括：

1）对象

在图 5.10 中，最顶上的一排矩形就是参加到这个过程中的所有对象（Object）。在这个案例中，参与其中的对象包括用户、App 页面、商品库、营销库、订单中心和支付中心。

由于用户在系统中会有一个独立的账号，并且用户的许多信息都与这个账号关联。因此，大家可以理解为这个账号“对象”在与系统的其他部分进行交互。如果大家需要将实际的用户（也就是自然人的用户）加入图中，那么第一行的“用户”矩形可以用一个线框图画出来的人形表示，表示这个流程由一个“执行者”发起。

2）生命线

从每个对象下方延伸出来的垂直虚线，就是每个对象的生命线（Life Line）。在标准的时序图中，生命线与一些技术细节高度相关。比如，在具体的技术实现中，生命线的含义是某个“类实例”（Instance of Class）从创建到销毁的过程。如果一个实例被销毁了，那么代表其生命线的垂直虚线应当只画到被销毁的环节，并在生命线的末端画上一个“×”来表示销毁。可见，如果大家要结合具体技术细节来绘制时序图，这条生命线就更能发挥其价值。

而在图 5.10 中，大家用到的主要是一些系统概念，还没有涉及其底层的技术细节，因此，图 5.10 中的生命线其实是经过简化的生命线。大家只需要理解生命线是每个对象的存在在时间上的延续即可。

3）激活

当我们把对象和生命线结合在一起的时候，时序图是不是有点儿像带泳道的流程图了呢？不过笔者在上文中已经强调过流程图和时序图的区别了，那就是流程图侧重业务逻辑的用户视角，而时序图更偏向于具体实现方式的角度，并且时序图更适合表示时间上的先后和并行关系。这是为什么呢？接下来的几个基本元素就是时序图具备这些特征的重要原因了。

首先一个与时间高度相关的概念就是激活（Activation）。在技术层面，实例的激活与否有其自己的定义；而在业务层面，激活某个对象就意味着这个对象要开始处理接收到的消息了。从这个角度看，时序图与流程图的区别似乎不大。流程图同样可以表示这种传递关系——当路径走到哪个流程时，相应的泳道代表的参与者就要开始工作了。

但是，当一个对象被激活的时候，另一个对象可能正在等待它返回处理结果。也就是可能同时存在多个被激活的对象，这就是上文提到的“并行”。典型的案例就是用户在使用我们的产品的时候，仅仅与页面上的组件直接交互，并且通过页面获取各种状态的信息，而背后的处理过程，都要由页面代替用户完成。这种并行状态在流程图中就很难展示出来了。使用 UML 中的活动图来展示也可以，可以利用“分支”（Fork）与“汇合”（Join）来表示时间上的并行。

在图 5.10 中，在每条垂直的生命线上，大家都能看到一些细长的矩形。从这个矩形的顶端开始直到矩形的底端，中间的范围都是对象被激活的时间段。而在这个时间段里，如果前一个步骤的对象在等待当前这个对象的处理结果，那么前一个对象也需要保持被激活状态。在矩形的长度上，会呈现出“包含”的关系。

如图 5.10 中的 App 页面这个对象。在获取商品信息、获取优惠券信息和创建订单的过程中，由于用户始终停留在 App 的页面上，因此这个 App 页面对象始终处在激活的状态。并且在时间上，App 页面的激活状态包含了商品库处理商品信息请求并返回商品列表、营销库处理优惠券信息请求并返回可用的优惠券、订单中心处理订单消息并返回订单创建结果的三个过程。

直到最后要进行支付的时候，大家会发现 App 页面的激活状态中断了。因为在支付环节，许多 App 需要跳转到第三方支付的 App 的页面中，等到支付过程完成了（支付成功、失败或者直接放弃），才会再切换回电商自己的 App 页面。所以在这个过程中，App 页面处在非激活状态。

4）消息

消息（Messages）也是时序图中的重要概念之一。图 5.10 中的横向箭头（不管是向左还是向右，不管是实线还是虚线）代表的就是消息。在业务层面，大家可以理解为类似流程图中的路径，也就是一项工作触发了另一项工作；而从技术层面理解，这种消息还可以代表调用（Call），如对方法的调用或者对接口的调用。

在时序图中，消息也是一个与时间高度相关的概念。虽然都是使用带箭头的线表示，但是在这方面，时序图中的消息与流程图中的路径完全不同。首先，这种消息的传递具备很强的功能性，如激活某个对象。而流程图中的路径则主要用来表示逻辑上的先后顺序。

其次，正是因为消息本身不仅代表逻辑还代表功能，所以在时序图中，消息本身也有不同的分类。常见的有以下三种。

首先是“同步消息”（Synchronous Messages），也称为“调用消息”，就是一个对象向另一个对象发出消息。由于这种消息有功能的含义，因此发出消息的对象同时也把控制权传递给了接收消息的对象。之后，发出消息的对象就停止活动了，等待返回的消息。返回的消息会重新将控制权传递给发出消息的对象。

这种控制权的传递，虽然强迫所有步骤必须按照顺序依次执行，但也保证了系统内部信息的一致性。这种严格依次执行的方式，与流程图中的路径很相似。

其次是“异步消息”（Asynchronous Messages），它表示的是发出消息的对象通过消息把信号传递给接收消息的对象，然后自己继续保持激活状态，而并不等待接收对象返回的消息或者控制权。因此，接收消息的对象和发出消息的对象在时间上是并行工作的关系。

这种并行的关系，用流程图比较难呈现，因为它无法在延续当前流程的同时产生分支流程。而在技术系统的层面，这种并行的情况会大量出现。特别是随着人们越来越注重用户体验，这种并行的方式能够更及时地给用户提供反馈，并能够有效降低使用过程中的复杂程度，不会让用户陷入一种不知所措的状态。

比如，在图 5.10 中，当 App 页面在向其他系统模块请求商品信息和优惠券信息的时候，其自身仍然保持着激活状态。从用户的角度看，这种激活状态就是页面仍然可以操作。相信大家都经历过这样的时刻，当在手机或者电脑上通过浏览器查看网页内容，或者在使用其他软件的时候，由于种种原因系统出现了“假死”的状态。

当然，有些时候我们也希望避免在消息没有正常返回的时候，用户就进行了后续的操作，产生错误数据。因此，在前端页面上设置加载动画就变成了比较好的选择，同时也能为用户提供比较好的体验——通过一个简单的加载动画，既能告诉用户系统没有出现故障，正在正常地处理信息，又能阻止用户反复点击或者执行其他操作。

第三种常见的消息类型是“返回消息”（Return Messages）。顾名思义，这种消息就是接收消息的对象在完成全部处理之后，返回给发出消息的对象的消息。同时，在大多数情况下，这种返回消息发出之后，也就意味着发出消息的对象将控制权交给接收消息的对象，而自己就不再活动了。这种消息并不难理解，就像小时候交作业一样，笔者在这里不再赘述。

最后一种消息类型就是“自关联消息”（Self-Messages）。上文提到的三种消息，都由一个对象发出，由另一个对象接收。而“自关联消息”指的就是某个对象自己发出消息，并自己接收这个消息。笔者在图 5.10 中简化了一些自关联消息，比如，当 App 页面接收到了商品信息、优惠券信息和订单创建结果的时候，其自身都有一个称为“渲染”（Rendering）的过程，也就是把接收到的数据放到页面上展示给用户的过程。这个过程就是页面这个对象自己在调用自己。

其他一些自关联消息的案例也比较常见，如页面的自动刷新、文档的自动保存、视频自动播放等。

5）控制结构

上文中四种元素都是比较简单的基本元素，至少从形态上看比较容易理解。那么接下来笔者就介绍几种比较复杂但又很常用的基本元素。

首先要讲的就是控制结构。时序图与流程图类似，至少从不同的侧面表现了一件事情的过程。因此，时序图除了展现最基本的顺序结构，还会表现出循环（类似于 while、for 等）、条件判断（类似于 if...else...或 switch...case...）这样的控制结构。

在图 5.10 中，“立即支付”环节的逻辑就使用了条件判断的控制结构。大家在画图的时候，用一个框将满足条件才执行的过程框起来，在框的左上角标记“opt”，并在标记的下面写上执行的条件。这是比较简单的一种，即满足条件才执行，不满足条件就跳过。

另一种条件分支是类似“if...else...”的形式，也就是需要同时声明满足条件和不满足条件的执行过程。如果需要这样的控制结构，大家就需要采用图 5.11（A）这种方式来表示。与图 5.10 中的形态相比，图 5.11（A）就是用一条虚线将一个框切割成两个部分，同时每个部分都要给出执行的条件。

在时序图中，大家有时也会用到循环的结构，画法与条件分支类似，只是在标记上略有差别。如图 5.11（B）所示。循环结构主要需要标记的是循环开始和结束的条件。比如，如果用计数的方式来计算循环次数，那么在声明的时候就需要标记清楚那个变量的值从多少开始，以及循环次数达到多少才会退出这个循环。

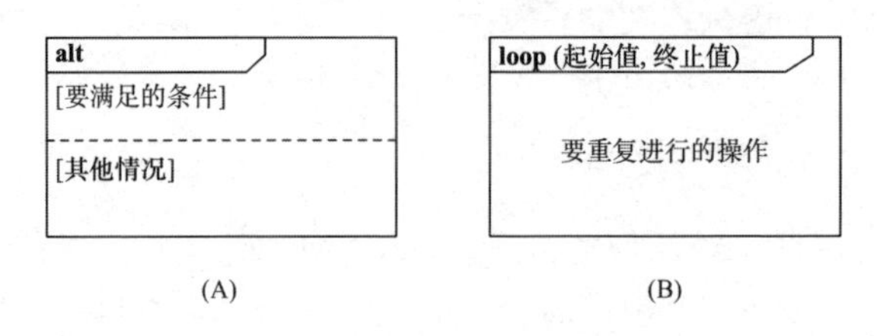


图 5.11　带两个分支的条件控制结构

至此，大家已经能够使用时序图来呈现一些业务流程的具体实现方式了。如果大家只关注产品本身的实现方式和信息的传递，那么上文介绍的图表已经能够胜任了。但是，从业务的角度，还有一个重要的概念需要重视，这就是资金。资金的流动应该如何描述呢？笔者在 5.2.4 节中将会介绍。

## 5.2.4 用财务思维抽象资金流

提到财务，大家就会自然而然地联想到会计和记账，但这两个词看起来与上文的内容没有太大关系。上文讲到的都是关于产品的业务流程的内容，并且通过几种抽象方法，已逐渐从业务层面深入系统实现的层面。

那么笔者为什么“突然”开始关注财务了呢？

### 1. 为什么要关注财务和记账

笔者之所以要在讨论数据的主题下搬出财务与记账的相关内容，是因为如今的业务搭建和产品设计活动，越来越离不开资金了。

首先，有一些业务形态天然地与资金相关，如当下比较流行的金融科技、稍早一些的互联网金融、更早一些的 O2O，乃至“元老级”的电商行业。这些行业本身就与资金高度相关。在维护广大用户的切身利益的大背景下，监管层面对产品和业务的要求也越来越详细、越来越严苛。特别是互联网金融，这种监管往往会反映在与资金流向相关的合规要求上。

如果大家处在这样的行业中，自然就要在设计业务和产品（特别是全新的业务形态和产品形态）的过程中遵守相关法律法规；同时还要兼顾产品自身的创新性、发展性，为业务增长留出空间。因此，大家就更要深入了解这类业务和产品中包含的资金流，并梳理其具体的流向。这其中就包括了资金在产品内部的流动、在企业与用户之间的流动、在企业与合作方之间的流动等。如果是一项比较创新的业务，为了在现有的体系中“开拓新道路”，其资金流层面的问题可能相当复杂。

其次，需要了解资金流不仅是某几个行业的事情，这也是商业大环境决定的。早在 2016 年，“互联网下半场”的概念就已经被提出来了。如今已经三年过去，大家对“互联网下半场”的概念一定不陌生。同时，在这段时间里产生的理念还有“人口红利消失”“资本寒冬”“精细化运营”等。最终，这些理念都开始指向一个词——“变现”。

的确，如今的互联网产品，已经越来越关注商业变现。跟资金挂钩，已经不再是上文中提到的那几个行业的“专利”。大家都想要为自己掌控的资源和资产“定个价”，通过实现售卖而获利。这方面在一些行业中已经很明显了。

在“互联网下半场”被提出的2016年，另一个概念也被炒得火热，就是“知识付费”。因此，2016年也被称为“知识付费元年”，就像2017年被称为“人工智能元年”一样。

同时，在互联网领域中实现的知识付费，自然与传统的培训有所差别。热门话题、碎片时间、KOL（Key Opinion Leader，关键意见领袖）等这些元素本来就已经被互联网用户用得炉火纯青，再加上线上社交平台的传播效率极高，呈现出了与传统培训完全不同的爆发式业务增长。但与原来社区型的内容分享不同，这些知识付费平台的内容，是要收钱的！“知识付费”这个概念本身就已经告诉大家，在这里知识是用来变现的。

因此，如果你原来负责的产品是一个基于UGC的内容社区，而现在突然要开始接手知识付费产品，那么除了了解知识付费本身的规则，关于资金流的问题就是你的另一门必修课了。这其中包括了用户直接使用法定货币来支付的情况。由于第三方支付平台的高度发达，这种基本的交易形态已经不再是难以理解的过程了。

可见，在如今的互联网环境中，特别是在商业变现被高度重视的大背景下，了解资金流并有能力将资金的流向记录下来，已经是一个产品经理必备的技能。而对于数据产品经理，由于大家要从数据的角度考虑资金的问题，就需要比具体的业务人员看得更全面一些、更深入一些。只有这样，才能从数据层面做到“未雨绸缪”，为业务分析和发展提供良好的支撑。

#### 2. 会计记账法的启示

了解会计记账法的过程，也是一个对财务思维进行深入了解的过程。财务人员看待金钱的角度与“外行人”看待金钱的角度并不相同。这种差异就导致了大家可能在使用错误的办法来解决生活中遇到的关于金钱的问题，或者干脆把自己“绕进去”了，不知道如何解决这样的问题。

笔者就曾经遇到过这样一个案例。本来与几位朋友一同出去旅游，出发前准备好了团队费用，超出的部分先由一些人垫付，等回来后再 AA 制分摊开销。等到回来算账的时候就乱了：因为有人提前垫付了，可以在 AA 的时候少付一些；而有的人则在结算的时候才支付自己那一份的全部。

有趣的是，一些常见的 AA 收款产品并不支持这种情况，需要我们自己完成其中的计算，确定每个人究竟需要交多少钱，再通过那些 AA 收款的产品完成实际的支付流程。如果按照这个方法处理上文案例中的问题，就需要先把别人垫付的那部分费用还回去，再进行分摊。

这其中的问题是什么呢？回过头来反思，这其中的问题就在于，大家始终把目光聚焦在人身上，只关注每个人应当支付多少钱、应当收回多少钱等。这种思路在比较简单的交易结构（Deal Structure）中，很容易梳理清楚，但是拿到比较复杂的交易结构中，每个参与者既要付款又要收款，就很容易搞乱了。

解决办法也不难，如果从一开始就把每个人想象成一个主体，并在每个主体下设立两个账户——第一个是垫付款账户，第二个是实际费用账户。在设立这两个账户之后，那些预先垫付的钱，就会被记录在垫付款账户中，等到实际支付的时候，先在每个人的两个账户之间进行结算，再在多个人之间进行结算，就很容易算清楚了。

解决办法中包含两个步骤：在确定主体的时候，我们也就确定了主体之间的收支——进入这个主体的就叫“收入”，离开这个主体的就叫“支出”。而在每个主体下再设立账户的时候，采用的也是同样的逻辑——进入这个账户的就叫“收入”，离开这个账户的就叫“支出”。

当然，在会计学当中，“收支”的定义更加清晰，也更加复杂。但是理解到了这个程度，已经能解决好日常遇到的问题了。

可见，通过学习会计记账法，我们能够学到会计学带来的一些启示：

1）资金的流动有起点也有终点

这是一个看上去似乎没有任何价值的提示，当我们想到资金流的时候，必定会知道其起点和终点是什么。但是在实际工作中遇到的情况可能十分复杂，复杂到有时会让我们忘记了关注起点和终点。特别是对于一些互联网金融产品的复杂交易结构，大家必须把整个资金流程拆分成几个阶段分别分析，并且每个阶段的起点和终点可能都不一样，再加上每个阶段的时间周期和节奏也会有差异，这都使得整个资金流异常复杂。

以一个常见的、加入了第三方支付平台的 C2C 电商平台为例，并且我们只考虑最主要、最通用的流程。首先，用户购买商品后，将货款支付给第三方支付平台；其次，当交易确定完成之后，第三方交易平台再将货款支付给出售商品的商户。

这个流程复杂吗？看上去挺简单。但是这种简单的流程稍稍改变一些，就会立即变得复杂。比如，商户想使用积分体系来留住老用户，并且在购买商品的过程中，允许用户使用积分按一定比例抵扣商品价格。此时，用户就在使用两个账户进行支付——货币账户和积分账户。当货币账户的余额不够支付的时候，可以按照比例折算出需要的积分数量，从而使用积分来支付剩余的货款。

在这种情况下，虽然笼统地看是用户支付了一笔货款，但是其中包含了几个子过程，而且每个细小的子过程都分别有各自的起点和终点。在设计产品和排查问题的时候，大家就需要详细地考虑其中的每一个子过程应当如何设计，并检查每一个子过程是否存在问题。

从产品设计的角度，如果上文中的场景还不够复杂，那么在场景中加入优惠券的减免逻辑和退款功能会怎样呢？在各种产品经理社区中，这类的问题很常见，而且也确实是一个必须妥善解决的基础性问题。但是问题在于，确实很难得到一个普遍适用的拆分方法，这需要考虑设计意图。

2）注意区分主体与账户

在上文中讨论资金流的起点和终点的时候，笔者已经反复提到账户的概念。每个资金流的起点和终点，其实都对应了一个账户的概念。

比如，上文提到的积分就是一个账户，用户用来支付商品金额的货币账户自然也是一个账户。在如今的互联网行业中，运营手段已经越来越丰富了。如立减券、优惠券、邀请红包等，这些与用户的利益高度相关的运营手段，大家同样可以使用账户的概念将它们管理起来。如可以设置与优惠券相关的减免金额的账户，以便在用户消费的时候提示可以减免的最高金额。

对于邀请红包来说，更是这样。比如，在如今比较流行的裂变运营当中，用户在一开始只能知道如果达到了运营活动的要求，自己可以获得多少收益。而在这个过程当中，用户并不能在中途将这些收益直接拿走。因此，需要一个账户不断帮助用户记录每笔收益。在此过程中，不但建立了邀请关系，这同样是一个账户的概念，同时还加入了与邀请关系有关的“换算关系”。

这些都是功能设计层面对“多账户”体系的要求，如积分账户。如果大家确实需要这样一个账户体系来挽留和回馈老用户，就可以加以设立；如果不需要，则完全没必要给自己添麻烦。因此，这样的情况相对“宽松”一些。

另有一些账户，为了满足业务正常运转的要求必须设立。比如，在金融行业，不管是传统的线下金融，还是线上的互联网金融，其基础的业务形态依旧是金融，依旧离不开金融中最基本的账户概念，如对公账户、对私账户、备付金账户等；对于参与到金融业务当中的普通用户来说也是同样，如股票交易中就有多个账户的概念，多币种信用卡也同样有针对不同币种的账户等。因此，金融上每一笔交易的完成，其实是在参与其中的账户之间完成了一次资金流转，而不是表面上看到的那样。

账户概念的提出，就在提醒大家，在比较复杂的业务和产品形态中，不能再把“用户”作为关联所有信息的最细粒度的标识了。因为参与到业务当中的可能只是用户的某个账户，而用户的其他账户对这笔交易并不知情。

如果大家正在为数据分析准备数据，那么这种情况就比较容易遇到。比如，大家希望通过一些交易行为来圈定一部分用户，再分析用户的其他行为。那么在数据层面的关联逻辑，就是先通过交易账户找到用户，再通过用户找到其他账户中的交易。

由此带来的问题就是，如果大家不想每次都通过更宏观的用户概念来串联所有的账户，那么当资金流动时，大家必须在所有流经的账户中留下痕迹，包括最开始的起点和最后的终点。通过这样的记录方法，账户之间的互动关系就比较清晰了，大家在分析的时候可以直接分析账户之间的互动。

这种思维方式在行为分析中同样适用，就是按照事件发生的时间顺序，将连续发生的事件两两关联起来。这种思维方式笔者在下文中“事件模型”的部分，以及在后续关于技术实现的章节中，还会讨论到。

本章的“主角”——借贷记账法也有着类似的思维方式，每一笔资金流转有来源、有去向，并且来源和去向两个账户同时记账，但是方向相反，一加一减。

#### 3. 财务分析的基本逻辑

在上文中笔者已经介绍了一些在记账法中体现出来的思维方法，接下来笔者带领大家来学习财务分析的基本逻辑。

提到财务，大家一定会第一时间想到会计报表。没错，这是大多数人对财务工作印象最深刻的东西了。并且大家在做其他的业务和产品的时候，也或多或少能够学到一些与财务相关的知识。

比如，对于一些综合性的互联网金融平台来说，它们需要为用户提供一些日常的数据，以便帮助用户了解自己购买的理财产品、使用过的消费金融产品和参与的其他金融项目等都处在什么状态。这些功能可以专门搭建一个平台产品来管理，通常叫作“账户中心”“我的产品”，或者称作“资产管理中心”。这明显是一个后台型的产品。即使它不是一个独立平台产品，也必定是附属于主产品的重要模块。

同时，和“账户中心”类似的模块，也是重要的产品推广渠道之一。如果用户的某一笔理财产品即将到期，那么没有什么地方能比这里更适合推荐一款新的理财产品给用户了。而且可以照顾到用户对金融产品的偏好、投资目标、周转周期等很多方面的因素，能够完全与用户的理财节奏同步。

既然做这样一个产品或者模块的最核心的目的，是为了让用户了解自己的资金目前的情况，那么大家就不能把所有杂乱的信息堆积在一起，而是要分类呈现，才能更方便用户查看。但是，对于互联网金融类的产品来说，数据多、概念太抽象等问题是不可避免的。在这里，大家就可以采用分类的方式，对页面上的信息和数据进行分类汇总，引导用户理解页面上的内容，并借此逐渐培养用户理解金融数据的能力。

那么如何分类呢？在这里大家就可以参考财务的思维，通过财务的思维把某个产品或者模块进行拆分。财务领域中的“三大报表”的概念就是一种经典的对资金数据进行分类的方法。所谓的“三大报表”包括“资产负债表”“利润表”和详细的“资金流量表”。这三个报表可能存在着不同的叫法，但是都可以与这三份基础报表相对应。

那么为什么是这三份报表呢？因为这三份报表分别从三个不同的角度，记录了在过去的一段时间内发生了什么。

1）现金流量表

现金流量表对应到大家做数据分析的工作当中，简直就是“明细数据”。所谓明细数据，就是“事无巨细”地记录下在过去一段时间内发生的所有事情。其中每一条记录都是最详细的数据，不能再进行拆分。

比如，笔者在上文中讨论用户与账户的概念时就提到过，在一些交易当中，大家并不能只看到“某一位用户”的层面，而要再细一层，看到“某一位用户所拥有的某个账户”的层面。之所以这样做，是因为一次交易可能涉及一位用户所拥有的多个账户，如积分账户与货币账户。

在这个案例中，大家记录的关于积分账户和货币账户的每一笔交易，就可以称作“明细数据”；如果的确有需要，大家要按照用户进行汇总，那么得到的关于每位用户的数据，叫作“聚合数据”或者“汇总数据”。

言归正传，现金流量表详细记录了在过去一段时间内所有账户之间进行的每一笔交易，俗语称作“流水账”。那么作为财务分析必看的三大报表，为什么要包含这样一张“流水账”的报表呢？

其实，现金流量表恰恰反映了短期变化，因为里边记录的都是最细粒度的数据，大家可以很方便地查看过去每一个时刻、每一个方面都发生了什么。所以通过现金流量表能够预测下个月、下周、甚至明天这个企业或团队是否还能维持下去。而且，如果大家再多想一步，既然能够通过现金流量表检查过去的情况，那么也能很方便地预测未来。现金流量表就通过详尽地呈现过去的一点一滴，来帮助大家更有信心地预测未来的情况。

更重要的是，现金流量表告诉了大家每一笔资金流水的来龙去脉。这其中有一些交易是一次性的，有一些则可以一直延续下去。这个问题，大家拿到互联网行业中更容易理解。

比如，大家做用户运营，有一些运营手段的效果是不可延续和复制的。有些运营活动，真可谓是“天时地利人和”，占尽了各种机遇和巧合。但是也有一些运营手段，是大家通过比较通用的分析思路，逐渐抽丝剥茧得出的结论，并且这个结论禁得起反复验证。通过这样的方法，大家同样有信心在未来能够收到类似的运营效果。

因此，现金流量表在给出所有细节的同时，也在提醒大家，过去的那些成绩是可延续、可复制的。这样的区分，不仅决定了大家的过去是好还是坏，更重要的是它还决定了大家能否在未来取得好成绩。

2）利润表

提到利润，大家一定不陌生，最简单的利润的算法就是用收入金额减去费用金额。因此，在这个报表中，记录的内容都是围绕收入和费用展开的，如主营业务收入等这些项目。同时，利润表统计的也是在最近一段时间内产生的收入和费用，并由此计算出在过去一段时间内大家是赚钱了还是赔钱了。

笔者在上文中提到，目前的互联网行业逐渐开始精细化运作，开始考虑利润的产出和效率等问题。这其中就包括了各项业务和各个产品能够实际产生多少利润。

因此，与现金流量表相比，利润表多了一些“评价”“衡量”的意味。大家通过利润表，不再是简单地查看发生了什么，而是将发生的事情汇总起来，看看究竟有没有“赚钱”。并且，利润的产生与每一笔交易高度相关，利润就是从现金流量表里的交易中得来的。

更为重要的是，利润表中记录的并不是一个利润的“结果”，它不仅将利润计算出来，还要呈现出这些利润是通过哪些收入和费用得到的。因此，利润表除了能计算出利润的多少，还有另一个重要作用与现金流量表类似，就是评价利润是否稳定、可靠。

评价方法也是类似的。当每一笔收入产生的时候，大家要判断这笔收入是否是“凭本事”挣来的，或者什么特殊原因促成了大家在特定的时间获得了收入；对于费用也是类似的判断方法，如果一些费用是大家维持业务正常运转而必须投入的，那么就可以断定这些费用在未来依旧会产生，但是如果是为了应对突发情况而不得已投入的费用，那么在未来业务的正常运转中就不会再有这样的费用了。

既然现金流量表已经详细记录了所有的资金流动情况，为什么不在现金流量表的基础上稍加计算，来计算出收入和费用，而要单独设计一张利润表呢?

这是因为，按照现代的会计核算确认中使用的“权责发生制”，每一笔收入和费用的产生，未必都能在现金流量表上得到体现，可能存在赊账、预付等现象。这与互联网产品中的“充值”“预存”等方式很类似。因此，如果业务流程或者产品设计中同样存在预付等方式，那么实际资金的增减与收入和费用的产生也不是严格对应的关系。

既然现金流量表告诉了大家能否在未来较短的时间内生存下去，那么利润表就告诉了大家在这段时间内是能赚钱还是会赔钱。

3）资产负债表

最后，笔者来介绍资产负债表。如果拿资产负债表与互联网运营的日常分析进行比较，就类似于了解存量用户、了解用户生命周期的整体情况等这种对宏观情况的分析。因为资产负债表反映的是自从企业成立以来，获得的各种投资的情况和负债的情况，可以看作对历史上所有的现金流量进行汇总而得到的表格。

资产负债表的分析角度与上文中的两份报表有所不同。上文中的两份报表关注的是资金流动是否有规律可循，以及在业务层面大家是否能够实现自给自足。而资产负债表开始关注资产所有者，即那些投资人。也就是说，在现金流量表中看到了资金流入，在利润表中看到了利润，但是因为从一开始大家就在别人的“帮助”下开始经营，所以这些利润也不能全归自己所有，需要分给那些投资人。

在互联网的产品形态中，就类似于使用了其他产品的优惠券或利益点，当用户使用了这些利益点之后，我们不能将这笔收入“独吞”，要想着与提供优惠券的一方进行结算。同时，互联网的案例使我们的思维变得灵活了——如果别人家的优惠券能够为我们带来很好的拉取新用户或者促进用户活跃的效果，那么就应当尽早以固定的价格“买断”，而不采用先使用再分摊的方法，防止收益浮动。

不过，在资产负债表中，我们也要考虑自己能否给投资人赚取足够的收益。这正是关注资产负债表的重要目的之一，我们要为投资人获得超过一般水平的收益，才能吸引到更多看好我们的投资人。

4）“三大报表”的基本逻辑

在讲解三大报表的过程中，笔者也穿插着讲到了每个报表的分析逻辑。现在笔者再次将它们汇总起来。

现金流量表表现的是现金流动的详细情况。因此，大家可以使用它来发现短期内可延续和不可延续的资金流动，从而预测短期内的资金变化。利润表反映的是在一段时间内大家得到的收入和产生的费用，将这两方面合并到一起，大家就知道了一项业务是赚钱还是赔钱，从而了解到在从短期到中期的范围内，大家是否能够自给自足地生存下去。最后，资产负债表反映的是企业、团队或者业务有史以来的资产情况，并且关注的是收入和成本的分配。因此，通过资产负债表，大家才能知道在创造的收入中，哪些收入真正属于自己。

通过分析这三大报表，大家就能将一家企业或者一项业务的资金状况了解得比较清晰了。同样，对于一个与金融相关的业务或产品，大家也可以借鉴类似的分析思路来构建日常分析报表。其实，即使是与金融不相关的业务和产品，大家也同样可以按照这种从短期到中期、再到长期乃至总体情况的分析思路，来分析产品未来的情况。

## 5.3 “数据世界观”

在 5.2 节中，笔者讨论了几种对业务进行建模的方法。通过这些方法，大家了解了业务的运转情况。而本节的内容，则会围绕一个比较有趣的话题——“数据世界观”展开。

在本节中，笔者首先会讨论数据获取方面的局限性问题。也就是并非在客观世界中发生的事情，大家都可以通过数据来反映。这部分内容探讨的是客观世界与数据模型之间的关系和差异。

之后，笔者会介绍一个在当今的数据采集和分析模式中都非常常见的模型——事件模型（Event Model）。这种模型定义了对于客观世界发生的林林总总的事情，大家如何通过数据记录和理解它们。

最后，笔者探讨一个稍微与技术有些重叠的问题，也就是如何具体地获得用户的行为数据。这部分涉及用户行为的定义和数据采集两部分内容。其中用户行为的定义又跟上文中的事件模型高度相关。

### 5.3.1 数据模型与现实世界的差异

在 5.2 节中，笔者将平时口头叙述的或大段文字描述的业务过程，变成了直观而严谨的图表。这种方式既能帮助大家快速了解业务究竟在做什么，同时还能帮助大家快速发现其中的问题。

更重要的是，这些图表也决定了业务的数据内容。换言之，如果我们已经确信将这些图表制作得足够精细了，那么我们也就只能拿到这些模型覆盖的数据内容了。超出模型范围的部分，即使在现实世界中发生了，它们对于我们来说也是不可知的。此时，我们就像在使用望远镜观察世界一样，看到的部分才是我们能够通过数据知晓的世界。

比如，笔者在上文中介绍了 E-R 图来展现业务中的实体关系，其中还包括各个实体自身的属性等信息。那么，当我们需要对这项业务中的数据进行分析的时候，我们能够拿到的数据也就是图中呈现出来的这些数据了。如果我们在一个业务场景中，只设计了用户、订单与商品三个实体，那么当我们想要分析订单上的优惠券与用户之间是什么关系时，就不可知了，除非在设计中已经约定好。

再比如，笔者在上文中介绍的会计记账法。这种方法帮助我们记录了在产品运转的过程中，资金是如何流转的，并且能够很方便地统计一段时间内及一段时间末期的资金情况。这个工具也决定了，在我们需要对产品中的资金、财务数据进行分析的时候，这个工具覆盖到的数据就是全部内容了，不会再有其他的数据内容。

其实，每项业务或每个产品需要用到的数据内容都是有限的，它可能只是现实世界发生的所有事情中的一个极小的子集。我们能够分析的东西，也就全部来自这个极小的子集。那么其他那些事情呢？只好“假装”它们不存在了。

## 5.3.2 用户行为的事件模型

既然数据模型可能无法将现实世界发生的事情及其相关信息完全概括，只能记录下其中的一小部分，那么应当采取什么样的记录方式，才能达到更好地描述现实世界的目的呢？在这里笔者介绍一种目前比较常用的在数据采集的过程中用来描述和抽象现实世界中发生的事情的模型——事件模型。

简单来说，事件模型就是将客观世界中发生的一切事情都当作“事件”，并按照相对统一的结构来记录。在互联网领域中，用户的等级提升了是事件，用户的英雄打败了一个小怪兽也是事件。用户的点击、点赞、评论、转发、收藏、发送消息、安装 App 等行为，都是事件。

### 1. 采用事件模型的优势

在详细了解事件模型的内涵之前，大家先来了解事件模型要解决的问题，以及它具备的优势。事件模型只关注一起可以独立存在的事件，这种事件的概念可大可小、可简单可复杂，这就为事件的定义提供了很大的灵活性，能够兼容很多比较个性化的数据收集场景。

事件模型的第一个优势，是更方便在业务含义的层面关联更多数据。

比如，笔者在上文中提到，用户点击了 App 上的某个图标，这是一个事件。当然，这个事件是普通的事件之一，通常被划分到流量数据或者用户的行为数据之中。此前已经有很多解决方案可以收集到这类数据，但是事件模型相对于以往的收集方式，在内容的定义上更加灵活。

这种“灵活性”是如何体现出来的呢？由于用户的点击行为本身的分析意义并不大，大家总是希望从业务意义的角度，将用户的每一次点击作为一项业务中的一个环节来看待。如电商中“购买”和“支付”这类按钮的点击，大家希望将它放在“线上交易流程”当中来看；再如短视频中的“视频录制”和“发布”按钮也是整个 UGC 过程的一个环节。

因此，大家很可能会想在收集这个用户的点击行为的时候，同步收集当前用户的某些信息，比如，用户上次交易的产品、点赞的视频分类、历史搜索关键词等。这些数据对后续的分析过程都有很大的意义。如果大家采用更传统的方式，就需要在实际分析数据的环节，通过 ETL（Extraction-Transformation-Loading，数据抽取、转换和加载）操作将数据关联到一起。这种方式费时费力，并且结果的质量还依赖于在采集的过程中数据是否齐全与准确，否则得到的结果还有可能是错误的。

与传统方式相比，基于事件的采集在应对这些附加信息项的时候能够“就地取材”，上报的数据中包含了将来需要分析的数据。这样做当然会在一定程度上加大上报传输的数据量，但是只要做一些有意识的控制，就可以避免问题的出现。

第二个优势就是更好地兼容移动应用的复杂场景。这是从前一个优势中得出的结论，正是因为事件模型提供了灵活地收集数据的能力，我们才能够轻松地应对移动应用的不同场景。

“我们已经进入了移动互联网时代”，这已经是一句很“古老”的话了。当产品随着用户“移动”起来的时候，就需要应对各种可能出现的场景；并且在每种场景下，我们可能需要采集不同的数据内容，才能更好地分析不同场景自身的特点。这与传统的 PC 时代有很大的不同。

比如，App 当中的各种操作比 PC 上的操作流程更加复杂，如果还是采用统一的采集方式，那么只能采集到那些在所有场景中都通用的部分数据，而采集不到针对特定场景的数据。这也就是所谓的“无埋点”技术至少在现阶段并不能满足一些深入分析的需求的原因。

在数据分析领域中，“巧妇难为无米之炊”这句俗语常被提起，用来比喻没有高质量的数据，就无法进行高质量的分析、得出高质量的结论。而事件模型的出现，恰好解决了这种多样性带来的数据采集问题。

### 2. 什么是“事件”

关于事件模型，理解“事件（Event）”这个概念尤为重要。那么什么是“事件”呢？那些在数据分析中耳熟能详的用户行为，都可以称作一个事件。比如，启动 App、注册、登录、浏览、转化（创建订单、完成支付、发布内容等）、留存、分享、订阅、收藏等。

一个事件主要包含四部分信息，它们可以称作事件的属性，共同组成了一个事件的基本数据结构。在这里，大家就可以使用 E-R 图来展示事件的基本属性，如图 5.12 所示。

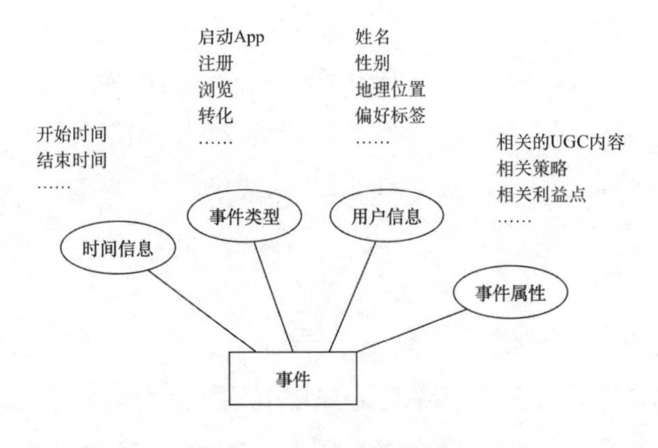


图 5.12　一个事件的基本属性

1）时间信息

如果要分析的事件与时间高度相关，如用户行为路径或者转化漏斗，那么时间信息就是至关重要的属性。即使不是这种与时间高度相关的事件，时间信息在数据查询的过程中仍然是必不可少的基本信息。但时间信息本身很简单，它代表了这个事件是什么时候发生的。

2）事件类型

这同样是一个必不可少的基本信息，也就是大家要关心发生了什么。上文列举了很多常见的事件，除此以外还有很多根据特定业务形态和业务场景而产生的事件，如赎回、录制、定位等。

3）用户信息

用户信息主要让大家知道事件由谁发起。用户信息不仅面向实际用户，那些偏向后台系统的产品也同样需要这个信息，只是这个发起者可能不再是一个实际的人，而是一个系统或者一项计划等。

当然，在大多数的分析场景中，大家要收集的还是普通用户的信息，如用户的用户名、已经记录的联系方式等。这些信息将有助于大家从用户角度进行数据分析。

4）事件属性

事件属性特指一些除上文中三种基本信息以外的属性。比如，如果是创建订单的事件，则会包括订单号、订单金额、商品编号等；如果是 UGC 类型的事件，则可能包括内容发布的版块、是否原创、引用链接等。

从事件属性这个角度大家可以发现，虽然绝大多数事件看上去都“差不多”，但是正是由于“事件属性”的不同，大家可以在实践当中将自己分析时需要的数据补充进去。通过这样的设计过程，原来的基本事件就变成了“自定义事件”。

### 3. 基本事件与自定义事件

对“事件属性”这个信息的处理方式，决定了一个事件是基本事件还是自定义事件。在基本事件中，大家比较确定要收集的信息。但是这并不能覆盖所有的情况，而且随着互联网业务和产品形态的不断更新变化，会有越来越多的分析场景是基本事件无法满足的。

不同的业务形态会关注不同的用户行为。有的关注交易，有的关注 UGC，有的关注用户的基本行为，如用户在屏幕上点点画画等。如果采取传统的数据上报方式，大家就需要频繁地调整要上报的内容，不仅技术上的时间成本非常高，随之而来的人力成本也难以接受。毕竟数据产品希望实现“降本增效”的目标。

比如，“启动 App”这个事件，除了基本的用户信息，大家还想知道启动的时间点、手机或者平板电脑的型号和系统信息（如果能收集到）、用户使用的 App 版本、启动花费的时间、启动时使用的网络是 Wi-Fi 还是 4G 移动网络、是用户主动点击启动的还是通过其他方式被动启动的等。

通常的处理办法，就是把这些“个性化”的信息存储到“事件属性”一项当中，于是整个事件就变成了一个自定义事件。一个自定义事件需要的信息可能与基本事件的属性存在重叠的地方，只不过通过事件属性扩展了一些其他信息，并且通常会采用“Key-Value”的形式存储。

由于这些补充的信息是基本属性以外的信息，所以大家必须提前明确这些信息是什么含义，才能更好地解析出这些数据，并加入数据分析的过程当中。因此，无论是企业内部的团队间合作，还是与第三方的数据或平台服务商合作，都需要通过某种手段提前告知附加的信息是什么。如果是企业内部沟通，主要采用邮件、协作文档的方式；如果是与第三方的数据或平台服务商合作，则可以通过提供的工具平台来配置这些自定义事件。

### 4．事件模型与常见数据分析方法

在上文中笔者提到，事件模型就是一种抽象客观世界发生的事件的方法。并且在实战中，这种方法更多用来采集数据。在采集到数据之后，再运用数据来分析业务和产品。接下来笔者就来讨论在通过事件模型采集了数据之后，这种抽象方法对分析过程产生了什么影响。

在日常的分析工作中，大家最热衷于分析的无非是产品、用户和资金三个方面。笔者在上文中讲解财务记账的时候已经讲过关于资金的分析。在产品和用户的分析中，资金都是一个辅助指标，用来衡量和评价其他方面，如用来评价产品盈利能力与用户贡献价值。

更常见的数据分析，分析的内容主要是产品与用户之间的关系，以及用户自身的行为这两个方面。从事件模型的角度看，这两个方面的数据都来源于“用户触发事件”这个过程。接下来笔者就介绍几个比较常见的分析案例。

1）统计分析

这里的统计分析，指的是通过对数据进行简单的计算，如加、减、乘、除，来进行数据分析的过程。这其中也包括了计算一些基本的统计量，如均值、方差、分位数等。统计分析是最基本的分析手法。

比如，统计用户数，或者再具体一点儿，统计今日登录的男性用户数。根据这个要求，对应图 5.12 给出的一个事件的基本结构，大家需要找到用户信息中的性别一项是“男性”、事件类型是“登录”的事件，然后对满足要求的事件计数。为了兼顾有些用户会在一天中多次登录，这里大家需要“去重计数”，也就是相同用户在同一天的多次登录只记一次。

同样的道理，大家也可以要求事件类型是“新增”，然后统计事件的数量，算出来的就是今日的新增用户数（同样要用“去重计数”）。

上文中的两个案例体现的是针对某一个指标的计算，大家再来看一种相对复杂的统计分析，就是上文提到的分析用户的行为路径。比如，从用户打开 App，到最终支付成功，路径是怎样的？

笔者在上文中已经提到，对行为路径进行分析，时间信息非常重要，需要根据时间的先后顺序来排列事件，构成行为路径。具体的逻辑可以是不限定事件类型（意味着可以是分析中间可能产生的任何行为），而是要限定用户信息中的用户 ID，以便保证大家得到的是关于同一位用户的事件，之后按照时间顺序对事件进行排序，就得到了这位用户的行为路径。

通常对行为路径的分析，都会搭配上数量的统计，也就是在不同的路径之间，哪些路径的用户更多；或者在同一条路径上，用户的主要特征是什么。这个时候，路径就变成了限定条件，大家要计算的依然是符合条件的用户数。

2）归因分析

笔者在第 4 章中的分析方法论部分曾经提到过归因。不过第 4 章中的归因是针对那些无法明确的场景，笔者人为给出的一个结论性的判断。

笔者在这里要讨论的归因分析是给发生的事情找到原因，通常其最终目的是通过分析挖掘出来的因果关系，对未来进行预测，以及指导实际的运营工作。

比如，如果我们发现了女性用户更可能购买我们的产品，那么在资源有限的情况下，我们就应当着重向平台上的女性用户推广我们的产品。按照事件的基本结构，在这个案例中，我们寻找的是用户信息与事件类型之间的因果关系。

另一类案例，展现的是事件和事件之间的因果关系，如经典的“LinkedIn 魔法数字”案例——一周内增加五个社交好友的用户更容易留存。当然，这种事件之间的因果关系是否成立，需要做同步的验证。一旦发现一些检验条件不再满足，那么这种事件之间的因果关系也就不再成立了。

可见，归因分析能够帮助大家有效地从海量数据中总结和积累经验，并且这种基于数据得出的结论，同样可以用数据做监控和验证，提高了验证和优化的效率。

在具体实现上，针对第一类案例，大家可以通过关联事件实体和用户实体来实现。而对于第二类案例中这种事件之间的归因分析，大家仍然要将用户作为“桥梁”。下面笔者就通过“LinkedIn 魔法数字”案例，来讨论应当如何验证。

在没有得到一个确定的结论之前，大家只是猜测“在一周内达到了五个好友的用户，比那些没有达到的用户更容易留存”，或者大家通过一些统计数据确实得到了这样的结果。比较常见的分析方法就是，对那些留存率较高的用户群体进行统计，结果发现他们中的大多数在新增后的一周内达到了添加五个好友的目标。

如果只到了这一步，还不足以下结论，认定“一周添加五个好友”这个特征就能反过来判断用户后续的留存好不好。这里需要设计一个实验。

首先，大家需要找到这样的两组用户——其中 A 组用户在新增后的一周内确实完成了“添加五个好友”的任务，B 组用户在新增后的一周内没有完成任务。这两个用户群就成为大家的实验对象。这时，大家需要观察的就是，在完成添加好友任务一周之前，两组用户有着怎样的留存表现。

为什么要关注加好友之前的情况呢？这种历史情况代表了两组用户自身的差异，这种差异并不是因为添加了好友而产生的，而是两组用户固有的表现之间的差异。因此，大家不能把这种用户自身的差异性也带到验证中，这会干扰验证结果。

在确定了用户在添加好友之前的差异之后，大家再来观察经过了添加好友的这一周时间，两组用户在留存情况上分别表现出了怎样的变化。如果大家发现两组的用户都还维持原来的转化情况，没有发生改变，那么在监控的这一周中，“达到五个好友”这个事件对后续的转化就没有影响。

相反，如果发现 A 组（满足了条件的组）的留存率明显提升，而 B 组的留存率则与一周之前的情况基本持平，那么“是否在一周内达到了五个好友”这个事件就是一个可以用来预测未来留存率高低的事件了。大家可以通过各种手段，促使用户完成“一周内添加五个好友”的目标，以便提升未来的留存率。

## 5.4 数据仓库建模

5.1 节、5.2 节和 5.3 节分别从需求研究和业务建模等角度讨论了业务对数据产品的诉求。在本节中，笔者将视线集中在数据层面，关注那些通过前三节的方法收集到的数据，究竟是怎样存储和使用的。当然，笔者在本节中仍然从业务诉求的角度出发，不会涉及太多的技术细节。通过对业务诉求的理解，大家能够在下一章与技术系统相关的内容中，对系统的一些设计意图有更深入的了解。

在本节中笔者主要讲解两个方面。首先，笔者讲解了在数据仓库建模的过程中，有哪些必要的关注点，以及这些关注点对数据仓库的建设和未来的数据分析过程有怎样的影响。

其次，笔者深入讲解一些经典的数据仓库建模。它们来自一些常年为全球知名公司提供数据服务的公司，同时这些模型本身也久经验证，并通过不断迭代版本来适应公司组织形式和商业环境的变化。

### 5.4.1 面向分析的数据模型

对于不具备技术背景的朋友来说，“数据库”的概念就是一个“黑盒”——大家把需要留下的信息存储在里面，等到需要用到的时候就拿出来——它只是一个存储东西的地方。但是在实际应用中，大家在存储数据的时候，需要考虑以下两个方面的问题：

#### 1. 信息是否记录完整

这里的信息，指的不仅是大家看得见的那些要存储的数据，如某位用户的账号、年龄等，还包括那些大家看不见的部分，如用户之间的关系。

比如，当下很流行的裂变分享运营，就是要在人与人之间形成传递和邀请关系，并通过不断蔓延扩大的邀请关系来实现业务和产品自身的增长。在这样的运营手段中，大家就需要准确地记录用户之间的邀请关系。并且这其中还包括一位用户邀请多位用户、一位用户受多位用户邀请等各种复杂的问题。

不管实际的问题有多复杂，大家都需要在数据层面清晰地记录每一个关系，并且要记录得尽可能详细，这样才能为后续的数据分析提供更多的灵活性。

### 2. 平衡计算量与存储空间

随着用来存储的数据越来越多，计算量与存储空间这两个方面之间的矛盾就越来越尖锐。当大家处理 1000 位用户的信息时，可能无论是计算量还是存储空间，都不会带来什么麻烦；但是当大家需要处理超过 1000 万用户的信息时，就需要在必要的时候，在存储空间和计算量之间进行取舍。

比如，大家需要获得所有用户中最活跃的 10%，以便采取进一步的运营措施。根据“侧重优化计算量”和“侧重优化存储空间”两种不同的视角，笔者可以设计出两种不同的方案。

1）预计算（离线分析）

为了减少计算量，尽快地获得计算结果，大家可以在使用之前就进行预计算。这样在真正要用到这个名单的时候，就可以立即拿到。但是其中也存在着很明显的问题。

- 问题 1：拿到的数据可能不是“最新”的，因为预计算与使用的时间毕竟有间隔，在这段间隔当中，需要的信息很可能已经改变了。
- 问题 2：因为是预计算，这部分计算结果需要额外保存起来，这就占用了更多的存储空间。
- 问题 3：这种已经定义好的、能够在没有外界干预的条件下自动启动的计算，对需要灵活性的场景支撑较差。如笔者在上文中提到的满足用户之间的关系这种临时性查询的需求，使用离线批量计算的方式就比较难实现。

2）即时计算（在线分析）

为了能根据用户临时提出的要求进行计算，大家也可以只在真正需要用到数据的时候才进行计算。但是可想而知，所有的数据都处于“原始”状态，需要一步一步地进行计算才能得到最终的结果，计算量相当庞大。而它的优点在于，能够保证计算的结果是基于最新的计算口径和数据得出来的。

在取舍方面，如果从业务的层面考量，应该只在需求极不稳定、经常需要变化的场景中，大家才需要采用即时计算的方式；而在需求可以提前确定，并且几乎不会改变的场景中，大家就可以采取离线预计算的方式。并且预计算这种方式由于不涉及与用户的信息同步，可以更自由地安排计算资源，因此可以计算更大规模的数据，同时也能承受由于数据量大而导致的计算时间延长的后果。

另外，在数据处理的层次上，通常更倾向于在偏向底层的环节中，采用预计算的方式；而在偏向上层、偏向应用的环节中，则尽量采取小批量实时计算的方式。这样不但能平衡计算量与存储空间之间的关系，还能尽量给前端的应用层提供灵活性，给平台的用户提供良好的体验。

### 5.4.2 通用数据仓库模型

在上文的内容中，笔者反复在提关于数据收集和计算的问题。确实，这在搭建一款数据产品的过程中，是需要重点考虑的事情。不过，是否每搭建一项业务或者一款产品，大家都必须凭借着自己对行业、业务和产品的理解，来煞费苦心地设计一些数据存储和整理的方式呢？

其实也不尽然。因为大多数业务的基本要素和逻辑关系是基本通用的，并且不会轻易改变。即使一些传统行业被“搬”到了互联网上，其原本的业务逻辑依旧没有发生改变。毕竟不管是在线上还是在线下，大家满足的都是类似的需求，只是在场景和满足方式上有略微的差异而已。

基于这样的背景，笔者就来介绍一些针对特定行业的经典的数据仓库模型。对于大多数从事与业务相关的数据分析工作的朋友来说，接触更多的应该是数据仓库，或者是更聚焦的数据集市。而对于数据分析来说，这些“仓库”和“集市”在感知上就是“存储数据的地方”。

这些“仓库”和“集市”的内部逻辑设计得好不好，直接决定了业务和产品的数据分析工作进行得顺利不顺利。如果笔者在下面的介绍中提到的行业数据仓库模型，恰好与大家所从事的行业相匹配，那么大家不妨就从这些已经经过了反复验证和多次迭代的模型中找一找有没有适合自己的。

接下来笔者将介绍两家知名的解决方案供应商，它们是 Teradata 和 IBM。不过大家应先了解什么是“逻辑数据模型”。

### 1. 逻辑数据模型是什么

“逻辑数据模型”涉及一定的与数据相关的知识，并且需要大家具备较强的逻辑思维能力。如果其中的一些内容不容易理解，可以查阅相关资料来辅助了解。这些基础知识将对学习后续的关于技术框架的内容很有帮助。

首先，笔者先不考虑“逻辑”两个字，从“数据模型”本身谈起。对于“数据模型”，比较常见的解释是，数据模型是对数据特征的抽象。可能对于大多数没有接触过数据库设计相关内容的朋友来说，这句解释没有任何意义。

其实，数据模型就像大家平时玩的飞机模型、汽车模型一样，是帮助大家了解其他一些东西的工具。对于绝大多数人来说，虽然没有动手拆过任何一架飞机或者一辆汽车，但是能够通过飞机模型和汽车模型简单了解其外形特征和内部结构。而且越制作精良的模型，越能帮助大家了解更多的信息。

因此，数据模型告诉了大家那些将要被使用的数据具有怎样的特征。数据模型所描述的内容通常包括数据结构、数据操作和数据约束三个部分。

- **数据结构**描述的是数据类型和数据内容之间的联系。比如，用户的年龄是数字类型的，用户的姓名是字符型的，用户的年龄和姓名，都与用户的唯一 ID 关联，就像在现实世界中，这两项信息都与用户的身份证号码关联一样。
- **数据操作**描述的是数据结构上的操作类型和操作方式。比如，插入（INSERT）新数据、数据查询（SELECT）、更新（UPDATE）现有数据、删除（DELETE）无用数据这样的基本操作，通常被统称为“CRUD”（Create 创建、Read 读取、Update 更新、Delete 删除）。
- **数据约束**描述的是数据之间的依存关系，通常这些约束能够定义什么是“有效的数据”，并且这在大家修改数据的时候尤其重要。比如，要添加一位用户，那么这位新用户对应的用户 ID 不能是已经存在的，这通常被称为“唯一性约束”。

总之，数据模型就通过这些方面的信息，实现了“抽象数据特征”的目的。根据抽象的程度高低，数据模型可以分为概念数据模型、逻辑数据模型和物理数据模型三个主要类型。

- **概念数据模型**（Conceptual Data Model，简称“概念模型”）是最高层次的抽象，也是三个类型中最接近业务场景而远离技术环境的数据模型。换言之，在做概念设计的时候，可以几乎不考虑将来会使用哪类“数据库管理系统”（Database Management System，DBMS）来实现。如上文笔者介绍过的 E-R 图，就属于这个层次的数据模型。笔者在介绍 E-R 图的时候，就几乎没有提及任何与具体的数据库技术相关的内容。
- **逻辑数据模型**（Logical Data Model，简称“数据模型”）兼顾概念与实现两个方面，也就是在完成了概念数据模型的设计之后，需要开始考虑一些关于技术实现的问题了。这个时候需要考虑将要使用的数据库管理系统究竟支持哪种数据模型，而不是完全从业务的角度来分析。比较具体的内容，涉及表的切分、表之间的关系、表的主键等。
- **物理数据模型**（Physical Data Model，简称“物理模型”）是三个类型中最接近技术环境的数据模型。在这个层次中，大家要“真正”开始考虑数据库中的表结构、约束等问题了。这些具体问题会因为数据库管理系统的不同而表现出较大的差异。这个层次的产出物，应该是一些可以直接指导编写程序代码的内容。

这些模型不仅囊括了业务语境中的各种元素，而且在一定程度上结合了技术实现的环境，为不同企业的具体应用提供了调整的自由空间。

### 2. Teradata 与 IBM 的数据仓库模型产品

1）Teradata

Teradata（天睿）成立于 1979 年，至今已发展 40 年，是全球知名的专注于大数据分析、数据仓库和整合营销管理解决方案的公司。笔者接下来要介绍的就是 Teradata 公司提供的一套“逻辑数据模型”。

下面列举了 Teradata 公司提供的 11 种数据模型产品，分别对应了现实中 11 种不同的行业。其中包括大家比较熟悉的金融服务数据模型（FSDM）、医疗数据模型

（HCDM）、媒体与娱乐业数据模型（MEDM）、零售业数据模型（RDM）、旅游与酒店业数据模型（THDM）等。11 种数据模型产品如下。

- **通信业数据模型**（Teradata Communications Data Model，CDM）。
- **金融服务数据模型**（Teradata Financial Services Data Model，FSDM）。
- **医疗数据模型**（Teradata Healthcare Data Model，HCDM）。
- **卫生与公共服务业数据模型**（Teradata Health and Human Services Data Model，HHS-LDM）。
- **生命科学数据模型**（Teradata Life Sciences Data Model，LSDM）。
- **制造业数据模型**（Teradata Manufacturing Data Model，MFGDM）。
- **媒体与娱乐业数据模型**（Teradata Media and Entertainment Data Model，MEDM）。
- **零售业数据模型**（Teradata Retail Data Model，RDM）。
- **运输与物流数据模型**（Teradata Transportation and Logistics Data Model，TLDM）。
- **旅游与酒店业数据模型**（Teradata Travel and Hospitality Data Model，THDM）。
- **公共事业数据模型**（Teradata Utilities Data Model，UDM）。

其中金融服务数据模型、医疗数据模型、媒体与娱乐业数据模型、零售业数据模型、旅游与酒店业数据模型这几个数据模型，正好与当下互联网行业中的一些细分行业对应。如果大家正好在这些互联网细分行业中，并且正准备为自己的产品或团队设计用户支撑数据分析的数据仓库，那么可以直接查阅这些模型的相关资料，而不用自己从零开始设计了。

2）IBM

关于 IBM（International Business Machines Corporation）这家公司，笔者并不需要做太多介绍。作为科技领域的典型巨头之一，其历史甚至可以追溯到电子计算机出现之前。同时，这家公司也为商科专业提供了很多可圈可点的经典案例。

比如，通过 IBM 公司官方网站，大家可以找到如下这些由 IBM 公司提供的数据模型或数据仓库产品。

- IBM Banking Data Warehouse。
- IBM Banking Process and Service Models。
- IBM Banking and Financial Markets Data Warehouse。
- IBM Data Model for Energy and Utilities。
- IBM Financial Markets Data Warehouse。
- IBM Health Plan Data Model。
- IBM Insurance Information Warehouse。
- IBM Insurance Process and Service Models。
- IBM Retail Data Warehouse。
- IBM Telecommunications Data Warehouse。
- IBM Unified Data Model for Healthcare。

与上文中提到的 Teradata 公司的数据模型产品类似，这些产品中的设计思路和已经成型的数据模型，都能够在大家对相关数据进行收集和整理的时候，提供一些参考。

在参考借鉴的过程中，可能存在的一点儿不足就是这些现成的模型和数据仓库产品，更加偏向业务流程本身。但是在互联网产品中，会更多地关注前端页面的交互和与用户行为相关的数据。这部分的数据收集、存储和分析，就依赖于大家参考一些更加“互联网”的案例和思路了。比如，笔者在上文中提到的事件模型，就能比较好地解决这个问题。

在未来，随着互联网产品形态的不断更新，针对不同的产品形态，也会有不同的数据产品应运而生，提高数据应用的效率。

### 4. 数据仓库与维度建模

看了上文中的两组行业数据模型之后，大家是否有点儿困惑——这样复杂的模型是怎样设计出来的？笔者在这里就简单介绍一种数据仓库的建模方法——维度建模（Dimensional Modeling），它同样应当归属于逻辑数据模型的范畴，由数据仓库和商务智能领域的权威专家——Ralph Kimball 提出。

这里笔者用一个案例来说明。比如，用户在电商平台上，选到了自己满意的商品，并完成了下订单和支付两个环节。针对这样一种业务形态，我们就可以设计一个简单的维度模型，如图 5.13 所示。

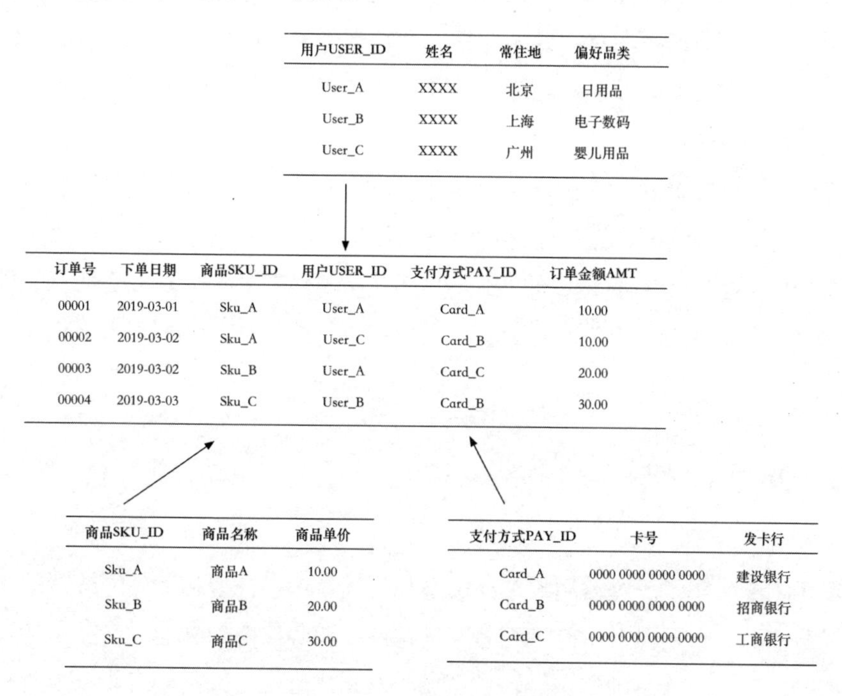

| 用户USER_ID | 姓名 | 常住地 | 偏好品类 |
|---|---|---|---|
| User_A | XXXX | 北京 | 日用品 |
| User_B | XXXX | 上海 | 电子数码 |
| User_C | XXXX | 广州 | 婴儿用品 |

| 订单号 | 下单日期 | 商品SKU_ID | 用户USER_ID | 支付方式PAY_ID | 订单金额AMT |
|---|---|---|---|---|---|
| 00001 | 2019-03-01 | Sku_A | User_A | Card_A | 10.00 |
| 00002 | 2019-03-02 | Sku_A | User_C | Card_B | 10.00 |
| 00003 | 2019-03-02 | Sku_B | User_A | Card_C | 20.00 |
| 00004 | 2019-03-03 | Sku_C | User_B | Card_B | 30.00 |

| 商品SKU_ID | 商品名称 | 商品单价 |
|---|---|---|
| Sku_A | 商品A | 10.00 |
| Sku_B | 商品B | 20.00 |
| Sku_C | 商品C | 30.00 |

| 支付方式PAY_ID | 卡号 | 发卡行 |
|---|---|---|
| Card_A | 0000 0000 0000 0000 | 建设银行 |
| Card_B | 0000 0000 0000 0000 | 招商银行 |
| Card_C | 0000 0000 0000 0000 | 工商银行 |

**图 5.13 一个简单的维度建模案例**

对于前面所述的这样一个场景，我们首先关注的就是订单；“用户在不断地创建订单，并对订单进行各种各样的操作”，这是我们看到的“事实”。因此图中处在最中心位置的一个数据表，详细记录了每一笔订单的情况。

但在这张表中，有一些信息是“含糊不清”的，比如，这笔订单买了什么商品、通过什么方式支付、下订单的用户自身有什么特点等。可见，这些问题在我们对订单数据进行分析的时候，是一些很有价值的维度，但是它们又不“直接”与订单相关（可以体会“用户属性”与“订单金额”关于订单的相关度的区别），因此不能直接将它们放到中间的订单数据表当中。更何况，这些信息还有可能被修改——增加一些关注的用户属性，或者补充一种可用的支付方式等。我们可不希望因为这些“不相关”的因素发生改变，而频繁地修改订单数据表。

因此我们可以发现，在图 5.13 中，围绕中间的订单数据表，产生了三个用来存储用户、商品和支付方式信息的数据表。一方面，这些数据表记录了这三个方面的更详细的信息，用来“解释”订单数据表中的那些“含糊不清”的内容；另一方面，当我们对用户、商品或支付方式进行分析的时候，这些表还可以关联其他更多的方面，如我们可以将用户与其所在地的消费水平关联起来；再有，当我们想要补充支付方式或者上架新商品的时候，只需要修改周围这些表的内容，而不需要修改订单数据表的内容。

这就是一个简单的维度建模的思路。大家将最核心的“事实”记录下来，而将那些用来描述“事实”的某一方面的特性的信息，按照主题分别记录在其他不同的表格中，并通过 ID 或者标识符的方式与“事实”关联起来。如图 5.13 所示的模型，在数据仓库建模中被称作“星形模型”，是非常经典且常用的一种建模方法。

## 5.5 本章小结

本章主要讲解了一些常用的抽象模型和工具。这些模型和工具能够帮助大家更快地了解业务，包括业务中的参与者及其特性、业务自身的流程、产品中各个模块之间的交互方式、涉及的资金流转、产品中的用户行为，以及涵盖了以上所有数据内容的数据仓库模型。

通过这样的抽象，大家就更容易用数据的思维来理解业务和产品层面的事情。对于后续章节的理解，这种思维的铺垫将非常有帮助。在接下来的第三篇中，笔者将会进一步深入技术系统当中，从更偏向技术实现的角度来考虑如何用数据来支撑业务和产品的运营。

同时，使用逻辑严谨的抽象模型来理解工作中遇到的问题，对于提升工作效率也非常有帮助。如今的大环境对精细化运营的要求越来越迫切，并且精细化运营的影响范围也越来越广，不再只是那些关于业务和用户的核心指标需要进行精细化，在更多、更细节的工作中同样要求精细化。在这种大背景下，数据产品经理掌握一些基本模型的思维和使用方法，很有必要。

# 第三篇

## 理解技术：打开数据系统的“黑箱”

# 第 6 章

## 从业务诉求到技术系统

第 5 章的内容，在业务层面与技术层面之间架起了信息互通的桥梁。本章的内容，主要从技术的视角出发，在前一章的基础上，重点讨论技术层面怎样承接业务诉求的问题。

首先，笔者紧随业务的诉求，介绍技术系统实现业务诉求的几种常见方式。当然，大家应从技术视角来看待，包括主动反馈与被动反馈、通用内容与定制内容、离线分析与在线分析，乃至全量与抽样数据的处理方式的差异。

其次，笔者开始关注从业务层面传递到技术层面的数据，主要关注数据的形态及其特点。并且，笔者通过讲解业务诉求具体讨论业务场景与不同数据形态之间的适用性。这不仅关系到技术层面能从业务层面获得怎样的数据，还关系到技术系统以怎样的数据形态来实现诉求。

最后，笔者从技术实现业务诉求的方式中，剖析当今的数据处理技术正在面临着哪些挑战。这些挑战可能目前已经得到解决，但是在未来，或者在某个具体的应用场景中，大家仍然要面对这些挑战，并需要以适合的数据产品设计和技术方案迎接挑战。

## 6.1 实现业务诉求的方式

在本书前 4 章的内容中，笔者一直在深入挖掘业务。直到第 5 章，笔者才稍微介绍了一些与技术相关的内容。而本节笔者要讨论的是如何通过技术来满足业务的那些诉求。

在这个过程中，第一步要做的，并不是立即一头扎进技术的海洋，这样只会让大家在众多的技术框架和技术语言等细节中茫然而无所适从。本节关注的是技术与业务之间如何配合这种更宏观的问题。这是业务层面的诉求表现，也是在技术层面希望达到的最终结果。换言之，本节内容主要提供了一种目标导向、结果导向的思维方式。

在本节中笔者从以下四个方面来梳理技术与业务之间的配合方式，包括主动反馈与被动反馈、通用内容与定制内容、离线分析与在线分析、全量与抽样数据。这四个方面的内容基本能够覆盖数据产品经理通常需要关注的配合方式了。当然，这种划分也是最粗略的划分，只能够帮助大家明确工作的大体方向。其中任何一个方面，如果深究下去，都还会遇到更多、更具体、更复杂的问题。

### 6.1.1 主动反馈与被动反馈

主动反馈与被动反馈的选择，与业务场景和流程有关。笔者在第 4 章中用数据产品赋能团队合作的部分，讨论了数据产品经理要关注业务流程和团队的工作流程。在这些实际的工作流程中，就包括了适合主动反馈与被动反馈的场景。

比如，笔者在第 4 章中讲到了通过数据平台为数据分析师准备基础数据的案例。在这个场景中，比较适合的方式就是由数据平台“主动反馈”，将当前数据处理的进度反馈给数据分析师。同时，如果处理的过程中出现问题，也需要及时反馈给相关人员，包括技术负责人、值班人员，以及提交处理任务的数据分析师等。在实际的功能实现中，可以采用数据处理任务的“订阅”方式，同时给所有“订阅”了这个数据处理任务的人员推送最新处理进展。

同样是来自于第 4 章的业务诉求，另一个案例中的场景就比较适合被动反馈，这就是用户标签和推荐这样的场景，特别是对于那些基于实时数据计算的用户标签。对于这样的用户标签，采用被动查询的原因在于，在一天当中业务数据在不断更新，如果希望用户标签尽可能准确，就需要在实际要用到的时候使用“最新”的数据进行计算来得到符合用户标签的用户群体。

当然，大家还要考虑另一方面的因素，就是用户标签的应用对时效性有很高的要求，需要在极短的时间内将结果反馈回去，从而在用户层面不会感知到系统存在延迟。笔者在第 2 章中提到的 TP99 和 TP999 这些具备查询性能的指标，在用户标签这样的应用场景中对性能也有严格要求。

因此，在这样的场景中，如果确实无法做到及时反馈，为了平衡计算性能与业务价值，大家可以采取一些折中的方案，也就是兼顾“主动”与“被动”的方式。

- **“主动”的部分：**以五分钟为单位，自动完成在过去五分钟内产生的新数据的计算，并将计算结果放入缓存。
- **“被动”的部分：**当业务层面需要获得用户标签覆盖的用户时，直接返回缓存中的结果数据。

通过这种方式，大家就以较小的代价（五分钟的延迟），保证了业务层面的用户体验。

通常，主动反馈可以通过以下六种方式实现。

- App 内 PUSH 消息。
- 短信。
- 企业微信。
- 电子邮件。
- 数据平台的站内信或系统消息。
- 消息队列（Message Queue）。

如果有企业内部 App 或其他工作用 App，那么 App 中的 PUSH 消息是一个不错的选择。PUSH、短信、企业微信这几种方式都是比较及时的反馈方式。电子邮件可承载的信息量大，并且形式丰富，可以加入文本、图片、表格等，还可以编辑样式。但是电子邮件的反馈效率就不如前几种方式那么高了。数据平台内的站内信或系统消息，是与数据平台结合的最好方式，大家可以在其中加入许多闭环操作，包括直接填写反馈信息、直接创建工单等。

前五种方式都是适合自然人的反馈方式，有时大家还需要让数据系统与其他技术系统对接，这个时候可以采用消息队列的方式。这种消息队列主要通过一些技术上的中间件实现，如 ActiveMQ（新版称为 ApolloMQ）。

被动反馈，比较常见的有以下几种方式。

- 定制化数据报表。
- 自助式数据查询。
- API。

在被动反馈的场景中，数据平台有了更多的时间来将内容“准备好”。对于业务人员来说，使用常用指标制作的定制化数据报表和基于临时需求的自助数据查询是必不可少的工具。同样，大家也要考虑技术层面的被动反馈。笔者在第 1 章就解释过 API，相信大家对它不会感到陌生。API 只在系统间查询数据时使用。不过，这里提到的 API 更偏向于宽泛的“接口”，具体的技术实现方案有很多。

### 6.1.2 通用内容与定制内容

通用内容和定制内容主要指的是数据产品中提供的内容部分。通用内容包括基础指标和维度、根据业务逻辑而设计的内容相对固定的报表和数据可视化看板等。定制内容包括从基础指标中产生的衍生指标、业务运营或其他的数据产品根据用户临时需要而制作的定制化报表和数据看板等。

区分这两种方式的原因，在于满足这两类诉求所需要的成本完全不同。对于通用内容，大家有足够的时间和精力来做分析和维护，并且可以比较容易地预估实现所有需求所需要的总投入。另外，这些成本一旦投入进去，在比较长的时间内就可以持续产生价值，因为业务的模式在比较长的时间里相对稳定。

比如，三大会计报表对于企业的财务分析来说，就是通用内容。其中需要用到哪些数据指标、涉及的数据量有多大、在什么时间点需要看到结果等，这些信息可以提前预估。因此大家能够在资源有限的前提下，尽可能地合理安排资源，完成数据处理并满足全部诉求。

而定制内容则完全相反，大家无法提前预知资源的占用情况，更无法预知完成计算之后对业务提供的价值有多大。特别是一些探索性的数据分析，占用了较多的计算资源，得出的结论的价值却可能很小。不过，数据分析中那些不断探索边界、贡献意外价值的部分也存在于定制内容中。因此，大家也需要为定制内容提供足够的支持，否则整个数据分析将会变得僵化，得不到发展。

在实际工作中，大家可以通过结合通用内容与定制内容，利用这两种不同的方式来实现所谓的 PMF（Product Market Fit，即“产品与市场匹配”）。

首先，大家需要考虑通用内容与定制内容的投入和产出。通用内容的成本投入主要包括一次性的人力投入和可以预估的计算和存储资源投入。与可控的成本对应的就是可预见的产出，它只能作为了解业务大致情况的工具。对于这种可控的成本投入，可以采取各种方式将其压缩到更少，比如计算任务降级、采用更适合批量计算的计算引擎、通过梳理数据表之间的“血缘关系”重新规划计算过程并减少重复计算等。

而对于定制内容，特别是对实时性要求比较高的定制内容（如果只是定制报表或数据看板，通常可以接受 D+1 日的数据内容，也就是“看昨天的数据”，而“交互式分析”的场景就不同了），主要的成本投入是人力资源，如数据分析师或工程师，以及不可预估的计算和存储资源。因此，对于定制内容，大家需要从计算性能和数据量方面来考虑，比如采用更适合快速计算的计算引擎、先对数据进行抽样再对样本数据进行计算等。

其次，从长期发展看，也可以让通用内容与定制内容之间形成互补的关系。一方面，不断从定制内容中提炼出共性转变为通用的报表或者看板，而只将通用内容中存疑的部分作为定制内容加以验证。这样就能控制住定制内容的范围，不会使其无限制地扩张。另一方面，可以尽量在已经计算出结果的通用数据的基础上，再进行定制数据的计算，而非直接从底层数据开始数据计算。

比如，如果大家已经针对业务建立起自己的指标体系，那么就应当优先在指标数据的基础上，通过指标进行加、减、乘、除等简单运算来构建衍生指标。这种方式就要比直接从底层数据计算节省更多计算资源。

### 6.1.3 离线分析与在线分析

离线分析与在线分析的区别，主要在于分析结果反馈的时效性。离线分析指的是在提交数据请求之后，间隔一段时间再回来查看结果。这个时间间隔，从几分钟、几小时到几天不等。而在线分析，需要在提交数据请求之后尽可能快地反馈计算结果，通常不超过一分钟。

笔者在上文中提到的定制数据报表，通常采用的就是离线分析的方式。由于离线分析从请求提交到拿到结果的时间间隔较长，加入实时数据的意义不大，因此通常不会混用实时数据和离线数据。在实际应用中，比较常见的是使用 D+1 日的数据内容制作数据报表或数据看板。

对于离线分析，大家可以加入一些比较复杂的计算逻辑，让系统有更多的时间来处理这些计算。同时，系统对资源的掌控也有更多的主动权。当许多计算任务集中出现，或者出现了一个占用大量资源的计算任务时，可以通过调度系统来协调计算任务之间的执行顺序，避免由于一个任务出现问题而导致所有后续的任务无法完成。

当然，对于数据分析来说，离线分析也有许多不足之处。比如，如果一个计算任务出现了问题，只有在整个计算过程完成之后，大家才能发现其中的问题。可见发现问题与提供结果一样不及时。因此，在实际工作中，如果大家要采用离线分析的方式来制作报表，通常需要用较小规模的数据量先验证数据的计算逻辑，之后再使用全量数据做成常规的报表。并且，离线分析也只适用于固定内容的批量计算，做成一些数据内容基本固定的报表，无法临时根据分析思路做调整。

与离线分析相比，在线分析的优点就比较明显了，这也是各种第三方数据分析平台致力于发展的方面。从用户体验上，在线分析带来的所谓“交互式分析”就已经压倒了离线分析的方式。

对于数据计算量的问题，大家可以采用笔者在上文中提到的数据抽样的办法。如果确实需要用户“多等一会儿”，为了提高用户体验，通常会明确告知用户当前的处理进展，如使用带完成百分比数的进度条、逐项任务标记完成等。

此外，离线数据和在线数据又可相应地称为“冷数据”和“热数据”。形象地理解，就像冬天大家在发动汽车时需要一个预热的过程一样，对于那些长时间不用的数据，大家可以选择单独存储，并使用性能稍差的存储介质；而对于那些需要经常使用的“热数据”，则使用性能更好的存储介质。

### 6.1.4 全量与抽样数据

随着互联网业务的发展，数据量已经成为一个不能绕开的话题。当大家轻松地谈论各种“花哨”的数据分析方法时，其背后对应的惊人的数据计算量，早已超出了技术系统所能承受的范围。

特别是对于上文提到的定制内容和在线分析场景，有时只是希望在数据上进行一些探索性的尝试，但确实需要用到许多数据内容，导致计算量超大。特别是大家热衷于分析的用户行为数据这个类目，需要的数据量尤其巨大。这个时候，一个可以参考的办法就是进行数据抽样。

比如，如果大家的一项尝试实际涉及超过 500 万用户在过去 12 个月中的相关行为数据，并且用户的每一次点击或者滑动屏幕都被记录为一条数据，大家可以想象自己面对的数据量是一个多么庞大的数字。如果对研究的结果不是很确信，那么在全量数据上进行尝试就是一件很浪费资源的事情。大家可以让数据分析师或运营人员在数据产品中选择抽样，如先用 10%甚至 5%的数据量来试算。当然这里一定要做到随机抽样，以保证样本数据的代表性。

如果试算结果还不错，那么数据分析师或运营人员就可以通过系统页面上的功能来逐渐提高抽样的比例，在更大的数据量上再次验证。当然，通过这种比较“明显”的方式向用户提示了数据量的变化，相应的数据计算耗时也会增加，也就不会很影响用户体验了。

## 6.2 业务中的数据形态

在 6.1 节中笔者讨论的是技术与业务之间的配合方式，并介绍了关于配合方式的几个方面。本节则开始具体地关注业务层面能够提供的数据。这些数据的形态，也会决定是否能够满足业务层面的诉求，以及使用哪种技术手段来实现更合理。

在数据形态上，大家主要考虑以下三种数据。首先是元数据，这些元数据保留了数据的业务含义，并可能存在更新、替换等情况，因此需要对元数据进行管理。

接下来大家要关注的是离线数据。离线数据是在数据分析过程中经常用到的一类数据。笔者将会在本节中讨论离线数据与数据集的特点，并且针对在哪些场景中适合应用离线数据，给出一个初步的判断标准。

最后要关注实时数据。这类数据是一类更具“想象空间”的数据。在当今的数据应用中，很多令人耳目一新的应用，都以实时数据为基础。而要使用实时数据，大家就不得不面对数据流这一新的数据形态。同样，针对实时数据，笔者也会给出其适用场景的初步判断标准。

### 6.2.1 业务理解与元数据

关于元数据的问题，笔者早在第 2 章就提到过。元数据的来源是核心业务数据，而元数据的作用就在于帮助大家理解业务数据并维持系统的正常运转。

元数据具有两层含义。狭义的“元数据”就是用来描述其他数据的数据。出于存储空间、计算性能等方面的考虑，大家在将客观世界中的信息存储到数据库中时，要对其进行编码，并只存储这些人为设计的编码。常见的案例如用户性别中的“男”和“女”按照“1”和“0”来记录，地区采用区号记录，国家采用国家编码来记录等。可见，如果缺失了元数据，那么海量数据就将变得毫无意义，谁也弄不明白这些“1”和“0”代表什么意思。

另一个案例是第 5 章中的通用行业数据仓库模型。这些通用的行业数据仓库模型，几乎都采用了维度建模，并建立了许多“维表”。其中存储的内容，就是这些编码与实际的业务概念之间的对应关系。通过关联这些维表，大家就能在必要的时候将那些不知所云的编码再转换成容易理解的业务概念。

广义的“元数据”，指的是除那些核心业务数据以外，其他用来维持系统正常运转的数据。比如，数据库中的 Schema 信息、数据平台的用户权限信息、数据处理任务之间的依赖关系等。

这其中就包括笔者多次提到的数据表的“血缘关系”。特别是在发现数据问题的时候，如发现多个名称差不多的指标，在数值上却有明显的差异，这时就要追查它们分别是如何计算出来的。比如，围绕用户的信息来源于与用户相关的数据表，围绕用户行为的信息来源于业务流水或其他数据表等。最终，两个不一样的指标值，很可能来自多张表的多项数据，并通过它们计算出来。如果缺少了“血缘关系”这类元数据，那么对于这类问题大家就无从查起了。

这些帮助大家“理解数据”的数据，可以笼统地归类到“语义元数据”，是大家在做数据分析的过程中常见的一类元数据。除此之外，还有面向系统的、需要大家遵守的“语法元数据”等。

同时，在数据平台的设计和搭建过程中，“元数据管理”（Metadata Management）是一项相当重要的工作。元数据管理既要支撑系统层面的应用（如数据查询时的关联），也要支撑实际用户的查询需要。为了方便用户查询，有时会单独设计一个“数据字典”的模块，用来存储所有狭义和广义的元数据内容，并提供方便的查询功能。

### 6.2.2 离线数据与数据集

笔者在讨论离线分析和在线分析的时候，已经谈到关于离线数据和在线数据的问题。因此，大家对离线数据的应用场景已经比较熟悉了，主要是那些“不着急”和“已确定”的场景。

比如，大家在业务运营的过程中经常用到数据日报、周报和月报这种定期报表的形式。这种报表兼备了“不着急”和“已确定”的特点。一方面，只要按时提供数据就好，而不是着急获得结果的临时性需求。另一方面，其各方面的信息已经基本确定。

关于“已确定”的特点，第一是时间点已经确定，所以大家可以有条不紊地安排所有的相关工作，哪怕过程比较复杂也不怕；第二是内容已经确定，这为数据加工的过程屏蔽了很大一部分风险，而且需要投入的资源总量也随着内容确定而确定下来；第三是处理方式已经确定，这样的报表基本已经不再需要每次分配人力来完成，而是通过全自动的方式完成，所以这种报表的边际效益其实很高——不是因为它能够提供多么高价值的洞察，而是因为边际成本几乎为零。

另一些离线数据的应用场景，未必直接与各位运营人员或者业务人员相关，比如，大家通过离线学习方式训练的机器学习模型，其中就包括上文内容中提到过的推荐系统中用到的模型。这样的模型自身更新频率比较低，而且是确定的，这就与离线报表本身对数据计算和更新的诉求差不多。所以很容易理解为什么这样的模型训练过程使用离线数据就可以实现。

对于离线数据，比较常见的存在形式是“数据集”（Data Set），也就是“数据的集合”。数据集自身的突出特点是“有界”（Bounded），也就是其中包含的数据内容的范围是确定的。或者，大家也可以从单个数据的角度理解——“有界”就是某个数据项是否属于某个数据集，这是一件确定的事情。笔者在上文中提到的那些离线报表，之所以认为它们是“已确定”的，是因为这些报表用到的数据内容的范围是已经确定的。一些数据查询的结果、大家保存到 Excel 文件或者文本文件中的静态数据等，都可以算作数据集的范畴。

### 6.2.3 实时数据与数据流

与离线数据相比，实时数据的应用场景都透着一种“紧迫感”。比如，大家需要以分钟甚至以秒为单位，监控系统处理数据的能力、监控业务转化率（特别是那些支撑业务核心环节的转化，如支付）等。在这样的场景中，大家就不能再像处理离线报表那么“安逸”了，需要一切以节省时间和“快”为目的。因此，相比于离线报表中的大量已界定范围的数据内容，实时数据的报表中会包含大量与时间相关的内容。

比如，在对接实时数据需求的时候，大家就特别关心这样的问题：数据的更新周期是多久？按照哪种含义的时间来计时（创建时间、更新时间、删除时间或其他业务含义的时间）？如果本该属于某个时间段内的数据，因为系统计算延迟或者网络传输延迟而“迟到”了，大家应当怎样处理？类似这样的问题，是实时数据的“特色问题”。当然，实时数据本身也会关心数据内容的过滤和计算等问题，除非受到时间范围的影响，否则与离线报表差别不大。

可见，实时数据追求的是时效性，也就是“快”。为了快，大家可以放弃一些离线数据比较“在意”的东西。比如，大家可以接受一些数据不是最终状态（如订单状态）的数据，因为实时数据的更新周期确实太短了（相对于业务流程的更新周期）；大家可以接受接收到的实时数据不够完整，如前面提到的由于系统和网络延迟，数据“迟到”的情况，这样的数据在一些处理办法中会被直接“扔掉”；大家也可以接受接收到的实时数据没有那么“精准”，毕竟在实时数据对高速传输和计算有很高要求的情况下，再加上实时数据以数据监控为主要场景，太高的精准度并没有意义。

实时数据的主要存在形式就是“数据流”（Data Stream，也称“流数据”“流式数据”等）。数据流也可以形象地理解为数据像流水一样源源不断地产生并“流向”目的地。这种理解方式就很直观地透露出数据流的一些特征。

首先，数据流中的数据内容是源源不断地随时产生的。大家并不能提前知道数据会在什么时候产生，也不能确定在未来一段时间内具体会产生多少数据内容。只能通过从历史数据中总结出的规律，大致做出预测。在分析离线数据的时候，大家分析的是“已确定”的历史数据，因此能够确切地知道需要的数据是否都已拿到，并且在知道自己已拿到哪些数据的前提下，可以“信心满满地”进行后续的数据加工。

但是对于数据流则不同，大家无法知晓一个确定的数据范围，除非已经收集到所有的数据了。比如，大家要计算的不再是用户最近两笔订单之间的时间间隔了，而是一种“限时限量”的抢购——总共 1000 份，先到先得。那么，当任何一位用户产生新订单时，大家都需要立即获取到并开始计算是否已经达到了 1000 笔订单的总量限制。

当越来越多的用户不断产生新订单的时候，这些订单的数据就形成了“流水”，开始“涌”向大家了。在这种情况下，确实还会产生很多新问题。比如，如果同时产生的订单太多了，系统根本不可能及时地处理每一条订单数据，应该怎么办呢？

上文案例中遇到的问题，结合大家对数据流的形象理解，引出了数据流的另一个特征，就是“无界性”（Unbounded），其解决办法也就是想办法破除这种“无界性”。

这种“无界性”与数据集的“有界性”形成了天然对比。无界性指的就是虽然在概念上大家能够笼统地指明一些数据，如“今天产生的订单数据”，但是其范围是无法确定的。可能是 10 笔，也可能是 10 万笔；可能只与 10%的商品相关，也可能与全平台的商品和用户都有关；可能很多，也可能很少……总之大家无法预先知道。这种情况，就削弱了做数据加工的“信心”，因为大家不再是基于完全确定的信息来设计方案了。关于这种复杂情况的处理，笔者在第 8 章中结合具体的引擎再继续讨论。

## 6.3 业务中的技术问题

在 6.1 节和 6.2 节中，笔者讲解了通过技术满足业务诉求的方式，以及能够从业务层面获取到的数据。在本节中，笔者将继续前两节的内容，探讨在业务中可能遇到哪些与数据相关的技术问题。

随着业务的发展，首先表现出来的将会是数据量激增的问题。这里的数据量问题与笔者在本章第 1 节中讨论的数据量问题不同。这里大家要考虑的不是从数据应用角度导致的数据量大，而是从业务发展和数据沉淀的角度产生的必然的数据量增大。相应的处理方式也有所不同。笔者在本节中就讨论如何应对这种问题。

其次，在业务发展越来越快的背景下，大家很快就会开始面临大量历史数据不再“有用”的问题。之所以加引号，是因为这里的“有用”如何定义，同样是一个挑战。笔者将考虑对“有用”进行定义的方法，也就是关于数据价值的定义方法，并针对具体的应用场景，给出使用“陈旧”数据的方案。

最后，笔者将探讨一个关键性的问题——数据安全。在本节中，笔者将会讨论几个与数据安全相关的重要概念，并且给出几种常见的数据安全管控方法。这些将会融入数据产品的设计和搭建过程中。

### 6.3.1 数据量激增问题

数据的体量越来越大，这是无法改变的事实。从积极的角度看，是因为大家可以将更多东西数字化了，原来不能想象的照片、语音、视频这些东西现在都可以存储在计算机里；同时，即使是简单的数据形式，如文字、数字等，由于各种传感器的普及和数据传输能力的增强，也在以越来越快的速度来到大家面前，如前几年比较火热的各种运动手环。

虽然这种数据激增的趋势确实在短期内造成了一些麻烦，不过这些情况表现了大数据积极发展的一面，需要大家积极思考处理方案。当问题形成“一坨”而无法有效解决的时候，就需要“分而治之”。这与数据分析的思路相似，最容易想到的办法，就是“分”，包括分级、分层、分批地处理数据。

#### 1．分级、分层、分批

“分”是一种基本的应对大规模数据的处理办法，在很多具体的实施方案中都能看到它的影子。“分”之后再“合”，便能实现对海量数据的处理。

关于大数据，“数据仓库”（Data Warehouse，通常缩写为 DW，也写成 DWH）这个概念一定要提到。“数据仓库之父”——Bill Inmon 给出的数据仓库的定义是“数据仓库是一个面向主题的、集成的、相对稳定的、反映历史变化的数据集合，用于支持管理决策”。

- **面向主题的（Subject-Oriented）**：数据仓库中的内容并不是杂乱无章的“纯粹”的数据，而是面向主题的、与业务含义高度相关的数据内容，这样才能实现支撑管理决策的目的。
- **集成的（Integrated）**：数据仓库不是一个虚设的逻辑概念，而是将数据汇集在一起的实际存在的数据集。它需要把原有的分散的数据进行抽取、清理，并在这些处理的基础上进行加工、汇总和整理。
- **相对稳定的（Non-Volatile）**：在数据仓库中，最主要的数据操作是查询。在根据数据进行决策的过程中，几乎全部是数据查询操作。修改甚至删除这些操作则很少被用到，有时这些操作甚至是被禁止或严格控制的，以保证数据安全。
- **反映历史变化的（Time-Variant）**：数据仓库记录了企业在过去一段时间

内的相关数据。这个时间周期可能很长，从几个月到几年甚至更长。而时间序列分析也是管理决策中的重要分析手段。

从这四个方面看，大家仍然会觉得数据仓库是一个很庞大、很复杂的概念，根本无法进行数据计算和数据分析。特别是“集成”这个特性，就直接地反映了其中包含的海量数据。

接下来，笔者就来介绍数据仓库的数据计算部分通常是如何分层管理数据的。在常见的数据仓库设计中，整个数据仓库中的数据被分为五个层次。下面笔者一一介绍。

- **ODS**（Operational Data Store，操作数据层）：ODS 层是计算的基础，再往下就是“集成”的数据采集过程了。因此，在 ODS 层中保存的是直接从其他系统采集过来的最原始的数据，ODS 层也是数据粒度最细、记录最详细的一层。
- **DWD**（Data Warehouse Detail，明细数据层）：DWD 层是在 ODS 层基础上，根据业务逻辑对 ODS 层中的数据进行初步整理而形成的明细层。
- **DWB**（Data Warehouse Base，基础数据层）：DWB 层是在 DWD 层的明细数据基础上加工而来的，有些数据仓库的层次中并不包含这一层。这一层存放的是一些业务含义的指标，为此需要对 DWD 层中的明细数据进行一些初步的汇总，来计算出基础指标。
- **DWS**（Data Warehouse Summary，汇总数据层）：DWS 层是在 DWB 层（或 DWD 层）的各种基础指标之上进行的一次汇总。它会进一步对分散的数据内容进行整合，并有可能舍弃一些与具体业务非常贴近的维度，而保留那些更为通用的维度和指标。
- **ADS**（Application Data Store，应用数据层）：ADS 层属于个性化定制的一层，主要服务于各种具体的应用场景。因此，这里存储的数据通常不会是通用性的内容，而是按需定制的。

在将数据仓库中的所有数据计算按照以上这些层次区分开之后，大家就可采取“按需计算”的方式了。比如，有些数据采集了却暂时无人使用，那么大家可以将它们放在 ODS 层，而不需要送往更高的层次加工；如果有些数据需要使用相对明细的内容，给负责一些具体业务的人员用来做数据分析，那么就可以只加工到 DWD 或者 DWB 层，而不需要再向上汇总；如果是涉及企业或团队层面的、相对通用并且宏观的指标，如收入、费用等，那么可以一直加工到 DWS 层甚至是 ADS 层。

通过这样的分层处理，大家就不需要每次都应对所有数据，可以按照需要灵活地分配计算和存储资源。

### 2. 并行与分布式

要想进行并行处理，首先要有更多的人参与进来。同样，要想对数据进行并行计算，首先要有更多的资源加入进来，并且这些资源之间相互独立，可以分头执行任务。因此，并行与分布式这两个概念是分不开的。

当今的集群也有很好的“横向扩展”能力，可以根据需要，加入更多的计算资源参与数据计算过程，从而高效地支撑业务和管理决策过程。

关于并行与分布式的问题，笔者将在第 8 章进行详细讨论。

### 3. 查询优化

前两方面讨论的都是关于系统设计的问题，也就是通过良好的系统设计来支撑海量数据的处理。接下来笔者要讨论的就是应用层面的问题了，也就是可以通过使用者来解决的海量数据处理问题。

首先要提到的就是查询优化。各种计算机语言的灵活性，决定了要得到同样的结果，大家可以有许多种方案来选择。比如，大家在查询数据的过程中使用的 SQL（Structured Query Language），要得到同样一份数据，就有许多种编写方式。自然地，有些编写方式的执行效率更高、更省资源，而有些方式则比较“笨重”，需要耗费大量的资源和时间才能得到结果。如果大家使用 Python、Scala 这些流行的、更强大的程序语言来处理数据，那么相对于 SQL，会有更多可优化的点。

需要注意的是，查询的优化除了与使用的查询语言高度相关，还与所使用的计算引擎高度相关。比如，大家可以轻松找到大量优化 MapReduce 的查询性能的方法，但这些方法并非对所有的查询引擎都有效。

当然，这些问题在数据产品的设计阶段就要解决，特别是面向普通的、非技术背景的用户，应当屏蔽这些实现和优化细节。而对于一些相对“专业”的用户，如熟悉 SQL 或 Python 语言的数据分析师，可以做的就是尽量补充查询过程分析和提升自动优化的能力。

#### 4. 必要的舍弃

最后，并非事事都可以追求完美。当大家确实遇到了能力边界时，必须做出必要的舍弃。越是明确的数据诉求，越是能够清晰地评估大家可以满足到什么程度。

在舍弃方面，大家可以考虑从三个方面来节省资源。首先是数据的精度，这不仅影响数据计算，也影响数据存储。如果还涉及数据的可视化呈现，那么还会影响可视化的效率，尤其是在用户自己使用的计算机性能较差的时候。

其次，大家可以适当减少进行计算的明细。笔者在上文中提到的抽样的方式是一个不错的解决办法。类似的还有缩短时间周期、减少类型，或者大家可以考虑对不同类型分别计算然后再汇总在一起的办法。

最后，有一些特定的计算十分耗费资源，如不加筛选的数据查询、大范围内的排重计算等。如果条件允许，从需求层面就需要多了解需求方的实际分析场景和分析意图，以便决定是否确实有保留这些复杂计算的必要。

### 6.3.2 如何处理“陈旧”的内容

如果大家正在搭建一个面向企业内部的数据平台，是否经常为费了很大力气才实现的复杂需求却没有被高频地使用而心怀不满？的确，如果不加管控，这种情况会很常见。

比如，一些临时性的、探索性的数据分析需求，本身确实耗费巨大，但是也只是在研究探索这种很短的过程中需要反复查看，过后就没有了反复查看的必要。

再比如，在一些日常报表（主要是“通用化报表”）的指标中，不乏计算量较大的指标，如 MAU——对于一些业务规模比较大的产品来说，MAU 这种计算时间长又需要去重计数的指标，需要很大的计算量。同时，用于查询的 SQL 语句或者其他查询逻辑，受编写者能力的影响，其本身的质量就参差不齐。这也是造成计算量增大的常见原因。

但是，对于由基础指标组成的日常报表，最高的查看频率差不多是 1 次/天，偶尔出现了问题会多看几次。而对于 MAU 这种指标，查看频率在很长一段时间里都不会产生较大波动，可能都不需要每天看 1 次。但是如果等到确实要查看的时候再进行计算，又会让用户等很久。

类似这种数据计算的技术实现与业务意义存在冲突的地方，可以通过“数据生命周期管理”（Data Life-Cycle Management）这一整套策略来进行有效的管理。“数据生命周期管理”的着眼点，是从数据产生并在最初被存储下来开始，直到数据被删除为止的整个过程。

在数据生命周期的初期，也就是数据刚刚产生并被存储下来的时候，数据的使用频率最高、重要性最高，因此应当使用高速存储，确保数据的高可用性。这个阶段的数据，基本就可以归属于“热数据”了。但随着时间的推移，数据越来越“陈旧”，其重要性也就会逐渐降低，随之而来的就是使用频率下降。最终，这些“历史数据”再也不会有人用了，可以将它们归档保存，以备一些临时性的需要。这与大家在工作中观察到的现象基本一致。

因此，为了防止处在不同生命周期阶段的数据混在一起，大家应该区分出数据的级别，根据分级来决定其存储和使用方式。这样可以合理地分配有限的计算资源和存储空间，以降低管理成本和资源开销。比如，笔者在上文中提到的“热数据”和“冷数据”（或者“热数据”“温数据”和“冷数据”），就可以看作是一种分级方法；“分级存储管理”（Hierarchical Storage Management，HSM）也是一种基于分级的数据生命周期管理的策略。

除了针对存储和计算等技术层面的策略，还包括一些应用层面的策略。比如，大家根据数据看板和报表的查看频率、查看时间分布等情况，来决定是否需要进行预计算，或者是否需要继续保留这张看板或者报表的相关计算任务。如果一个看板或报表长时间无人使用，那么看板或报表本身连同相关计算任务都可以进行停用和归档处理。

### 6.3.3 数据安全问题

除了数据的可用性和数据处理的效率，数据安全也是业务层面比较关心的问题。数据安全本身可以拆分为两部分，一方面是通过组织规章制度和工作流程来保证的数据安全，另一方面是通过技术手段来保证的数据安全。

接下来，笔者从数据安全的定义入手，来逐步介绍保证数据安全的常见方法。

### 1. 关于数据安全的几种视角和定义

数据安全如何定义？这个问题看似简单，如果深究起来，给出一个准确的定义却不是一件容易的事。数据安全通常包括以下三个方面的内容。

- 机密性（Confidentiality）：“机密性”通俗的理解就是“将正确的内容提供给正确的人”。这方面是人们讨论比较多的方面，覆盖了业务层面的组织规章制度和工作流程，以及较上层的技术方案，如权限控制和数据加密。
- 完整性（Integrity）：“完整性”更多是从数据内容角度来讲，比如，大家常说的重要数据应当进行备份，在使用之前先对数据进行校验等。
- 可用性（Availability）：“可用性”是从数据使用者的角度提出的，如数据分析师、运营人员等。保证数据的可用性，意味着要让数据在它应该出现的场景中发挥价值。

本部分的内容主要围绕“机密性”展开。那么围绕着数据的机密性，大家又如何理解“数据安全”这个概念？

首先，别人看不到是最安全的，换言之，就是上文那句“将正确的内容提供给正确的人”，这里可采取的方法是“访问控制”。其次，别人看不懂也是安全的，这里可采取的方法是“加密”。最后，在数据有意义的时间和空间范围内无法破解也是安全的，这里通常的办法是“优化加密算法”。

### 2. 数据的机密性与分级

要想切实有效地管理数据，就不能“胡子眉毛一把抓”。因此这里又用到了“分”的方法。

首先，按照数据内容描述的主体，可以将数据分类，包括关于用户的数据、关于业务的数据、关于企业自身的数据、关于合作伙伴的数据等。按照数据一旦出现风险对企业的影响程度，可以将数据从大到小分为几个级别，并针对不同的级别分别制定管控方案。

比如，大家可以按照数据泄露会对企业造成的损失，将数据安全分为经典的五级——无影响、轻微影响、中度影响、较重大影响、重大影响。之后，大家可以根据企业能够承受的经济损失的范围，给这五种分类分别约定相应的损失范围。最后，就可以将现有的数据按照这五个级别对号入座了。

同时，一些在技术上领先的企业也有一些成熟的方案值得大家参考。如 Google 公司的分级方法，如图 6.1 所示。

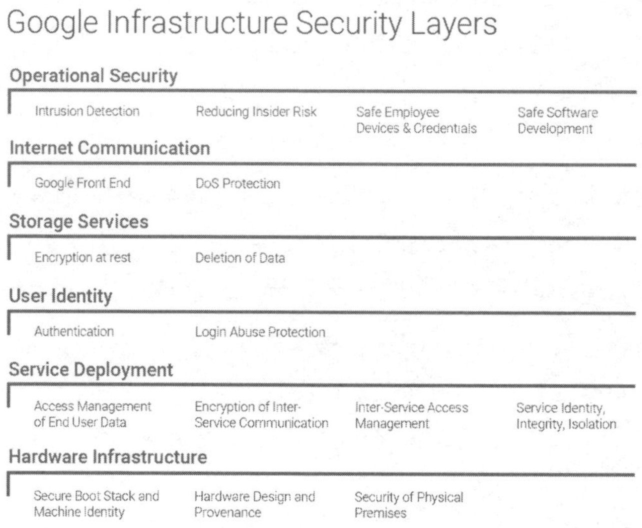

Google Infrastructure Security Layers

Operational Security
Intrusion Detection
Reducing Insider Risk
Safe Employee Devices & Credentials
Safe Software Development

Internet Communication
Google Front End
DoS Protection

Storage Services
Encryption at rest
Deletion of Data

User Identity
Authentication
Login Abuse Protection

Service Deployment
Access Management of End User Data
Encryption of Inter-Service Communication
Inter-Service Access Management
Service Identity, Integrity, Isolation

Hardware Infrastructure
Secure Boot Stack and Machine Identity
Hardware Design and Provenance
Security of Physical Premises

图 6.1　Google Infrastructure security Layers（Google 基础架构安全层级）

这张图是 Google 公司的基础设施安全分层的示意图。图中共分了六个安全层次来保证基础设施安全，从下至上分别是硬件基础设施、服务部署、用户认证、存储服务、网络连接和操作安全。其中每一层又分别由几项措施来保证安全。大家在考虑自己的数据产品时，也可以将技术系统的部分按照这六个层次拆开，分别设计相应的安全措施，来保证整体的系统安全。

### 3. 数据安全的管控方案

大家在将数据分好安全等级之后，就要针对那些确实能够造成损失的重要数据内容，采取一些保证安全的措施了。常见的措施包括以下几种。

1）架构上的隔离

这是最简单直接的办法。大家可以使用专门的服务器（物理方式），或者在现有的集群中划分出来一个区域（逻辑方式），专门用来存储和处理敏感的数据内容。在一些对数据安全和系统安全要求极高的场景中，这些用来存储敏感数据的服务器甚至根本不接入互联网，从而形成物理上的隔离。

如果需要使用其中的数据，或者需要向其中补充新数据，只有通过经过严格检测的介质，比如，必须将要存入的数据刻录成光盘，再对光盘内容进行严格的病毒扫描等，才允许将数据复制到服务器上。

这种方式几乎可以杜绝已知的各种数据安全风险，但同时成本也极高。并且对于常见的数据内容来说，其泄露风险并不会达到这种程度。因此，只有极少数的数据内容会采用这样的方式进行安全保护。对于大家在工作中经常接触的那些数据，则更多采用下面的两种安全管控手段来保证其安全。

2）RBAC 基于角色的访问控制模型

“基于角色的访问控制模型”是在设计平台产品的权限管理模块时比较常用的一种权限设计思路。类似的设计思路一共有三个。

**基于对象的访问控制**（Object-Based Access Control，OBAC）：基于对象的访问控制是一种一维的访问控制设计思路。它要描述的是具体的用户与具体的元素之间的关系（允许访问或不允许访问）。也就是大家通常在分配权限的时候经常问的“你要看什么”或者“你要用什么”等。这种管理方式的工作量，将会随着内容的增加和用户量的增加而激增。

**基于任务的访问控制**（Task-Based Access Control，TBAC）：它对系统中现有的元素进行了一次抽象，使其变成了一些与组成工作流的任务相关的元素。在大家分配好权限后，随着工作流的推进，不同用户所拥有的权限会发生变化。

**基于角色的访问控制**（Role-Based Access Control，RBAC）：与前两个设计思路都不同，基于角色的访问控制模型对用户进行了抽象，为用户设计了不同的角色。角色代表了一些能够完成特定职能的抽象的人。当用户“扮演”某种角色（即成为角色的成员）时，就获得了与这个角色相关的访问权限；而当这位用户不再“扮演”这个角色（即不再是角色的成员）时，自然也就失去了与角色相关的访问权限。

由此看来，如何梳理出一套合理的“角色”，就变成了实施 RBAC 的重要问题。比较容易想到的解决方式，就是通过现有的组织架构，来映射出几种常见的角色。比如，在互联网企业中，“管理者”“产品经理”“产品运营”“研发工程师”“视觉设计师”“数据分析师”等职位本身就可以作为角色来使用。

3）敏感数据加密

最后，对于敏感的数据，各种访问控制已经不能让大家放心了，需要从数据自身着手来直接确保安全。这就可以采用对敏感数据进行加密的方式来实现。

大家经常在登录、身份校验等环节用到所谓的“密码”，但是这种场景中的密码实际应当称作“口令”（Password），通常用于访问控制，并不是加密。直观地理解，“加密”过程就是将原本能够阅读的数据内容，转变成无法直接阅读的数据内容，以保证数据的安全。

平常大家接触较多、也相对比较安全的数据加密方法，就是“非对称加密”（Asymmetric Encryption）。这里的“非对称”，指的是用于加密数据和用于解密数据的信息不同。在“非对称加密”中，用于加密的信息称为“公钥”（Public Key）。公钥可以交给任何希望传递秘密信息给自己的人，因为使用公钥加密之后的数据，不能再使用公钥解密。而用来解密的信息称为“私钥”（Private Key）。公钥与私钥是成对的，只有使用配套的私钥，才能读取经过公钥加密的数据。

在实际应用中，比较常见的加密应用场景，是对数据库中的某个包含敏感数据的字段进行加密，或者对整个数据表的内容进行加密。之后，只有有能力破解密码的人，才能够读取数据的内容。

## 6.4 本章小结

本章正式开始尝试将业务上的诉求与技术系统的问题之间进行关联。作为数据产品经理，这项工作可能每天都要做很多次。毕竟，对于数据这样一个既包含业务又包含技术的元素，做数据产品的人有责任在业务层面与技术层面之间架好“桥梁”，保持信息通畅且一致，从而建立良好的沟通氛围。

在本章中，笔者从技术系统实现业务诉求的几种常见方式，讲到了业务层面的数据在技术层面的形态，并讨论了一些在业务场景中常见的数据技术问题。大家需要了解这些问题产生的原因，并提前通过数据产品的方式给出相应的解决方案，避免问题再次发生。

本章在全书中起到了过渡的作用，为笔者在下文中讲解与技术相关的内容做好了铺垫，同时也给一些技术问题赋予了实际的业务价值。

# 第 7 章

## 必要的技术基础知识

关于技术层面，有一个有趣的案例。如果大家看过电影《降临》(Arrival)，那么对其中语言学家尝试与外星人沟通的桥段一定有印象。在普通人眼里，这不过是一个简单的问句——“你们来地球的目的是什么”。而语言学家为了与外星人建立语言上的沟通，做了如下拆解。

- 什么是一个“问题”，是期望“以获取回应的形式来请求信息”。
- 单指的“你”和复指的“你们”之间是有区别的，我们不想知道为何某个外星人来到这里，而是为什么它们都来了。
- 想要弄清对方的“目的”，前提是对方先有对目的的理解，也就是说外星人是否会有意识地做出选择。抑或外星人只是受自然而然的直觉动机的控制，因而根本没有“为什么”这种概念。

这种场景是否似曾相识？当大家将一个自认为“很简单”的需求提交给技术人员的时候，很可能就会发现其实事情并没有大家想象得那么简单。这其中的原因就在于，技术人员最终需要与计算机和代码打交道，在这个过程中需要非常精确地描述任何一种东西，需要照顾到所有的情况，并且需要逻辑严谨，才不会出错。

要从技术层面了解具体应当如何满足业务的诉求，需要先确保大家已经对技术系统的基本逻辑有了足够的了解。不过好在，市面上已经有一些关于这个主题的书籍，并且通过搜索引擎也能够方便地搜到自己需要的技术知识。所以，本章尽量做到言简意赅，将一些可能影响到数据层面的技术知识做一个介绍。

同时，笔者希望本章的内容更加具有“时效性”。如果笔者直接开始介绍某一种语言或者具体的方案，那么按照技术世界的更新速度，这一章将会很快失效，并且与产品经理日常的实际工作内容也不相符。产品经理的日常工作主要是关于技术的部分，更多是在评估其可行性。这种工作当然可以通过沟通解决，但是如果能够独立完成初步的判断，将会更加高效。而有一些经验的产品经理可以开始预估大体的研发工作量，经验丰富的产品经理可以与技术经理讨论实现方案或人员安排。

因此，笔者会从更概括的框架和逻辑的角度介绍一些技术层面的概念和设计理念，从而使大家对一些技术方案的优劣有一个大致的判断。

在第 6 章中，大家已经进入技术的层面，开始考虑一些技术层面的问题。在技术领域经过了过去十多年的高速发展之后，如今大家已经觉得技术几乎是“万能”的。但这仅限于感觉，因为技术有自己的做事方式和限制条件。只有在遵守这些条件的前提下，大家才能使技术发挥作用。

因此，在本章中笔者暂时抛开数据产品和围绕数据产品的具体技术实现，从更宽泛、更宏观的角度，讨论一些技术的发展和“原则”。这些将帮助那些对技术特性不了解的朋友建立对技术特性的感觉，并帮助大家更好地理解后续的各种具体的技术实现。

在本章中，笔者首先从产品的技术结构讲起。不同的技术结构，决定了产品在以不同的方式运转。更具体地说，它决定了大家将以不同的方式获得数据分析中需要的数据。

其次，笔者从计算机“做事”和代码“理解”事物的方式入手，讲解两种影响深远的抽象事物的方法。最后，当大家都在大谈特谈模块化、组件化的时候，笔者也介绍一些将产品从技术层面进行模块化的思路。

## 7.1 产品的技术结构与“技术世界观”

在第 5 章中笔者提到了“数据世界观”问题，讨论的是客观世界中发生的事情，究竟有哪些能够最终反映到数据上。本节关注的是“技术世界观”，也就是大家站在更笼统的“技术”的视角下，来观察客观世界是怎样的。同时，这两种“世界观”关注的问题是类似的——由于种种原因，产品中的某个模块，并不能获知充斥整个产品的数据。同样，有限的技术方案并不能满足无限的需求。

比如，如果没有专门的实际数据传递过程，那么在功能型产品中负责处理数据的那个部分（常称作“后端”，或者“Server 端”等）不可能知道用户在页面（即产品中的“前端”，可能包括了客户端的 Client 或浏览器端的 Browser 部分）上做了什么事情。

为了解释这其中的原因，笔者将讲解当今数据产品的两种经典技术结构——Client/Server 和 Browser/Server。这两种模式决定了大家在产品的某个功能模块中能够得到什么数据。最后，为了与上文中的“数据世界观”相呼应，笔者将探讨数据上的局限性在技术层面如何解释。

### 7.1.1 Client/Server 结构

“Client 端”通常指“客户端”，它的存在形式通常是一个在用户手里的、“实实在在”存在的、可以运行的程序。典型的客户端，如 QQ、钉钉、Word、Excel，还有手机上常用的微信、抖音等 App。

它们的特点就是，在技术实现上与平台高度相关——针对什么平台开发，就只能运行在该平台上。针对 Windows 操作系统开发的客户端就不能用在 macOS 操作系统上（或者需要借助特殊软件）、针对 Android 操作系统开发的客户端就不能用在 iOS 操作系统上。或者更极端，针对 PC 开发的 Word 版本不能安装到 iOS 系统的 iPhone 上。

这是 Client 端的局限性，也就是当大家希望将产品推广到更多用户手里，但是用户又在使用多种多样的平台的时候，大家就需要追加技术资源投入，根据不同的平台来分别开发不同的版本。

当然，这样做也有好的一面，通过这种针对性极强的方式开发出来的客户端，通常能够更有效地利用平台的资源。毕竟对彼此的特性都十分熟悉，一些不足之处也可以避免。但仍有一些情况，由于需要适配的情况或平台版本众多，导致需要的研发和测试资源较多。如果公司发布的 App 产品包括 Android 平台，相信大家能够理解笔者所说的话。在 iOS 和 Android 发展的早期（大约 2010 年前后），Android 系统对众多机型的适配问题，当属 Android 系统交互体验不够流畅的重要元凶。当然，现在随着系统自身逐渐成熟，同时各大手机生产厂商也都在根据自家的产品定制操作系统，情况有了很大改善。

在研发人员编写好 Client 端的代码之后，需要经过一个叫作“编译”（Compile）的过程。因此，这些用来编写 Client 端的程序设计语言，又被称为“编译型语言”（Compiled Language）。比如，大家经常听到研发人员谈论的 Java、C++等。这个过程就类似于，在本章开头的部分，语言学家向外星人诉说自己的问题的过程。只不过这里是研发人员在向计算机诉说希望 Client 端实现什么功能。

### 7.1.2 Browser/Server 结构

随着 Web 技术的发展，人们发现了 Browser/Server 结构（如果没有很清晰的概念，可以笼统地理解为 PC 上的网站、微信公众号等这样的平台，可简写为 B/S 结构）相对于 Client/Server 结构（可简写为 C/S 结构）的优势。在 B/S 结构中，主要采用的都是“解释性语言”（Interpretive Language），包括 HTML、CSS、JavaScript 等。其实，在数据分析中用到的很多语言都是解释性语言，如 Python、R、Matlab 等（常说的“脚本语言”也是解释性语言的一种）。

解释性语言的优势在于：一方面，它与具体的硬件没有太大关系，主要与用来展示页面的浏览器软件或者嵌入 App 中的浏览器组件有关。而且更好的消息是，虽然浏览器软件有许多种，但是许多浏览器都在使用类似的“内核”，也就是浏览器最核心的那部分，而这才是影响页面的重要因素。相比于浏览器软件，“内核”的数量就大大减少了，常见的内核有 3~5 种，最多不超过 10 种。由此带来的低维护成本是很诱人的。

另一方面，解释性语言不存在所谓的“编译”过程，经过修改的功能几乎可以立即进行体验。这使得大家可以轻松地向用户发布新功能，而不需要用户重新从应用商店下载新版本的 App。

B/S 结构的这些特性，为互联网产品的快速迭代带来了新的驱动力和无限的可能。使用 HTML、CSS 和 JavaScript 实现的产品就具备这样的特性，包括 HTML 5 移动 Web 页、微信公众号中的页面等。

但是，B/S 结构也有自己的缺点。毕竟在一部手机中，浏览器或者某个 App 只能占用很少的一部分资源，这就导致 B/S 结构的产品在需要处理大量数据时，需要特别考虑性能优化的问题。同时，由于大家不能直接掌控手机上的存储、计算等各种资源，也会导致类似的性能问题。

而且，如果采用了 B/S 结构，那么关于手机本身的许多信息，大家就不可能在页面的功能中“直接”拿到，而是需要通过浏览器软件或嵌入 App 当中的浏览器控件来做“中转”。这一中转就比较容易出问题，如数据层面的缺失、不一致等。

### 7.1.3 产品的“技术世界观”

在上文中笔者介绍了 C/S 结构和 B/S 结构自身的优势和劣势。当然，聪明的人不会做这种简单的“二选一”，而要“兼顾”，取长补短。因此，现在的许多 App 都不是纯粹的“Native App”（也就是采用“编译性语言”编写的功能部分，包括 Android 的 Java 和 iOS 的 Swift 等），也并非纯粹的“Web App”，而是在“Native”的主体框架中添加一些嵌入的“Web”的功能模块或页面。这种“混合”型的 App 还有一个专属名词，叫作“Hybird App”。

这就结合了两方面的特性。App 的主体框架仍然采用“Native App”的方式开发，主要考虑操作的性能、基本数据的收集、稳定性等。而一些临时性的、多变的页面（如活动页面、营销页面、宣传页等）则更多采用 Web 的方式开发，以便追求快速和灵活多变。

但是，如果大家从数据采集的角度看，用户在使用这两种形式的功能时，面临的问题则完全不一样。

在“Native”功能部分，要实现数据的采集相对比较容易，只需要在功能中加入相应的数据采集模块，如用户的滑动、点击、页面内容的加载、出现问题时的错误提示等，这些数据内容大家都可以轻松地拿到。同时，由于“Native”功能与手机的操作系统（Android 和 iOS）高度结合，想拿到一些关于手机自身的信息也比较容易。（当然，出于隐私考虑，系统会对这种信息采取必要的安全控制措施，因此按照常规方式，只能拿到针对特定用途的 ID，如 iOS 的 IDFA。）

对于使用 Web 方案实现的部分功能，想要收集到用户行为的数据内容则会受到许多限制，毕竟想要获得关于手机的信息需要浏览器的“中转”。不管是浏览器软件还是 App 中嵌入的浏览器控件都有一些自己的规则，如数据的长度限制、定期清理和更新机制等。这些都会给数据采集带来麻烦，就好像大家仅凭浏览器 Cookie 就很可能无法识别当前的用户一样。

因此，如果大家拿一款移动端 App 的“技术世界观”来举例，那么对于“Native”的功能模块来说，手机的操作系统允许访问的数据就是这个模块能够“知道”的所有情况。对于“Web”的功能模块来说，嵌入的浏览器控件能提供的全部内容，也就是这个功能模块能“知道”的全部内容了；至于系统中产生的其他变化，对于这些功能模块来说根本就不存在。比如，手机自身的系统升级、照片或其他文档的变化等，除非浏览器提供，否则这些信息对于“Web”功能模块来说就是不可知的。

## 7.2 代码理解世界的“做事思路”

在 7.1 节中，笔者介绍了数据产品的两种经典技术结构、它们各自的优势和劣势，以及它们在数据获取方面的特点。不过，不管是 Client 还是 Browser，都是比较笼统的概念，其中有一些具体的功能需要实现。因此，本节的内容则更加深入计算机系统自身的逻辑之中，来探讨这些功能如何实现。

在本节中，大家需要从程序代码的视角，来看待那些日常熟知的业务过程。通过这部分内容，大家将逐步熟悉程序代码如何“理解”和“思考”问题。

笔者将会探讨两种常见的针对业务问题的认知方法——或者应该说是两种认知哲学——面向过程与面向对象。这两种认识问题的方法不仅仅是研发人员才需要关心的内容。事实上，当大家想要通过一款产品或者一个功能模块来解决一个业务上的问题时，也需要类似的思路来认识这个问题，并对问题进行拆解。之后才能更好地将这些认知传递到技术系统当中。

### 7.2.1 面向过程

大家不要被“面向过程”这个看似深奥的概念吓到了。所谓的“过程”，其实就是把要做的一件事情（一个功能）拆解为几个要完成的步骤或任务，拆解之后的代码逻辑与笔者在第 5 章中介绍的流程图类似。基于这样的理念进行编程，就称作“面向过程编程”或“面向过程程序设计”（Procedure-Oriented Programming）；相关的程序设计语言，也被称作“面向过程语言”（Procedure-Oriented Language）。

在“面向过程”当中，负责执行步骤或完成任务的是“函数”（通常翻译为“Function”）。因此，一个问题是否能够顺利解决，以及是否解决得足够好，就取决于对这些“函数”的设计了。这套概念由 Edsger Wybe Dijkstra 于 1965 年提出，整体的思想是通过“自顶向下、逐步求精”的方式来解决一些问题。

同时，在整个“过程”的推进中，还需要一些必要数据进行支撑。比如，大家想改变页面上轮播图中某一帧的图片。类似这样的功能，通常都会由一些运营平台来实现。接下来笔者就来介绍如何实现这个过程。

首先，大家需要在本地选择一张图片，并上传到服务器。在这个过程中，“上传”是一个重要的核心功能；而作为支撑的数据，包括图片在本地的保存目录、上传后保存的目录。同时，为了方便后续使用这张图片，通常上传之后还会自动解析图片的尺寸、文件名、文件格式等相关信息。因此，“解析”就成为第二个核心步骤；支撑的数据包括服务器上的图片文件目录，以及产出的图片尺寸等数据。之后，“替换”就成为第三个核心步骤；主要的支撑数据包括服务器上的图片文件目录、要替换的轮播图和帧数、跳转链接、生效时间等。

通过以上的方法，大家就使用“面向过程”完成了更换图片的整个功能。笔者在上面提到的“上传”“解析”和“替换”这三个步骤，由一些代码逻辑组成的算法实现。因此，大家可以将整个“替换轮播图中某一帧的图片”这个功能，理解为一个“算法+数据”的组合。并且不难发现，在“面向过程”的程序设计中，更重视“算法”的部分，也就是更关注整件事情是如何一步一步地做完的。

相信到这里，大家已经对什么是面向过程有了一些了解。接下来笔者再稍微拓展一部分，在“面向过程”当中，定义了三种基本的“做事顺序”，称为三种基本结构，包括顺序结构、选择结构和循环结构。

#### 1. 顺序结构

顺序结构是一种简单的基本结构，就是直接按照顺序执行。笔者在讲解流程图的时候提到，如果在整个流程中，每个环节都只有唯一的前置流程和唯一的后续流程，那么整个流程就可以认为是一个顺序结构了。

#### 2. 选择结构

选择结构通常跟条件表达式结合起来使用。当满足条件时，采取一种行动；当不满足条件时，采取另一种行动。

笔者还用在上文中讲到的更换轮播图图片的案例。如果某天运营人员开始抱怨——每次都要上传图片好麻烦，而且已经上传过的还要上传，这个功能设计得不合理啊！于是，大家就可以在这里加上一种条件选择，只有当已经上传的图片不符合要求（尺寸、格式等），或者用户主动要求上传时，才跳转到上传的页面；否则就让用户直接选择现有的已经上传的图片。这就是一个典型的选择结构。

#### 3. 循环结构

最后一种基本结构是循环结构。循环就是一遍一遍地重复做一件或者几件事情。当然，大家并不希望这个循环永远这样进行下去。因此，循环结构中也会使用条件表达式来控制循环。当满足条件时，继续循环；当不满足条件时，终止循环。比较常见的是以循环次数作为条件，一旦达到了预期的次数就终止；还有一些循环结构是把一些更具有业务含义的数据作为条件。

### 7.2.2 面向对象

与“面向过程”对应的，就是“面向对象”（Object-Oriented）。基于这种思路进行程序设计，就被称作“面向对象编程”（Object-Oriented Programming）。如果没有面向对象编程，可能也就不会有那个极具调侃意味的提示框“找不到对象”了。

“面向对象”关注的不再是“做一件事需要几步”，而是“在这件事中究竟有几种概念、它们分别有什么特性”这样的问题。将一个问题中具有类似特性的概念归为一类，就叫作“类”（Class）；而“类”中每个具体的概念，就变成了“对象”（Object）。

笔者还以更换轮播图图片为例来讲解，不过这次大家需要关注的不再是究竟需要几步了，而是先研究事件里面有哪些概念。首先，图片的“上传”，乃至将来任何问题的上传，都是一个相对独立的概念，而且有自己独特的属性。于是，大家可以设计一个叫作“上传器”（Uploader）的类。其次，轮播图本身作为一个通用组件，它自己也应当自成一类，就叫作“轮播图”（Slider）类。至于“解析”的过程，如果只是在上传的过程中做一次，那么完全可以当作 Uploader 的一部分，在这里笔者就打算这样做。

在大家划分出概念之后，就可以对在上文中提到的一些支撑数据进行划分了。其中关于上传文件的目录，都可以由 Uploader 来管理；关于轮播图的图片保存目录和帧数，都可以由 Slider 来保存。划分好数据之后，还可以划分用来更新数据的功能。其中上传文件的功能可以作为 Uploader 的“upload”功能，更换图片的功能可以作为 Slider 的“change”功能。

经过这样的划分，整个更换的过程就变成了由 Uploader 完成上传，再由 Slider 完成自身图片的替换。

最后，笔者将面向过程与面向对象做个对比。面向过程更关注概念和概念之下的数据部分；完成了概念和数据的划分之后，再赋予不同的概念一些改变数据的算法。如果用日常工作中的概念来映射，面向对象就像是在团队内做分工——先明确大家负责的目标是什么，再由每个人发挥自己的能力来实现目标。面向过程就像一个勤奋的执行者——一心只想着如何把一件事从头到尾做完。

## 7.3 系统的基本模块化

在 7.2 节中笔者讨论了两种解决问题的思路，分别是面向过程和面向对象。在本节中笔者要讨论的是一个与技术相关、也与产品本身的设计高度相关的概念——“模块化”，或者叫作“组件化”。模块化的提出帮助大家将一个庞大的系统或者一项复杂的业务，拆分成几个部分，使大家能够清晰地理解其运作原理。

提到模块化，大家首先想到的可能是技术层面的模块化。在多人协作完成的大型系统中，这是必然的趋势。但同时，就如上文所讲，这与产品的设计也高度相关。如今的产品，即使是在酝酿 MVP 的新产品，可能也包含了不止一个模块。更何况，只有做好模块化，才能从中选出适合加入 MVP 的关键模块。另外，大家平时接触的产品中的电商板块、社交板块等，也是一种模块化。

特别是对于数据产品这种与技术高度相关的产品分支，模块化更是十分重要的一环。而且数据产品在模块划分上，也有很大的相似性，一般都是根据数据准备、数据计算、数据应用等主要场景来划分，再用一些具体的功能模块来不断丰富每个场景的内容。

大家平时在做产品的模块化、组件化设计时，也同样可以参考上文提到的面向对象与面向过程的思维方式。

第一种模块划分方法，就是按照做事本身的流程来进行划分，也就是“面向过程”的思维方式，将每个核心的流程作为一个重要的模块。这样设计出来的产品，更像是一条“流水线”，数据在各个功能模块之间不断传递，并被各个模块进行加工，直到得到最终想要的结果。

这种设计方式比较适合各个模块之间交互不多的情况。比如，企业内部的各种审批流程，每个流程独立存在，之间很少有互动。因此，每个流程都可以进行单独的设计，之后再使用同一套执行工具来负责执行即可。

第二种模块划分方法，是按照“面向对象”的思维方式进行划分的。它的特点是能够适应模块之间交互比较频繁的场景。这是目前更常见的一种业务场景。在这种问题面前，大家需要将各种功能转变为平台化的“能力”。如笔者在上文中经常提到的数据采集、计算、存储这些就是基本的能力。至于这些能力要解决什么问题，就由平台承接的业务来决定。

同时，这种模块划分方式也适合多个部门或者团队合作的场景。大家可以将每个团队需要的数据内容和可以完成的工作进行一次“封装”，之后只需要考虑团队之间的合作方式就可以了，而不需要具体地关心每个团队内部如何运作。

当然，随着技术的发展，每个企业或团队可能提出一些更适合自己的模块化方案。这些方案将帮助企业或团队借助有限的人力、物力等资源，实现价值最大化。

## 7.4 本章小结

本章的内容从更加偏向技术的角度出发，为笔者在下一章中具体介绍一些技术框架做了前期的铺垫。

本章的内容主要围绕一些技术中的思维方式和核心思想展开，通过进行比较找出了这些思维方式和核心思想之间的差异。这些思维方式对于技术人员来说就太浅显了，几乎没有学习的价值，但是对于那些对技术系统了解不多的朋友来说，则可以算作是了解技术世界的“敲门砖”。

其实技术与业务之间是相互促进的关系。大家在下一章中具体学习技术框架的时候，会更深刻地体会到这一点。许多突破性的技术创新，背后都有巨大的市场和业务需求在推动。当然，技术本身也有许多方面走在了业务的前面，可能再过几年人们才能发现其真正的价值所在。

# 第 8 章

## 常见大数据技术框架

技术的发展与业务的发展是相辅相成的。业务层面对技术的要求不断提高，就促使技术不断更新换代；而技术的不断更新，也给人们探索新的业务和产品形态创造了空间。

因此，当大家在尝试去了解一些与技术高度相关的内容时，不妨从它们出现的时代背景和面对的市场诉求出发。通过这两方面的内容准备，大家就能在进入纯技术的世界之前，从宏观的层面了解一项技术解决问题的基本思路和遇到问题时的价值取向。这样就不会一开始就被不断冒出来的具体技术内容扰乱思路，并能够很快地迈过技术这道“门槛”了。

笔者在第 7 章中已经对一些技术系统和程序设计语言做了基本的介绍。在本章中笔者继续介绍一些在数据产品中常用到的技术框架。

本章的第 1 节，主要为大家梳理了常见大数据框架想要解决的问题及其关注点。关注点和面对的问题不同，表现出来的具体解决方案当然也会不同。这也决定了不同的框架都有自己的适用场景，对于“谁能替代谁”这样的问题不能一概而论。

第 2 节具体介绍了一些常见的大数据技术框架。在这些大数据框架中，以 Apache 软件基金会中的一批顶级项目最为常见，同时笔者也补充了一些由其他公司开发的大数据框架产品。

## 8.1 大数据技术框架的几个关注点

在本节中笔者要介绍的是大数据技术框架在设计时的几个关注点。在设计大数据技术框架时，对这些关注点进行的主次排序和取舍，决定了不同的大数据技术框架表现出不同的特点。并且，随着技术的发展和业务诉求的不断变化，在未来可能还会出现新的关注点，并由此产生更多、更新颖的技术框架来满足这些诉求。

下面笔者就从四个方面分别介绍关注的内容是什么，以及其对框架的设计会造成怎样的影响。这四个方面可以认为是常见的考量角度了，包括数据量、数据结构、数据到达方式和时效性。它们分别对应了现实中的数据多、结构杂、到达乱、诉求急的现状。通过本节的内容，大家会将这些业务层面的诉求，变成数据层面的问题来进行讨论。

### 8.1.1 多——数据量

既然是“大数据框架”，顾名思义，“数据量巨大”这个特性一定比较突出，应对这种特性也是很多技术设计的初衷。数据量的变大主要影响了存储和计算这两个方面的工作。

存储的问题容易理解，就是数据量越大，“占的地方”越多，需要更多存储空间。需要的存储空间变多了，自然成本也就变高了。不仅如此，数据量增大对存储造成的压力还会延伸到数据安全的方面。因为在数据量较小的情况下，一份备份需要的存储空间并不大。但是当原始数据的数据量变大之后，备份的数据量也会跟着增大。根据备份策略的不同，可能备份需要的空间是原始数据的几倍以上。

再有就是计算的问题。比如，大家在做用户运营和增长时，经常要看 DNU 这个指标，表示“每日新增的用户数”。笔者在这里暂且不深究“新增”的定义，假设在一张数据表中，大家已经标记了哪位用户是当日的新增用户，如表 8.1 所示。

表 8.1 每日新增用户表（样例）

| 日期 dt | 用户名 user_name | 是否新增 is_new |
|---|---|---|
| 2019-01-24 | 张三 | true |
| 2019-01-24 | 李四 | false |
| 2019-01-24 | 张三 | true |
| 2019-01-23 | 张三 | false |
| 2019-01-23 | 李四 | true |
| … | … | … |

那么，在这张表中，如果大家希望得到 2019 年 1 月 24 日的 DNU，计算的过程是怎样的呢?

- 首先，定位到这张“每日新增用户表”（即 SQL 语句中的“FROM”子句）；
- 其次，判断每条数据的“日期”列是不是“2019-01-24”，之后再判断“是否新增”列是不是“true”（即 SQL 语句中的“WHERE”子句）；
- 最后，计算符合条件的记录中，到底有几位用户；如果样例中出现了重复的记录，还要去除重复的记录（即 SQL 语句中的“SELECT”子句）。

通过这个计算过程不难看出，整个计算过程的工作量涉及一个关于数据量的“函数”——随着数据量的增加，计算过程的工作量也会增加。

为了解决这个问题，工程师们想出了一对解决方案，即并行和分布式。

经常了解大数据相关内容的朋友，对这两个解决方案一定不会陌生。“并行”指的是原来必须依次执行的一组任务，现在可以同时进行，以便达到缩短总体时间的目的。很明显，这个方案的核心，就是通过一定的方法解除任务之间的依赖关系，让一些任务可以同时进行。这个解决方案用现实生活中的案例就很好理解。比如，大家在小学的数学课中就开始接触的一类“时间规划”问题——为了准备一顿午饭，需要完成表 8.2 中所列的各项任务。那么最短需要多久才能把一顿午饭准备好呢？

**表 8.2　一顿午饭中不同任务的所需时间**

| 任　务 | 所需时间 | 任　务 | 所需时间 |
|---|---|---|---|
| 洗锅 | 1 分钟 | 炒青菜 | 3 分钟 |
| 放米和水 | 2 分钟 | 烧鱼 | 12 分钟 |
| 煮饭 | 20 分钟 | 煲汤 | 10 分钟 |

根据生活常识，大家会知道洗锅、放米和水、煮饭这三件事需要依次完成；但煮饭和炒青菜、烧鱼这些就可以并行。当然，这个题目本身并不严谨，如炒青菜和烧鱼是否能够与煮饭同时进行，每个家庭可能有不同的答案。

同样，在大家需要应对海量数据的时候，需要将整个处理过程拆分成一些能够并行的“单元”，如笔者将在下文中提到的 MapReduce 编程框架，就把每一次的数据计算拆分成了若干个 Map 任务和若干个 Reduce 任务。而且这种拆解方式逻辑严谨，不会像做午饭的案例一样，出现歧义的情况。当然，MapReduce 编程框架用到的不仅仅是并行和分布式，笔者在下文中再具体讲解。因此，通过并行的方法，大家就从任务执行顺序的角度解决了数据量带来的任务数量激增的问题，缩短了完成等量任务所需要的时间。

但是，大数据量带来的不仅是时间问题，还有资源占用的问题。每一台服务器的硬件资源是有限的，并且它的能力上限决定了一台服务器最多能存储和同时处理多少数据。那么随着数据量的增加，每个任务需要处理的数据量会很快触及这个上限，连执行一个任务的资源都不够了，更不要说通过并行同时处理几个任务了。因此更多的任务就只好等着前面的任务完成再进行了。大家在使用电脑时也会出现类似的情况，同时处理几个内容繁多的文档或电子表格，电脑就会进入假死状态。

这个问题就引出了分布式的解决方案。一台服务器无法处理那么多数据，就分发给更多服务器一起处理，最后再合并处理结果。它们之间还可以进行相互的数据备份，保证数据安全。这就是“分布式”的理念。

既然工作不是在一台服务器上完成的，那么在多台服务器之间，就需要有一个协调的角色存在，管理多台服务器的工作进度、处理冲突和同步等问题。Apache 旗下的 Zookeeper 可以用来做协调，相当于“定规矩”，为分布式中的各个节点提供权威性的信息。Hadoop 2.x 版本开始加入的 YARN 则用来管理资源，相当于“做事情”，把要进行的计算实际地“安排”下去。

多台服务器同时处理数据，这又是一种“并行”。所以说并行和分布式的组合，才成为了处理海量数据的完整方案。如果大家去看一些大数据技术框架的介绍，经常会看到这样一个特性，叫作“横向扩展”（Scale-Out）。横向扩展指的就是将机房里的一台台服务器抽象出来，让上层的数据计算逻辑与实际的物理服务器解耦；等到了计算资源不足的时候，通过简单地增加服务器，就能解决资源有限的问题，而不需要因为新加入的服务器资源而改动原来的计算逻辑。云服务平台提供的“ECS”（Elastic Compute Service，弹性计算服务），要解决的也是类似的根本问题。

### 8.1.2 杂——数据结构

在上文中笔者讲解了应对海量数据的解决思路。但是，大数据时代需要应对的不仅是单纯的数量增加，数据的“种类”也增多了。表现出来，就是大家拿到的数据的样子不一样了，也就是数据结构不一样。

首先快速了解“数据结构”是什么。关于数据结构，有一个简短的定义——数据结构是计算机中存储、组织数据的方式。如果大家觉得这个简短的定义还不够直观，请看图 8.1。

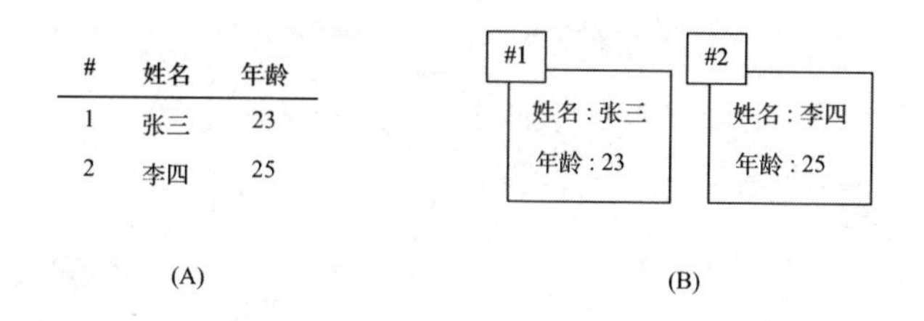


图 8.1 不同的数据结构

图 8.1 展示了两种组织信息的方式，虽然它们能为大家提供相同的信息，但是由于组织信息的方式不同，大家存储和使用数据的方式也不一样。

### 1. 数据异构

在实际中，各种原因都可能导致最终拿到的数据出现异构的情况。一般来说，数据异构主要有以下三种情况。

第一种数据异构，是数据源之间的数据异构，主要表现形式就类似于图 8.1 所示的情况——相同的数据内容被按照不同的方式保存下来。当大家需要对接多个数据源获取数据时，这种情况很容易发生。

要解决这种异构的问题，如果数据源在团队的控制范围之内，当然是通过整体的规划和设计，尽量让数据组织方式保持一致，避免额外的数据清洗工作。但是更多情况是大家无法控制数据源的输出格式。

比如，为了获得一款 App 的准确运营数据，可能会选择接入多家第三方的数据分析平台，以便相互之间进行数据核对（如神策数据、GrowingIO 等），那么从不同平台获取的数据很可能就存在不同的数据结构。这就要求大家在实际存储获取的数据之前，先要进行数据清洗和必要的加工，将数据结构调整一致之后再存储下来。

第二种数据异构，是同一项数据选择了不同的数据类型来存储。比如，在产品运营和产品分析中，大家经常要用到一些与用户相关的信息，在存储的时候就有可能使用了不同的数据类型。

- 用户的性别，在有些数据表中使用“0”和“1”来标记，并用“NULL”表示未知，而有些数据表则直接存储为“男”“女”和“未知”。
- 用户的生日，在有些数据表中是一个日期类型的字段，在有些数据表中则是一个按照“YYYY-MM-DD”格式存储的字符串，如“1993-12-13”。

- 其他的类似情况还有地理位置是经纬度坐标还是联系地址、手机号是 11 位数字还是加上了字符串等。

这种异构容易发生在内容有重叠的数据表之间。最直接的解决办法，就是在使用数据的时候，先将来自不同数据表的数据转换成相同的数据类型，再进行后续的计算。而要从根本上避免这种情况的发生，就需要进行一些提前的设计工作。对于那些公用的数据内容，小到一个业务流程中各个环节之间公用的数据，大到不同业务、不同产品之间公用的数据，都可以提前约定命名、存储和使用方式。这样做的好处是能够长久地保证数据的一致性，为后续的数据分析和其他应用铺平道路。

第三种数据异构，是由数据内容和含义导致的数据异构。这种情况在进行用户分析和研究时尤其常见。比如，笔者在上文中已经提到的“用户画像”和“用户标签”这样的工具。

- 基本的人口统计学标签：“男性”“30~35 岁”“上海市”等。
- 基于业务属性的标签：“活跃用户”“高价值用户”“已流失用户”等。
- 基于算法或模型的标签：“高转化概率”“高流失概率”等。

可想而知，每位用户对应的标签可能都不一样。比如，甲、乙、丙三位用户可能就分别对应了不同的标签（通常称为“命中标签”）。这种情况就同大家从前遇到的数据不大一样了，它的复杂性在于，不仅是命中的具体标签不一致，就连命中标签的数量都不一致。如下面这样：

- 甲 -> [男性]
- 乙 -> [女性, 高价值用户]
- 丙 -> [已流失用户, 上海市]

上面几种情况虽然都出现了数据异构的问题，但是经过一定的调整之后，大家最终可以拿到结构一致的数据。但是在第三种情况里，这种异构恰好反映了用户之间的差异性，这种分析结论也是大家希望看到的结果。那么，如何存储这样的数据，就变成一件富有技巧性的事情了，并且需要一些技术底层的革新才能够应对。如笔者在下文中要讲到的 Key-Value 型数据库，就能比较好地应对这种异构数据。

如果一定要采用类似关系型数据库的方式存储这些多变的数据，可以考虑采用以下两种方案。

方案 A，使用预留字段，也就是在建立数据表的时候，提前创建一些用途不确定的字段，用来兼容这种内容可多可少的情况。这种方法相当于“用空间换时间”，通过提前预留出额外的存储空间，来保证原有的数据获取逻辑不改变。

方案 B，采用“窄表”的方式存储，也就是将每一位用户与用户标签的对应关系作为一条记录来存储，等需要用到的时候再提取出来。这种方式相当于“用时间换空间”，也就是牺牲实际使用时的计算耗费，来保证顺利存储数据。

### 2．常见存储模型

数据格式的多样化，首先对数据存储的方式提出了挑战。如何才能存储下这些结构不同的数据呢？如果大家坚守原有的数据存储方式，通过额外的数据清洗来完成数据结构的调整，势必会给整个系统带来更大的计算压力。为了更好地解决这样的问题，技术领域也在对数据存储技术不断革新，来适应各种新的数据应用方式对数据存储的要求。

接下来笔者介绍几种当今常见的“数据存储模型”（Data Storage Model）。为了方便讲解，笔者统一使用表 8.3 中的数据作为样例。

表 8.3　数据存储的样例数据

| id | name | gender | age | city |
|---|---|---|---|---|
| 1 | 张三 | 男 | 23 | 北京 |
| 2 | 李四 | 女 | 25 | 上海 |

1）行式存储

关系型数据库（Relational Database Management System）是大家在学习数据库时较早接触到的一类数据库。其基础为关系模型，如 E-R 模型（Entity-Relationship Model，实体关系模型）；在存储模型方面，采用了行式存储（Row-Based）。典型的关系型数据库包括 MySQL、Oracle、DB2、PostgreSQL、Microsoft SQL Server 等产品。

关系型数据库的基本单元是记录，也就是表的“一行”。记录存储在一个个数据表里，每个数据表都有自己的名字。表中的每个字段（也就是表的“一列”）也都有自己的名字，并且限定了数据类型（数字、字符串、日期时间等）。表中的任意一条记录，都需要符合表对字段的要求。SQL 语句是关系型数据库的“好朋友”，用来从数据库中获取数据，也可以用来调整数据库自身，如新建或删除数据表等。

在关系型数据库的行式存储中，数据表按照行来存储，一行存下了再存另一行。如表 8.3 呈现的样例数据，在关系型数据库中的存储形式如图 8.2 所示。

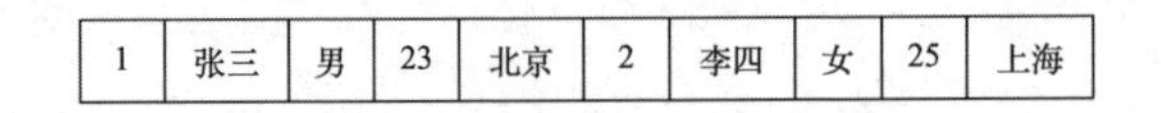


图 8.2　行式存储的样例

同时，为了保证数据一致性，关系型数据库中还有严格的约束检验和事务机制，如年龄字段的数值必须大于等于 0。当新的数据不满足约束时，不会被成功写入；当需要写入多条记录时，如果其中某一条失败了，那么之前所有写入成功的记录也将“回滚”（也就是“撤销”的操作，需要延伸了解“事务”的概念）。

因此，由于基于记录的行式数据存储方式和各种严格的校验及保证机制，关系型数据库更适合于小批量的联机事务性数据处理，而当面对当今互联网领域的大数据量存储、高并发读写、易于扩展等需求时，就不那么适合了。

2）列式存储

与关系型数据库的行式存储相比，列式存储（Column-Based）的最大的不同就是改变了数据存储的“顺序”——从一行一行地写入存储介质，变成了一列一列地写入。因此，基于列式存储模型研发的数据库系统，也称作“列式数据库”。典型列式数据库包括 Sybase IQ、HP Vertica 等。

比如，表 8.3 呈现的样例数据，进行行式存储就按照图 8.2 所示的方式存储，而进行列式存储则是按照图 8.3 所示的方式存储。

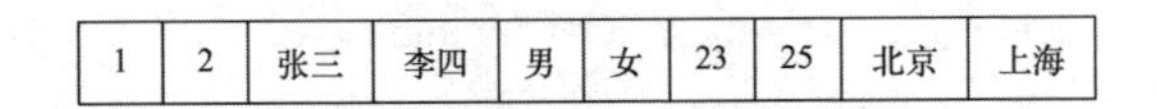


图 8.3　列式存储的样例

那么，既然已经有了关系型数据库的行式存储，为什么还要发明列式存储呢？大家来看一个具体场景。比如，当大家想获得张三这个用户的所有信息时，只需要在数据表中定位到“name=张三”这个位置，之后一直向右就可以获取关于“张三”这个用户的所有信息了，也就是完整地取出了“一行”。这个时候，显然在关系型数据库中完成这个工作更容易，在列式存储的数据库中反而要“跳来跳去”地取数据（如图 8.3 所示）。

但是，在大家做数据分析的时候，并不是每次都要获取一个用户的所有信息。比如，大家只想看到 DAU 这个指标，也就是经过一些条件过滤之后，大家只需要根据用户 ID 进行去重计数就可以了，并不需要后边的姓名等额外信息。

在这个场景下，如果大家坚持使用关系型数据库的行式存储，反而要“跳着”取数据了。当然，计算机系统还没有人类这么“聪明”，当面对这种情况时依旧是每次把一整行的数据全部取出来，但是只使用其中的用户 ID 信息，额外占用的资源就这样浪费掉了。

而列式存储应对这种取数方式就比较有优势，只需要找到用户 ID 这个字段开始的位置，并一直向右取数据就可以获取所有需要的用户 ID 了。显然列式存储这种“不取无用数据”的方式，在只需要一部分字段的数据分析场景中更节省资源。

3）键值存储

键值存储（Key-Value 存储，简称 K-V 存储）是一种 NoSQL（Not Only SQL）的存储方式，字面理解就是“非结构化”的存储方式，泛指“非关系型数据库”。由此扩展出一类 Key-Value 数据库。典型的 Key-Value 数据库包括 Apache Cassandra、Apache HBase、Redis、MemcacheDB、Google BigTable、Amazon SimpleDB 等。

当然，对于 Key-Value 数据库中的内容，大家仍然可以借助一个“数据表”的方式来直观地理解，因此笔者仍然使用表 8.3 中的数据举例。以 Key-Value 存储的方式存储下来的表 8.3 中的数据如图 8.4 所示。

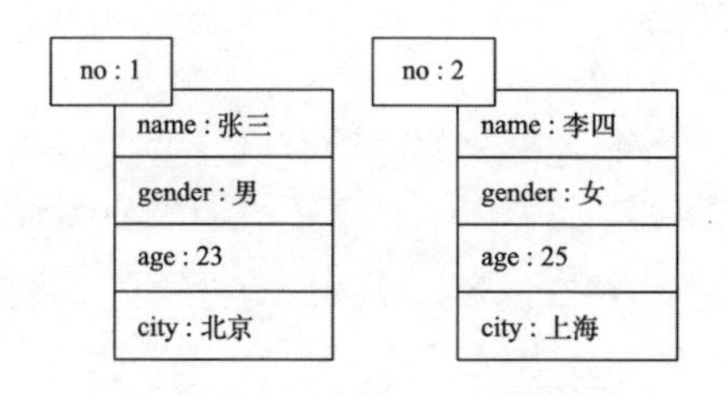


图 8.4　Key-Value 数据库存储数据的方式

可见，用 Key-Value 存储的方式来存储数据，数据就被转化成了一些“键值对”（Key-Value Pair）。正是因为 Key-Value 存储这种存储方式的特点——Key 部分只存储了“名字”，而具体数据被放到了 Value 的部分，所以从宏观上并不能直接判断出数据库中存储了什么数据，以及需要的数据存在哪里。而关系型数据库的表结构定义（有哪些字段、字段的数据类型是什么等）就很好地做到了这一点。

因此在使用上，Key-Value 数据库通常都需要指定明确的 Key 才能高效地得到想要的数据，不然就要直接扫描整张表以便逐个查找。

但 Key-Value 数据库的存储方式也有自己的好处。如上文中提到的用户标签数据，每个用户的标签可能都不一样。这个在关系型数据库中的难题，在 Key-Value 数据库中就相对容易解决了。

4）其他类型

剩余的两种存储类型是文档存储和图存储。

行式存储、列式存储和键值存储三种存储方式，分别把数据切分成了行、列和键值对。而在文档存储和图存储中，顾名思义，数据自然是被切分成了文档（Document）和图（Graph），其中图由简单的顶点和边组成。文档数据库包括 MongoDB、Apache CouchDB、SequoiaDB、RavenDB 等；图数据库包括 Neo4J、GraphDB、OrientDB 等。

这两种存储类型在应对特定的问题时，都能发挥出自己的优势。文档数据库在面对包含层级关系的数据时就比较有优势，如文章、文章中的作者和评论内容、作者的姓名和 ID 等；图数据库更适合应对错综复杂的关系，在社交、物流、金融风控等领域中都有很大优势。

### 8.1.3 乱——数据到达

在理想状态下，当大家需要做一些数据分析，或者利用部分数据实现业务增长的时候，数据已经“乖乖地”在那里等大家了。但是现实可能并不是这样。特别是当大家的分析工作需要经过清洗、加工和一部分计算的“整洁”数据时，很可能得到的数据与大家想象的样子完全不同。

抛开数据处理和加工的过程不谈，在大数据时代，数据不仅在数量和形式上千差万别，其到达的方式也有许多情况。比如，当大家想要分析前一天产生了多少位新增用户时，通常经过一整天的数据积累和一整夜的自动化 ETL，才能准备好大家需要用到的数据。

但是，在另一些场景中，大家完全等不及经过一天的时间才看到数据。比如，用户的行为数据与业务的转化漏斗。当用户打开 App 或者公众号之后，每一次的滑动、点击等行为，都会有行为数据产生，大家需要立即记录下来。

再比如，当大家使用一些短视频类的 App 时，大家为一段视频点赞、将一段视频分享到朋友圈、关注一位用户，都在产生着行为数据和业务数据。可能下一分钟甚至下一秒，App 就要根据众多用户的点赞和转发情况来决定如何排列热搜榜、高赞榜等榜单中的视频了。这就意味着，在大家为某段视频点赞之后的很短的时间里，承载 App 中推荐功能的某个数据系统就要加紧完成视频的挑选、排序等工作。而且，如果大家希望不同的用户看到的是不同的视频列表，还需要更多的实时计算。

上文中这个案例与“隔一天再分析新增用户”的场景有很大不同。在“隔一天再分析新增用户”的场景中，大家很清楚地知道数据的“范围”，也就是大家只需要在前一天成为新增用户的那部分用户数据就够了。但是在“使用短视频类 App”的场景中，大家只知道有成千上万的用户在使用我们的产品，并且每时每刻都在不断地产生各种行为和业务数据。而且大家在收集到这些用户产生的数据之后，就需要立即启动一些例行计算，并且让计算的结果成为产品中其他功能的基础数据。

在“隔一天再分析新增用户”的场景中接收到的数据，就是笔者在上文中提到的“数据集”；在“使用短视频类 App”的场景中接收到的数据，就是“数据流”了。对于数据集和数据流这些基本概念，大家应该有比较多的了解了。而作为大数据处理的重要分支，笔者会花费更多篇幅着重地讨论关于数据流和实时数据处理方面的问题。

#### 1. 数据集与离线数据的处理

在上文中，笔者已经给出了数据集和数据流的大致概念。因此，笔者在这里更侧重讨论数据集和数据流的特性对数据处理的影响和挑战，当然，也包括一些处理方案的思路。不过，更具体的处理方案，笔者要在本章第 2 节中借助各个具体的技术框架来讲解。

数据集就是一个“数据的集合”。笔者在第 6 章中已经提到它了。与数据流相比，数据集的突出特点是“有界”，并且数据范围也是确定的（尽管可能非常多）。比如，昨天所有打开过 App 的用户（已经确切地知道范围了）、截至昨日的所有订单数据（尽管非常多，但仍然是一个范围确定的数据集合）。

既然数据集表现出了“有界性”，那么，当大家在处理数据集的时候，可以自由地选择需要使用的部分和使用方式。比如，在“截至昨日的所有订单数据”这个数据集当中，大家可以只选择那些就在昨日产生的订单数据。甚至，为了使用 RFM 模型分析用户的交易规律，大家还可以通过昨日产生的订单圈定用户，并查找这些用户上次交易的时间，从而计算出交易间隔时间。

可能大家已经发现了，笔者在举例的时候选择的都是一些“历史数据”，也就是在一些已经过去的时间点上产生的数据。并且这些数据在产生时和在产生之后的一段时间里，都不需要做什么以业务需求为目的的计算（如数据分析或者数据计算）。这样的数据又被称为“离线数据”（Offline Data，直译为“线下数据”，也直接称作“历史数据”）。这种离线数据通常可以用数据表来形象地理解，并且可以使用对数据表的操作模型来处理离线数据。

尽管从业务分析的角度看，上文提到的都是一些看起来非常简单的数据计算。但是它们有着共同的前提——数据集是有界的。那么，如果数据范围不确定又会带来什么不同呢？大家来看数据流。

### 2. 数据流与实时数据的处理

与离线数据不同，数据流在产生并被获取到的时候需要加入一些包含业务诉求的加工处理，如计算订单数量、计算当天所有订单的消费总额等。这样的数据，经常被称作“实时数据”。那些可以通过数据产品看到的接近实时更新的数据指标，通常都是使用这种方式实现的。

关于实时数据，比较常见的承载形式是“消息”，通过一些称为“消息中间件”的技术组件实现其功能，这是与离线数据比较明显的差别。大家也可以形象化地理解为就像发一条消息给一位好友，中间通过微信进行转发。这种消息都是“接到即处理”，不会让用户等上几分钟甚至一天。

但是，就像微信的新消息可能遇到网络问题而出现延迟一样，实时数据消息的发送和处理并不总是那么高效，也有可能出现延迟的现象。因此，如果大家想按照数据流最原本的逻辑进行数据处理，而又想加入一些类似于处理离线数据的分析逻辑，这时问题就来了。

既然数据流是“无界的”，假设一条数据流保存的是当日每位新增用户注册成功的消息，而大家想要的是通过这条数据流来计算新增用户的数量，那么这个将是一个不停变化的数字，大家根本无法计算。对于一些新增用户较多的产品或业务来说，甚至在大家还没有看到前一个汇总数据的时候，新增用户的数量就已经被更新了。

因此，从实用的角度考虑，实时的数据对普通用户来说基本上没有意义，也许对一些要求实时性的系统还有些用途。对于需要关注数据的用户来说，每隔 1 分钟、30 分钟、甚至 1 小时更新一次的指标数据是比较常用的。笔者以每 1 分钟更新一次为例，这种分析逻辑就要求大家在每 1 分钟末尾的时候，对数据进行汇总就可以了。因此，大家相当于按照 1 分钟的时长，将数据流切分成了更小的数据集来处理。

在处理实时数据的时候，为了实现一些与离线数据类似的计算逻辑，通常都会把数据流转化成数据集，再进行处理。上文讲到的案例是根据时间来切分数据流，同样也可以按照某些字段的取值进行切分（比如，用户的 App 是从 App Store 下载的，还是从某个 Android 应用市场下载的），或者直接通过一些自定义的切分逻辑进行切分。转化成数据集之后的处理逻辑，就与离线数据的处理逻辑比较相似了。同时，这样也就相当于，大家将“无界的”数据流转化成了“有界的”数据集了。

### 8.1.4 急——时效性

8.1.1 节、8.1.2 节和 8.1.3 节分别讨论了大数据框架的三个关注点，这三个关注点同时也是大数据框架要解决的三大类问题。在 8.1.4 节中笔者继续这个话题，但是要探讨的是关于数据处理过程及其时效性的问题。

8.1.1 节、8.1.2 节和 8.1.3 节的内容为 8.1.4 节的内容做了铺垫。一方面，因为数据量大、数据结构多样，并且数据以各种形式承载，这些特性都有可能拖慢数据处理的速度，所以才对数据处理的时效性产生了压力。另一方面，业务层面对数据的诉求也在从简单的数据计算和基本报表，变成了需要更复杂的逻辑、更丰富的内容和形式支撑的更多细分场景等。

比如，原有的纯数字报表，需要展示为可视化的柱状图、折线图、饼图等统计图表，同时还要支持通过点击、拖曳等交互方式，来进行数据的组合和筛选等处理；或者，原来大家只需要进行数据的求和、求均值等计算，但是现在要把数据输入一个复杂的模型进行计算；再或者，原来需要使用数据报表的时候，需要人工登录某个系统查看，但现在要求能通过短信、电子邮件、甚至微信等方式直接通知到一些需要关注的用户。

虽然数据内容和形式的诉求增多了，也变复杂了，但是“留给大家的时间”没有以前那么多了。激烈的市场竞争、数量庞大的用户群体、高额的成本投入，这些压力使得大家迫切地希望更快地拿到需要的数据或者决策结果。因此，这些数据应用方式和应用场景的升级，都对数据计算的时效性提出了挑战。

虽然诉求如此迫切，但是资源是有限的。因此，为了用有限的资源更好地满足需求，大家就需要对这些诉求进一步细分。当然，这毕竟不是研究终端用户的需求，特别是服务企业内部其他部门的数据产品，可以方便地沟通完整的诉求，并实地观察实际的使用场景。因此，大家不需要使用需求分层的工具，只需要简单地对诉求进行分类。

不过，大家同样需要从两个层面对诉求进行拆分。第一个层面是查看的时效性要求，第二个层面是数据到达的方式。

#### 1．离线数据，离线分析

这是大家比较熟悉的数据分析方式了。换言之，大家可以提前确定需要用到哪些数据，并且连这些数据需要参与哪些计算，都可以提前约定好。这样一来，数据加工过程的启动依赖的所有需要用到的数据已经准备就绪，并且需要进行的计算也部署完毕。同时，业务的诉求层面也不要求立即查看计算的结果，只需要在未来某个时间点需要查看的时候能看到就可以了。

在这样的场景中，所有可能影响到数据处理时效性的因素，都在大家的掌控之内。要优化这种场景下的数据应用效率，常见的办法包括通过合理地安排数据的存储和计算过程来减少不必要的冗余数据、依照计算逻辑实行预计算并提前准备好计算结果、采用高速缓存存储计算结果等。

#### 2．离线数据，在线分析

这种场景相对于前一种离线分析的场景，变得稍微棘手了一些。因为在大家获取数据的时候，可能在已经完成计算的数据之上增加一些临时的数据计算逻辑，并要求尽快得到这些临时计算逻辑的结果。因此，在这种场景下，就不能全部通过预计算的方式来提高时效性了。典型的应用场景如 OLAP。

不过，不管是不是临时的计算逻辑，至少这种计算依旧是在离线数据基础之上进行的，也就是大家能够确定参与计算的数据范围。因此，要对这种临时性的计算逻辑进行性能优化，大家可以从两个点入手。第一，通过一些方法，降低参与计算的数据量；第二，需要深入整个计算过程当中，寻找拖累计算效率的瓶颈。

为了减少参与计算的数据量，大家可以针对这些临时的数据计算逻辑，对基础数据进行抽样。这样，参与计算的就只是全量数据的一个子集了，计算量会直线下降。相应的，如果用户确实需要更多的数据参与计算，大家也有理由说服用户等待更长时间。比如，Google 公司的数据分析平台 Google Analytics，就支持通过数据抽样，只对基础数据中的一部分进行计算，并支持由用户来选择是否增加或减少参与计算的数据量。

通过对计算过程的深入研究发现，磁盘 I/O（Input/Output，输入/输出，即将数据写入磁盘或者从磁盘中读取数据的过程）会严重拖慢整个计算过程，特别是在进行 OLAP 相关计算的时候。因此，一些计算引擎会选择尽可能将整个计算过程和中间结果的存储，都放到 I/O 效率更高的内存当中完成。比如，笔者在下文中会讨论到的 Apache Spark 和 Facebook Presto。

通过这两种方式，大家就可以在离线数据上更高效地处理一些临时性的计算逻辑了。

#### 3．实时数据，离线分析

这种场景其实与“离线数据，离线分析”的场景区别不大。虽然在接收实时数据消息的时候，其处理方式与离线数据的处理方式有些不同，但是因为数据分析的方式是离线的，这就为大家对积攒下来的实时数据进行加工留出了足够的空间。

因此，大家完全可以将存储下来的实时数据当作离线数据来处理，或者只在接收实时数据的时候进行必要的数据清洗和简单的聚合计算。剩余的步骤的处理逻辑与离线数据基本一致，这里就不再赘述。

#### 4．实时数据，实时分析

这是四种诉求场景中比较特殊的一种。只不过，特殊并不是因为需要直接应对庞大的数据量，毕竟实时数据的形式决定了其承载的信息量十分受限。这与前面的三种场景有很大的不同。这种场景的特殊性源自数据量受限的问题，因为当大家想要基于实时数据做一些实时分析的时候，需要的数据可能还没有“到达”。

比如，大家想通过用户订单支付的实时数据，关联到用户标签中的用户等级数据，来分析今日新产生的订单主要来自高等级的用户还是来自低等级的用户。但是，很有可能关于用户等级的定义中就掺杂了与用户交易情况相关的定义。比如，累计交易额达到某个阈值，才能成为高级用户。那么问题就出现了——当大家用订单实时数据关联用户等级的时候，可能用户的等级已经改变了，这就直接导致整个计算结果无效。而从业务分析的角度，大家很可能进行了错误的归因——将错误的用户等级当作新订单的来源。

针对这个问题，笔者在讲解实时数据的时候，已经提出了部分解决方案，就是对实时数据流进行合理的切分，将数据流转化成更小的数据集来处理。经过这样的处理，确实无法 100%地避免上文案例中的错误，但是至少大家能从切分方式的角度控制数据的计算过程，从而在一定程度上降低这类错误的发生概率。

## 8.2 常见大数据技术框架及基本逻辑

在 8.1 节中，笔者讨论了大数据框架的四个关注点。业务的优化和发展对数据的加工和呈现过程提出了各种各样的新诉求，才促使新的技术框架不断地产生，可能是为了以更好的方案替代原来的技术框架，也可能是为了应对新产生的某种业务诉求。

在本节当中，笔者就依次具体介绍一些大数据领域常用的数据处理技术框架。很可能大家就在使用这些框架支撑数据应用，来为业务团队提供数据服务。当大家设计数据产品时，偏向底层的技术架构并不会直接对用户的使用体验造成影响。而数据处理框架，则是数据分析师和运营人员几乎每天都要接触的东西。因此，大家需要重点了解这些数据处理框架。

在笔者将要介绍的大数据框架当中，由 The Apache Software Foundation 提供的技术框架占了很大比例。Apache 旗下确实收录了很多简洁、高效的技术框架，并作为其旗下的顶级项目。

同时为了照顾丰富性，笔者在后续的内容中也介绍了其他一些知名公司贡献的框架。这些框架也都很好地解决了在某些特定场景中出现的问题，因而深受用户青睐。

### 8.2.1 Apache Flume 和 Apache Kafka

Flume 最早来自 Cloudera，之后成为 Apache 旗下的项目之一，名称也由原来的 Cloudera Flume 改为 Apache Flume。

Apache Flume 是一种日志收集工具。其在官网的定义为“Flume 是一个分布式、高可靠、高可用的服务，用来对海量的日志数据进行高效的收集、聚合和传输”。（Flume is a distributed, reliable, and available service for efficiently collecting, aggregating, and moving large amounts of log data.）

如果大家对 Apache Flume 本身不够了解，也没有实际应用的经验，那么定义中的这些形容词，对大家来说可能毫无感觉。其实在前面的章节中，笔者已经介绍过一些 Apache Flume 可以应用的场景了。

比如，笔者在第 5 章中介绍的“事件模型”，就是一种对用户行为和产品中各种情况的抽象。换言之，每当用户点击或者打开了一个新的页面，都会产生一个“事件”。通过记录一个个的“事件”，将来大家就可以对业务和用户行为进行分析了。

那么问题来了——从用户产生点击行为到大家有可以用来分析的数据，这中间数据是如何被存储下来的呢？这就是 Apache Flume 这种日志收集工具的应用场景了。Apache Flume 在中间不仅做了传递数据的“管道”，还提供了一级“缓冲”。这一级“缓冲”的价值比较容易理解，如果有成千上万的用户同时使用一款产品，那么就会产生海量的浏览和点击数据，而数据存储的性能本身是有限的，那么在使用高峰时段就有可能出现延迟，甚至出现数据丢失、资源耗尽、系统瘫痪等更严重的问题。

可见，Apache Flume 从各种数据源接收产生的数据，并将这些数据传输给指定的接收方，从而形成了一个允许数据流向指定目的地的数据流管道。

Apache Flume 的基本架构如图 8.5 所示。其中最左侧的 Web Server 即为一种数据源，它会不断地向 Apache Flume 输送数据，一个数据单元被称为一个 Event；中间用方框框起来的 Agent 是 Apache Flume 的主体部分；最右侧的 HDFS 则是最终存储数据的文件系统，也是数据的最终去向。中间的 Agent 部分，又由三个主要的部分组成。其中 Source 负责接收不同来源的数据，Channel 负责 Agent 内部的数据传输，Sink 负责将数据发送到指定的去向。

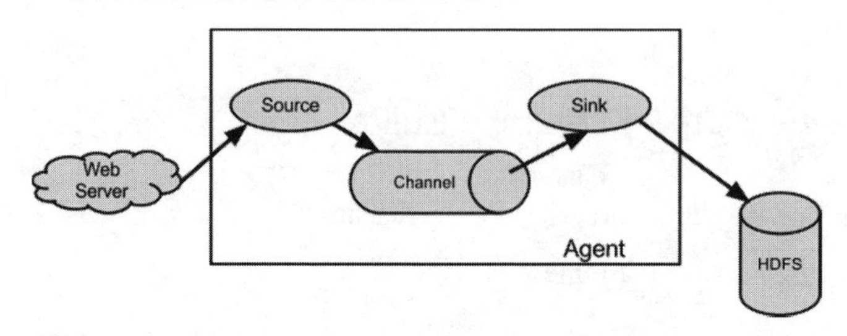


图 8.5　Apache Flume 的基本架构图

其中，当一些 Event 到了 Channel 但还没有被某一个 Sink 消费掉的时候，它会一直存储在 Channel 当中。这就是上文提到的“缓冲”的作用。最后，数据的最终去向可能是图 8.5 中的 HDFS，也可能是另一个 Agent 中的 Source，或者是其他的接收方。比较复杂的情况如图 8.6 所示。

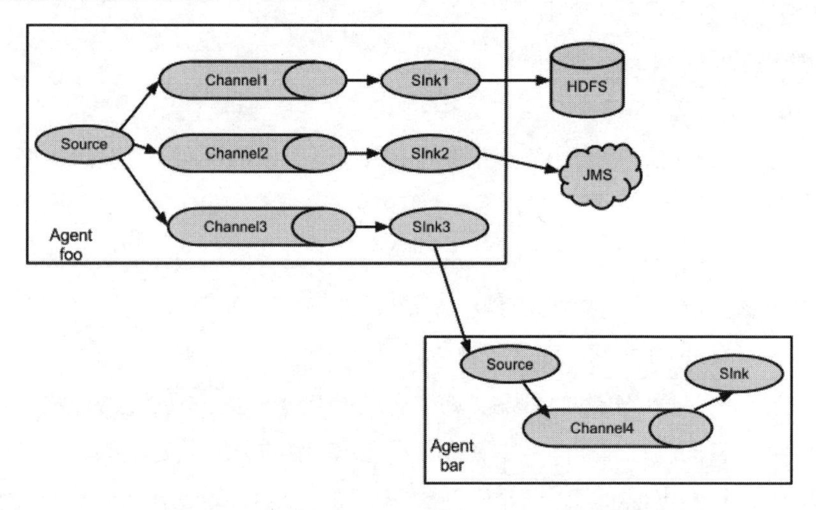


图 8.6　Apache Flume 中多个 Agent 连接的情况

同时，Apache Flume 还支持对日志数据进行简单的处理，如数据过滤、格式转换等。这样，大家就将用户产生的各种数据存储下来了。当然，Apache Flume 也可以用于收集日志数据以外的其他类型的数据。

讲完 Apache Flume，就一定要讲 Apache 旗下的另一款框架 Apache Kafka。如果大家使用搜索引擎同时搜索 Apache Flume 和 Apache Kafka，能找到不少对它们两个进行比较的内容。

笔者还是从官网的定义讲起，“Apache Kafka 是一个分布式的流处理平台。”（Apache Kafka is a distributed streaming platform.）其中的“流处理平台”应当具备以下三个方面的能力。

- 像消息队列或者企业消息系统一样发布和订阅数据流。
- 以高容错、持久化的方式存储数据流。
- 在数据流产生时就处理。

同时，官网上同样给出了一张 Apache Kafka 的基本架构图，如图 8.7 所示。

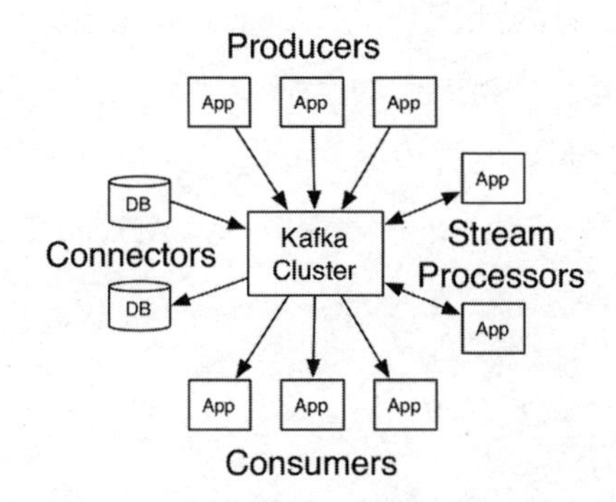


图 8.7 Apache Kafka 的基本架构图

如果大家对图 8.7 稍做调整，就会很容易发现，Apache Kafka 与 Apache Flume 确实很像——数据从一头进入 Apache Kafka，经过一系列处理，再从另一头出去。并且在 Kafka 中，类似的概念有了一套完全不同的名称。

每个 Apache Kafka 服务器（Kafka Server）的节点被称作一个 Broker，多个 Broker 组成了 Kafka 集群（Kafka Cluster）。Producer 是消息数据的“生产者”，会作为客户端向集群中的 Kafka Broker 发消息。而最终存储在 Apache Kafka 中的消息数据会被 Consumer 消费掉。Consumer 是消息的使用方，负责消费 Apache Kafka 服务器上的消息。

Topic 可以翻译为“主题”，由用户定义并配置在 Kafka 服务器上。它标识了一类消息数据，用来区分不同的消息数据。如笔者在上文中提到的收集用户行为的案例，大家可以配置用来收集用户浏览页面的消息数据的 Topic，类似的还有用户点击按钮的 Topic、用户完成注册的 Topic、用户下单交易的 Topic、用户点赞的 Topic 等。

之后，Producer 和 Consumer 之间就可以通过 Topic 建立订阅关系，也就是 Producer 发送消息数据到指定的 Topic 下，Consumer 在这个 Topic 下消费消息数据。

Apache Kafka 好像确实同 Apache Flume 相似。其实，Apache Kafka 除了特别强调的数据存储和高容错的特性，与 Apache Flume 还存在细节上的不同，从而导致它们会被用来应对差异化的应用场景。差异就表现在消息数据传递的方式不同。

在 Apache Kafka 中，Producer 会将数据以“推送”（Push）的方式发布到 Kafka Broker 上，而 Consumer 则是用“拉取”（Pull）的方式从 Kafka Broker 上将数据消费掉。因此，在消息数据被消费的过程中，Consumer 主动，Broker 被动。这样就有点儿类似在第 6 章中笔者提到的主动反馈和被动反馈，不过那是业务层面的范畴，这个则更偏向技术底层。这样设计的好处就在于，通过这样的方式，Consumer 能够根据自己的承受能力决定数据的拉取速率。而 Apache Flume 在类似的环节中则采取了 Push 的方式，以求快速处理掉数据。

### 8.2.2 Apache Hadoop

接下来笔者要介绍的这个框架就是本节的重头戏了。Apache 的众多框架在存储上都使用了这个框架中的 HDFS，并且许多框架也使用了其包含的一个编程模型 MapReduce。这个框架就是 Apache Hadoop。

Apache Hadoop 是一个统称，可以拆分为两个经常被提及的重要系统和模型。同时，Hadoop 1.x 版本和 Hadoop 2.x 版本还有不同。不过那是更偏技术层面的问题了，在资源管理和作业管理方面都进行了革新。

笔者先快速地介绍 HDFS，使大家对它有一个初步的了解。之后，再重点介绍 MapReduce 的基本逻辑。

#### 1. HDFS

官网对 HDFS 的介绍很简单：“Hadoop 分布式文件系统（HDFS）是一个分布式文件系统，被设计用来在商用硬件上运行”。[The Hadoop Distributed File System (HDFS) is a distributed file system designed to run on commodity hardware.]

HDFS 的全称是“Hadoop Distributed File System”，从名字就能看出它是

Hadoop 的一个重要组成部分。HDFS 是一套文件系统，其目的在于永久地将数据保存下来。HDFS 在设计上考虑了较大文件的存储、“一次写入、多次查询”的应用场景，以及规避系统不稳定造成的数据丢失等。而其弱点是不适合“大量小文件”这种应用场景，这种场景在个人电脑中更容易出现。

不过 HDFS 这类文件系统是一种比较基础的技术概念。在实际应用中，从数据分析层面到数据计算层面，大家并不会对 HDFS 有强烈的感知。这就好像大家使用了 Microsoft Windows 操作系统这么久，还是有很多人不知道 FAT、FAT32 和 NTFS 是什么。

### 2．MapReduce

MapReduce 在官网上的定义为“MapReduce 是一种软件框架，它可以让海量数据（若干 TB 的数据集）并行处理应用的编写变得简单；这些应用将运行在商用硬件上的大型集群（上千个节点）中，并具备高可靠、高容错的特性”。[MapReduce is a software framework for easily writing applications which process vast amounts of data (multi-terabyte data-sets) in-parallel on large clusters (thousands of nodes) of commodity hardware in a reliable, fault-tolerant manner.]

正是因为 Hadoop 框架的广泛应用，了解 MapReduce 的数据处理理念对理解当今的大数据平台具有很重要的意义。笔者在 8.1.1 节中讨论过大数据的处理方法，而 MapReduce 本身就是一种分布式的计算模型。经过 MapReduce 的处理，在海量数据上的一次查询就可以拆分为多个节点并行计算，从而突破单个节点的计算性能上限。可见，MapReduce 体现的还是“分而治之”的思路。

为了理解 MapReduce 究竟是如何工作的，大家来看一个官网给出的案例——WordCount 案例。

案例的背景是这样的，假设大家拿到了两个文本文件。

- 文件 1：Hello World Bye World
- 文件 2：Hello Hadoop Goodbye Hadoop

而大家要做的，是计算这段文本中，每个单词各出现了几次。换言之，大家得到的结果应当是这样的：“Hello”出现了 2 次，“Bye”出现了 1 次等。

类似的场景在平时的数据分析中也很常见。比如，在留存分析中，大家想研究用户在一段时间内活跃了几天；或者，在用户画像中，大家想统计在一个用户群中命中次数最多，也就是表现最突出的特征是什么。类似的场景还有很多。

大家回到 WordCount 案例中。MapReduce 模型将计算过程抽象为三个主要的步骤，包括 Map、Shuffle 和 Reduce。

首先完成第一步 Map，大家可以使用两个 Mapper 并行处理两个文件。经过 Map 这一步后，两个文件被处理成了图 8.8 所示的样子。

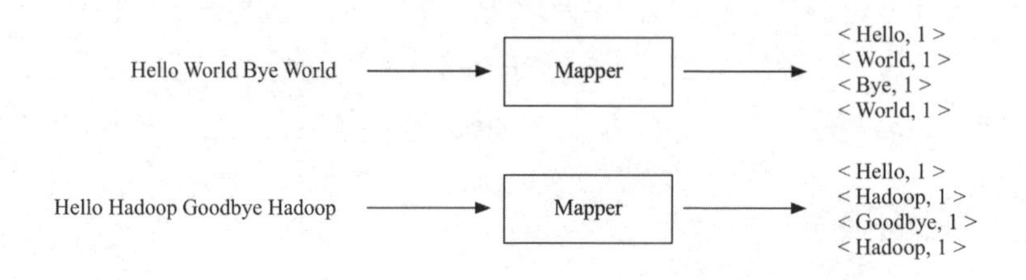


图 8.8　MapReduce 的第一步 Map

经过两个节点并行的 Map 这一步，两个文件已经被分别拆分成一些单词的计数了。现在，这些计算结果的结构，类似于笔者在 8.1.2 节中提到的 Key-Value 存储数据的方式。

当然，这还不是大家想要的结果。大家想要的是各个单词在两个文件中出现的次数。这个时候就要进行 Shuffle 过程了。Shuffle 过程将会按照 Key（在这个案例中指的就是单词），对各个节点的计算结果进行重新分组。分组的过程如图 8.9 所示。

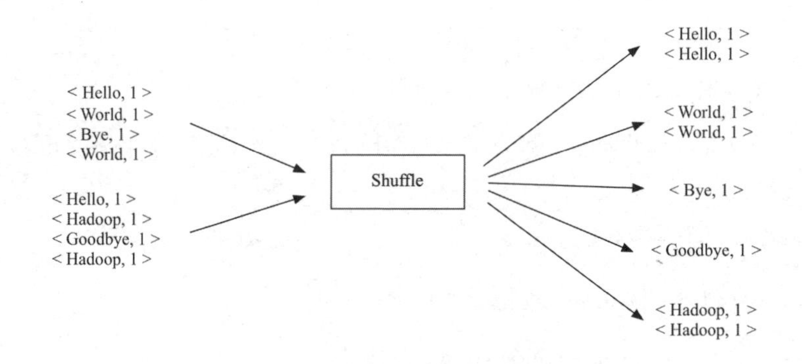


图 8.9　MapReduce 中的 Shuffle 过程

不难看出，Shuffle 过程相当于对分布式计算的结果进行了一次整理，现在大家可以多分配几个节点来分别计算每个单词出现的总次数。这一步就是 Reduce。大家可以对每个单词对应的 1 次进行求和，从而得到总次数。其过程如图 8.10 所示。

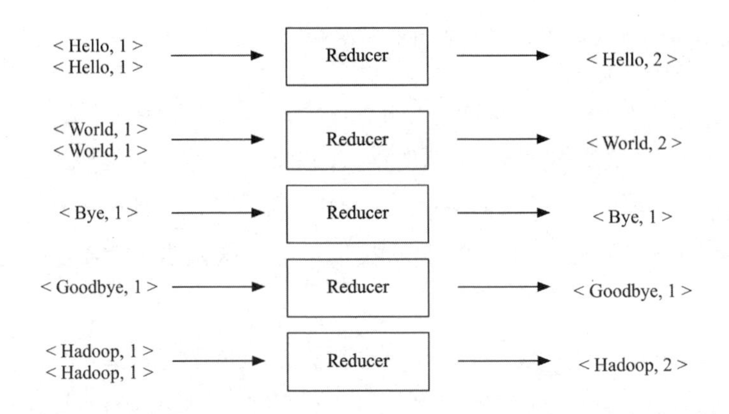


图 8.10　MapReduce 中的 Reduce 过程

这就是一个简单的 MapReduce 的计算过程。当然，在实际的应用中，查询逻辑要复杂得多。如果大家对 SQL 语句较为熟悉，就可以通过 SQL 语句对很多数据查询的细节进行描述。如数据过滤、排序、多表关联等。如果使用 MapReduce 来执行数据查询，不管多么复杂的 SQL 语句，最终都会被转化为 Map 任务和 Reduce 任务，以及中间连带的 Shuffle 过程。比如，笔者在下文中介绍的 Hive，就能完成这个过程。

从 MapReduce 的运作原理中，大家也能找到一些对 MapReduce 的性能进行优化的思路。首先，大家需要将 Mapper 的数量控制在一个合理的范围内。在 WordCount 案例中，大家只处理了两个小文件。而在实际当中，如果文件很大，那么就要先执行 Split 对文件进行切分，然后再决定需要用到多少个 Mapper。当 Mapper 的数量过多时，每个 Mapper 处理的数据就太少了，需要频繁地创建和销毁大量 Mapper，导致资源消耗很多。相反，如果 Mapper 的数量太少，那也就达不到并行处理数据而提高效率的目的了，每个 Mapper 都需要吃力地处理大量数据，处理的时间周期也很长。

Reduce 过程中用到的 Reducer 也是类似的情况，但是决定因素不同。大家通过 WordCount 案例可以看出，每个 Reducer 需要处理的数据量与 Key 有关。如果关于某个 Key 的数据特别多，那么用来处理这个 Key 的 Reducer 就会特别吃力，从而导致即使数据的其他部分都已经处理完了，也要等着这部分数据处理完成后进行最终整合。这种情况被称作“数据倾斜”问题，是比较常见的需要优化的问题。

### 8.2.3 Apache Hive 和 Facebook Presto

笔者在上文中介绍 MapReduce 的时候，特别提到它是一个“编程框架”。换言之，MapReduce 需要使用程序代码来驱动。可见，它更适合工程师来使用。而在日常的数据查询工作中，大家更常用的则是 SQL。那么有没有什么引擎能够迎合这种使用习惯，支持使用 SQL 来操作 MapReduce 呢？这就涉及笔者接下来要介绍的 Apache Hive 了。

Apache Hive 是一个构建在 Hadoop 基础设施之上的数据仓库工具。官网上的介绍是“Apache Hive 数据仓库软件让利用 SQL 读取、写入和管理存放在分布式存储中的数据变得更加便利”。（The Apache Hive data warehouse software facilitates reading, writing, and managing large datasets residing in distributed storage using SQL.）

通过 Apache Hive，大家可以使用 HQL（即 Hive SQL，有时也写为“HiveQL”）查询和分析存放在 HDFS 上的数据。Apache Hive 的主要能力，就是将 HQL 拆解为 MapReduce 任务。HQL 是一种专门针对 Hive 设计的 SQL，之所以在一些方面与“传统”的标准 SQL 存在差异，是因为 MapReduce 与数据库执行过程存在差异。

虽然 Apache Hive 提供了 HQL 进行数据查询，但是 Apache Hive 并不适合“交互式查询”的在线分析场景——它更适合进行批处理的数据处理和计算，因此经常用在离线分析的场景中。

另一个经常被拿来与 Apache Hive 引擎进行比较的，是由 Facebook 公司开发的 Presto。官网对它的定义是“Presto 是一个开源的分布式 SQL 查询引擎，用来在各种规模的数据源上执行交互式分析查询，规模范围从 GB 级到 PB 级”。（Presto is an open source distributed SQL query engine for running interactive analytic queries against data sources of all sizes ranging from gigabytes to petabytes.）

从官网的定义中大家能看出 Presto 的设计目的和特点，Presto 就是针对“交互式”的在线分析而设计的一款查询引擎。在 WordCount 案例中只进行了一次 MapReduce，但在实际当中可能需要进行多次 MapReduce 才能完成整个查询过程，在每次 MapReduce 之间都有大量的硬盘读写任务。

Presto 被设计为完全基于内存的并行计算，并且 Presto 利用流水线式的执行模型减少了不必要的硬盘读写。这些原因都会让 Presto 的查询速度更快，能够适用交互式在线查询的场景。但同时，Presto 也受制于内存计算，在处理大数据表时，需要考虑内存的承受能力。

### 8.2.4 Apache Kylin

Apache Kylin 诞生于 eBay 中国研发中心，是 Apache 软件基金会顶级开源项目。官网对 Apache Kylin 的介绍是“Apache Kylin 是一个开源的分布式分析引擎，提供 Hadoop/Spark 之上的 SQL 查询接口及多维分析（OLAP）能力以支持超大规模数据”。（Apache Kylin is an open source distributed analytical engine designed to provide SQL OLAP capability in the big data era. By renovating the multi-dimensional cube and precalculation technology on Hadoop and Spark.）

接下来笔者要介绍 Apache Kylin 的架构和基本原理，如图 8.11 所示。

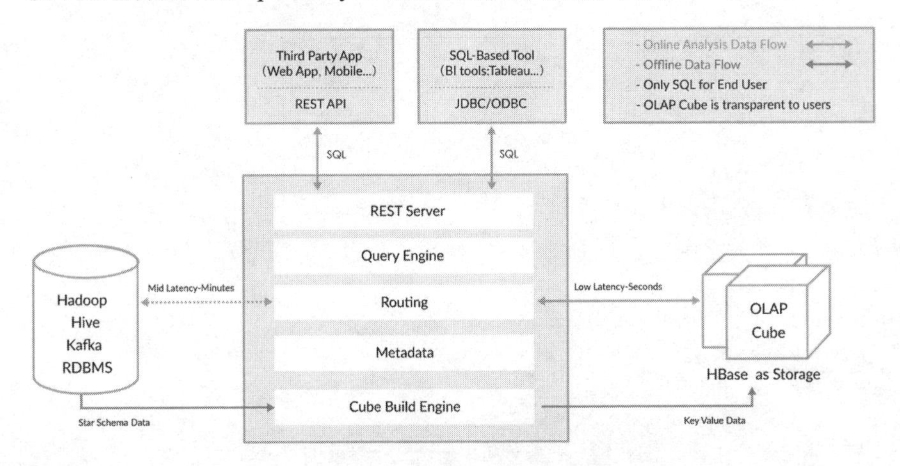


图 8.11　Apache Kylin 的架构和基本原理

简单来说，Apache Kylin 的核心思想是“预计算”，也就是将多维分析中可能用到的各种维度交叉的指标进行预计算，并且将计算好的结果保存成 Cube。当数据分析师或运营人员想要进行数据分析的时候，直接使用 Cube 中计算好的结果进行简单的二次加工即可。

可见，当大家使用 Apache Kylin 引擎进行数据分析的时候，那些复杂的聚合运算、多表连接等操作在预计算过程中就已经完成了。这决定了 Apache Kylin 能够支撑快速查询和高并发。但同时，由于每次都需要预计算所有的维度交叉，Apache Kylin 也需要更大的存储空间来存放计算结果。

多维分析的场景在实际的数据分析中非常常见。笔者在 4.2.3 节中讲解的流量管理与实验框架的场景就是一个很好的案例。

一位用户从启动 App 到最终完成转化，中间可能会受到多种因素的影响。常见的影响因素包括最初的获取新用户的渠道、用户自身偏好、页面元素、营销活动、推荐策略等，但又不限于此。在诸多因素的组合中，究竟哪种组合更能促进用户完成转化呢？这就是一个典型的多维分析的场景。

如果挑选其中的页面、营销活动和推荐策略三个维度，并将与转化相关的数据定为交易金额，那么就可以在 Apache Kylin 中构建出一个关于交易金额的 Cube，如图 8.12 所示。（之所以选择三个维度，是因为三个维度更容易以图形的方式来呈现 Cube。在实际应用中，可以选择更多的维度来构建 Cube。）

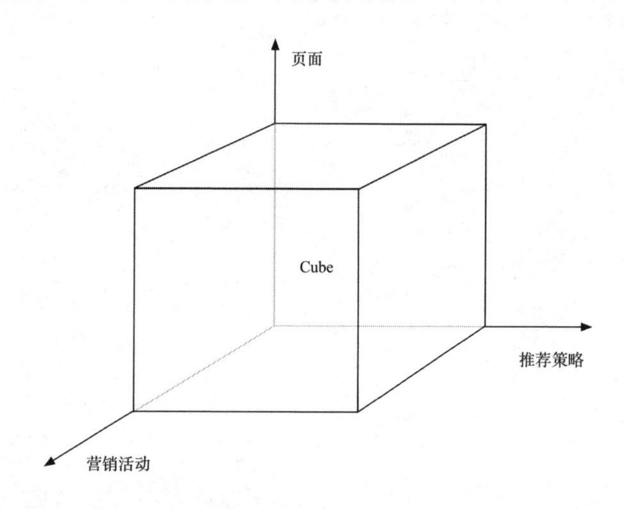


图 8.12　业务分析中一个三个维度的 Cube

需要注意的是，上文中的交易金额，是一个可直接相加的指标。如果是通过去重计数得到的用户数指标，在预计算的时候可以选择 Apache Kylin 支持的近似 COUNT DISTINCT 算法（基于 HyperLogLog 算法实现）或者精确 COUNT DISTINCT 算法（1.5.3 版本后支持的更稳定的算法，可以将用户 ID 映射为 bitmap，以保证之后在进行维度汇总的时候能够得到准确的去重计数结果）。

## 8.2.5　Apache Flink 和 Apache Storm

从本节开篇至此，笔者已经介绍了两种关于数据采集、一种关于数据存储和三种关于数据查询的引擎。不过数据查询引擎的主要应用场景还是基于离线的数据集。笔者在上文中介绍了实时数据流，接下来笔者就来介绍两个专门针对实时数据流的框架。

首先是 Apache Flink，官网对它的定义是“Apache Flink 既是一个框架也是一个分布式处理引擎，它主要面向无界及有界数据流上的有状态的流式计算。Flink 被设计为可以在各种常见的集群环境中运行，以内存级速度执行计算，并能应对各种规模的数据”。（Apache Flink is a framework and distributed processing engine for stateful computations over unbounded and bounded data streams. Flink has been designed to run in all common cluster environments, perform computations at in-memory speed and at any scale.）

Apache Flink 处理实时数据流的过程，依然可以切分为三个主要部分，包括 Source、Transformation 和 Sink。Apache Flink 的处理思路，可以与讲解 Apache Kafka 时的处理流程类比。Source 代表了数据源的部分，Sink 是将数据处理的结果输出的部分，中间的 Transformation 则是笔者要重点介绍的关于数据处理操作的核心部分。

为了理解 Apache Flink 对实时数据流的处理过程，笔者还采用在上文中讲解 MapReduce 时用的 WordCount 案例。只不过，这次大家要用到的文本不再是“好好地”放在那里等待大家去使用了，而是通过某个 Source 源源不断地传进来。为了处理这样一个“无边界”的数据流，Apache Flink 会采取以下四个步骤，如图 8.13 所示。

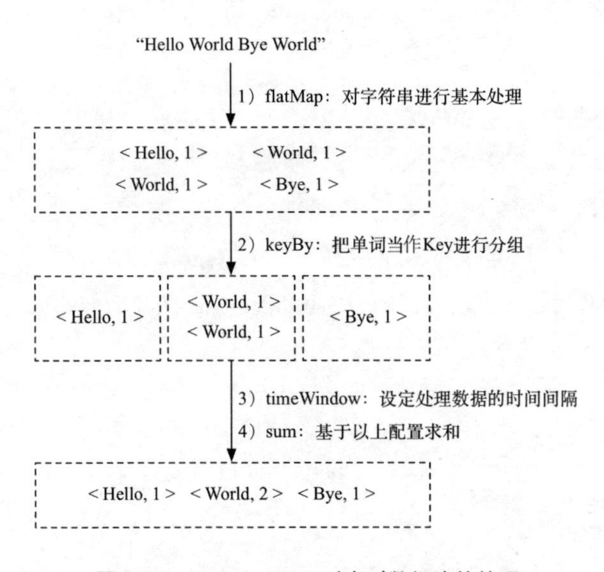


图 8.13　Apache Flink 对实时数据流的处理

其中 timeWindow 的部分是 Apache Flink 的一个重要的概念，就是“窗口”（Window）。通过窗口，Apache Flink 可以将无界的数据流转化为有界的数据集，从而通过批处理的方式处理数据。Apache Flink 支持以下几种划分窗口的方式。

- Time-Based Window：基于时间的窗口，也就是按照时间将数据流进行切分。其时间概念又包括 Event Time（事件时间，是事件在产生它的设备上发生的时间）、Processing Time（处理时间，是数据处理程序所在的机器上的系统时间）、Ingestion Time（摄入时间，也就是事件进入 Flink 的时间）。
- Count-Based Window：基于技术的窗口，可以实现每收到 10 条数据处理一次，或者每收到 10 个数据对过去的 100 个数据进行一次处理。
- Advanced Window：高级窗口，也就是大家可以根据自己的需要来定义数据流的切分方式。

接下来笔者要介绍的是另一个数据流处理引擎，它就是 Apache Storm。Apache Storm 来自 Twitter 公司，目前已经开源并成为 Apache 顶级项目。官网对它的定义为“Apache Storm 是一个免费且开源的分布式实时计算系统。Storm 能让对无界数据流的处理变得简单，它能像 Hadoop 进行批处理那样进行实时处理”。（Apache Storm is a free and open source distributed realtime computation system. Storm makes it easy to reliably process unbounded streams of data, doing for realtime processing what Hadoop did for batch processing.）

在 Apache Storm 中，用了一组新的名称来代表数据源和数据处理节点。其中“Spout”直接翻译就是“水龙头”，这种命名方式形象地体现了数据源的特性。而“Bolt”则代表数据处理节点，所有的过滤、聚合、计算等操作，全部由 Bolt 完成。通过组合 Spout 和 Bolt，大家就得到了一条数据加工的流水线。

如果大家使用 Apache Storm 来处理 WordCount 案例，则会得到这样一个处理流程，如图 8.14 所示。

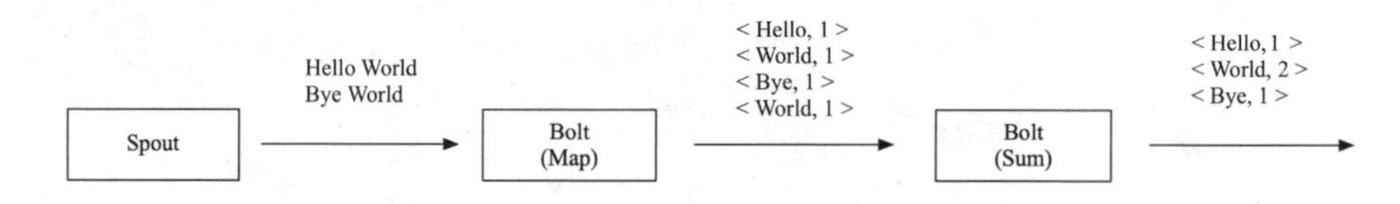


图 8.14　Apache Storm 对实时数据流的处理

### 8.2.6 Apache Spark

在本节的最后，笔者来介绍 Apache Spark。Apache Spark 由美国加州大学伯克利分校的 AMP 实验室（Algorithms, Machines and People Lab）发明，并于 2010 年开源，在 2014 年成为 Apache 旗下的顶级项目。

“Apache Spark 是一个统一的分析引擎，用来应对大规模数据处理。”（Apache Spark is a unified analytics engine for large-scale data processing.）官网对 Spark 的介绍只有这样一句话，但是其中“unified”一词在其他框架的介绍中很少出现。不过大家在看过官网给出的 Apache Spark 结构图（如图 8.15 所示）之后，就理解为什么说它是“unified”了。

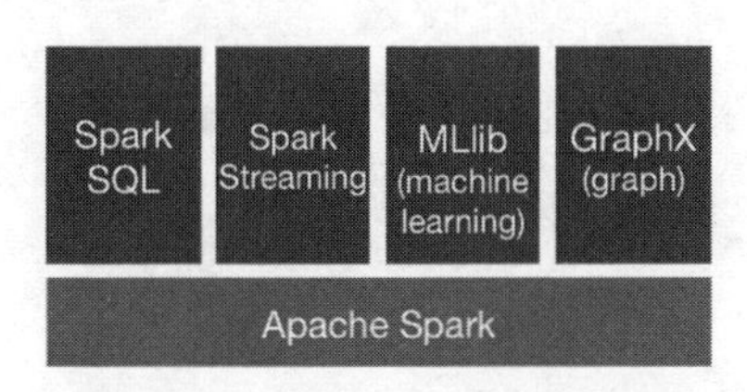


图 8.15　Apache Spark 结构图

如图 8.15 所示，Apache Spark 由四部分组成。

- 首先是 Spark SQL，主要用来处理基础的结构化数据集，将数据读入 DataFrame 中进行处理，再将结果输出到指定位置，支持交互式查询。
- 其次是 Spark Streaming，主要用来处理实时数据流，包括 Map、Reduce 和 Join 等基础操作。
- 再次是 MLlib，主要用来处理机器学习领域的问题，这个领域很火，大家应该有些了解。
- 最后是 GraphX，主要用来处理图计算领域的问题，如大家比较熟悉的来自 Google 的 PageRank，就是图论的一种应用。

可见，Apache Spark 中的各种组件覆盖了笔者在上文中讲到的各种应用场景。大家可以根据自己的需要专门学习其中的一部分。

## 8.3 本章小结

本章是全书的最后一章，也是大家真正接触到各种技术框架的一章。在本章的内容中，针对前面章节介绍的不同的数据应用场景，笔者依次讲解了对应的并且相对应用广泛的技术框架。通过了解这些框架的数据处理逻辑，大家能够更深入地了解业务层面的诉求最终如何在技术层面落地。同时，通过了解这些框架处理数据的能力，大家也能够反向找出数据应用层面的“不合理”的应用方法，从而找到更高效的解决问题的办法。

当然，技术迭代和革新的速度很快。可能用不了多久，更新、更好的框架就会被人们发明出来，将现有的这些框架替换掉，成为新的“流行技术”。